第3版

数值计算方法

郑继明　朱　伟　刘　平　张清华　编

重庆大学出版社

内容提要

本书介绍科学与工程计算中最基本的数值计算方法和理论。主要内容有：插值法，曲线拟合，矩阵特征值与特征向量的计算，线性代数方程组的数值解法，数值积分与数值微分，非线性方程（组）的求解，微分方程初值问题的数值解法等。本书在介绍一些重要的典型算法时，附上了相应的 MATLAB 程序；每章配有较多的习题，书后附有习题答案。本书还提供了配套的学习指导书。

本书可作为高等学校理工科类有关专业的教材，也可供相关科技人员参考。

图书在版编目（CIP）数据

数值计算方法/郑继明等编.--3 版.--重庆：重庆大学出版社，2019.12

本科公共课系列教材

ISBN 978-7-5689-1893-0

Ⅰ.①数… Ⅱ.①郑… Ⅲ.①数值计算—计算方法—高等学校—教材 Ⅳ.①O241

中国版本图书馆 CIP 数据核字（2019）第 269189 号

数值计算方法

（第 3 版）

郑继明 朱 伟 刘 平 张清华 编

责任编辑：杨粮菊 版式设计：杨粮菊

责任校对：邬小梅 责任印制：张 策

*

重庆大学出版社出版发行

出版人：饶帮华

社址：重庆市沙坪坝区大学城西路 21 号

邮编：401331

电话：（023）88617190 88617185（中小学）

传真：（023）88617186 88617166

网址：http://www.cqup.com.cn

邮箱：fxk@cqup.com.cn（营销中心）

全国新华书店经销

重庆荟文印务有限公司印刷

*

开本：787mm×1092mm 1/16 印张：11.5 字数：290 千

2019 年 12 月第 3 版 2019 年 12 月第 5 次印刷

ISBN 978-7-5689-1893-0 定价：35.00 元

第3版前言

本教材是在2010年第2版的基础上，结合10年来的教学实践修改而成的。本次修改尽量做到便于教学和自学，文字表述深入浅出，突出基本理论和方法以及它们的应用背景。本教材内容可供理工科部分专业本科生教学选用或工程技术人员参考。

本次主要修改内容如下：

(1)对第1章的部分公式记号进行了修订；第6章增加了迭代法的加速内容；第7章改写了追赶法的内容，并将迭代法的收敛条件单列成节；第8章补充了求解微分方程组初值问题的例题。

(2)在内容上对一些常用算法进行了分析和补充；加强了对算法基本思想的分析和使用说明，完善了用MATLAB实现一些算法的例子及上机实习题。

(3)调整、修改了本书的习题及部分习题答案。

(4)更正了第2版中的一些错误或笔误。

本教材第3版的出版得到了重庆大学出版社和重庆邮电大学的大力支持，作者表示衷心的感谢。由于编者水平有限，此次修改后书中可能还有缺陷和疏漏，诚请读者和同行们批评指正。

编者

2019年8月

第2版前言

本书自2005年出版以来,已被一些高校作为理工科本科生的教材或参考书。为使更好地阐明算法的基本思想和原理,便于教学和阅读,在保留原教材基本结构的前提下进行了修订,更多地强调数值方法的基本原理、理论分析和算法的实现。

1)在内容上对一些常用算法进行了分析和补充,加强了算法基本思想的分析和使用说明,补充了用MATLAB实现一些算法的实例。本书推荐读者使用MATLAB软件完成计算习题。

2)调整、修改了本书的习题,并补充了习题答案。

3)更正了第1版中的一些错误或笔误,力求做到概念准确,推理严谨。

本书第2版是在重庆大学出版社和重庆邮电大学的支持下完成的,作者对他们的支持和帮助表示衷心的感谢。由于编者水平有限,此次修订后书中可能还有缺陷和疏漏,敬请使用本书的老师和读者批评指正。

编　者

2010年1月

第1版前言

在科学研究和工程设计中经常需要做大量的数值计算。现在，数值分析方法与计算机技术相结合已深入到计算物理、计算力学、计算化学、计算生物学、计算经济学等各个领域，计算机上使用的数值计算方法已浩如烟海。本书是以理工科本科生为主要对象编写的，目的是使读者获得数值分析方法的基本概念，掌握适用于电子计算机的常用算法，具有基本的理论分析和实际计算能力。

本书只限于介绍科学计算中最基本的数值分析方法。主要内容有：线性代数方程组的数值解法，非线性方程和方程组的迭代解法，矩阵特征值和特征向量的计算，函数的插值与曲线拟合，数值积分和常微分方程初值问题的数值解法。

在学习数值分析时，要注意掌握数值方法的基本原理和思想，要注意方法处理的技巧及其与计算机的结合，要重视误差分析、收敛性及稳定性的基本理论。此外，还要通过应用数值方法编程计算例子来提高使用各种数值方法解决实际问题的能力。

由于编者水平有限，书中难免有缺陷和疏漏，敬请广大读者批评指正。

编　者

2005年6月

目录

第 1 章 数值计算中的误差

1.1 引　言

随着计算机的发展和普及，数值计算已成为工程设计与科学研究的重要手段。掌握数值计算方法，会用计算机解决科学与工程实际中提出的数值计算问题，已成为科技人员必须具有的能力。

所谓数值计算方法，就是研究怎样利用计算尺、计算器、电子计算机等计算工具来求出数学问题的数值解，并对算法的收敛性、稳定性和误差进行分析、计算的全过程。它的理论与方法随计算工具的发展而发展。本书介绍用计算机解决数学问题的数值计算方法及有关理论。

众所周知，传统的科学研究方法有两种：理论分析和科学实验。今天伴随着计算机技术的飞速发展和计算数学方法与理论的日益成熟，科学计算已成为第三种科学研究的方法和手段。科学计算的物质基础是计算机，其理论基础是计算数学。随着科学技术的突飞猛进，无论是工农业生产还是国防尖端技术，例如机电产品的设计、建筑工程项目的设计、气象预报和新型尖端武器的研制、火箭的发射等，都有大量复杂的数值计算问题亟待解决。它们的复杂程度已达到非人工手算（包括使用计算器等简单的计算工具）所能解决的地步。数字电子计算机的出现和飞速发展大大推动了数值计算方法的发展，许多复杂的数值计算问题现在都可以通过使用计算机进行数值计算而得到妥善解决。

用数值计算的方法来解决工程实际和科学技术中的具体技术问题时，首先必须将具体问题抽象为数学问题，即建立起能描述并等价代替该实际问题的数学模型，例如各种微分方程、积分方程、代数方程等，然后选择合适的计算方法（算法），编制出计算机程序，最后上机调试并进行运算，以得出所欲求解的结果来。求解实际问题的基本过程如下框图所示。

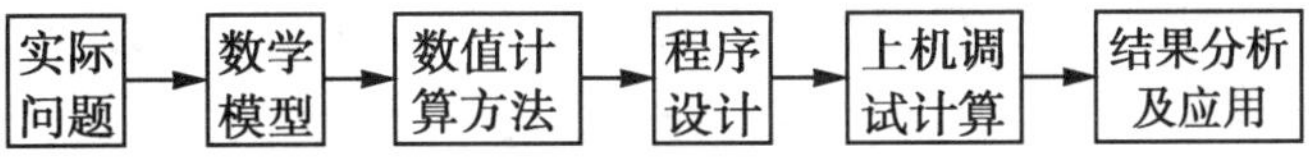

具体地说，数值计算方法首先要构造可计算出各种问题解的计算方法；然后分析方法的可靠性，即按此方法计算得到的解是否可靠，与精确解之差是否很小，以确保计算解的有效性；第三，要分析方法的效率，分析比较求解同一问题的各种方法的计算速度和存储量，以便使用者

根据各自的情况采用高效率的方法,节省人力、物力和时间,这样的分析是数值分析的一个重要部分。应当指出,数值方法的构造和分析是密切相关不可分割的。对于给定的数学问题,常常可以提出各种各样的数值计算方法。这里所说的“算法”,不仅是单纯的数学公式,而且是指由基本运算和运算顺序的规定所组成的整个解题方案和步骤。一般可以通过框图(流程图)来较直观地描述算法的全貌。

选定合适的算法是整个数值计算中非常重要的一环。例如,当计算多项式

$$P(x) = a_n x^n + a_{n-1} x^{n-1} + \cdots + a_1 x + a_0$$

的值时,若直接计算 $a_i x^i (i = 0,1,\cdots,n)$,再逐项相加,共需做

$$1 + 2 + \cdots + (n - 1) + n = \frac{n(n + 1)}{2}$$

次乘法和 n 次加法。$n = 10$ 时需做 55 次乘法和 10 次加法。用著名的秦九韶(我国宋朝数学家) 算法,将多项式 $P(x)$ 改写成

$$P(x) = ((\cdots((a_n x + a_{n-1})x + a_{n-2})x + \cdots + a_2)x + a_1)x + a_0$$

来计算时,只要做 n 次乘法和 n 次加法即可。如当 $n = 10$ 时,只要做 10 次乘法和 10 次加法。可见算法的优劣直接影响计算的速度和效率。

算法选得不恰当,不仅影响到计算的速度和效率,还会由于计算机计算的近似性和误差的传播、积累直接影响到计算结果的精度,有时甚至直接影响到计算的成败。不合适的算法会导致计算误差达到不能容许的地步,而使计算最终失败,这就是算法的数值稳定性问题。因此,最有效的算法,应当实用范围广,运算工作量少,需要存储单元少,逻辑结构简单,便于编写计算机程序,而且计算结果可靠。

1.2 误差的种类及其来源

数值计算过程中会出现各种误差,它们可分为两大类:一类是由于算题者在工作中的粗心大意而产生的,例如笔误将 886 误写成 868,以及误用公式等,这类误差称为“过失误差”或“疏忽误差”。它完全是人为造成的,只要在工作中仔细、谨慎,是完全可以避免的,我们就不再讨论它;而另一类为“非过失误差”,在数值计算中则往往是无法避免的,例如近似值带来的误差。在科学计算中误差来源一般有以下 4 个方面:模型误差、观测误差、截断误差和舍入误差等。

1.2.1 模型误差

在建模过程中,欲将复杂的物理现象抽象、归结为数学模型,往往只需忽略一些次要因素的影响,而对问题做某些必要的简化。这样建立起来的数学模型实际上必定只是所研究的复杂客观现象的一种近似的描述,它与真正客观存在的实际问题之间有一定的差别,这种误差称为模型误差。

1.2.2 观测误差

在建模和具体运算过程中所用的一些初始数据往往都是通过人们实际观察、测量得来的,

由于受到所用测量工具的限制或在数据的获取时受到随机因素的影响,这些数据都只能是近似的,即存在着误差,这种误差称为观测误差。

1.2.3 截断误差

在不少数值运算中常遇到超越计算,如微分、积分和无穷级数求和等,它们需用极限或无穷过程来求得。然而计算机却只能完成有限次算术运算和逻辑运算,因此需将解题过程化为一系列有限的算术运算和逻辑运算。这样就要对某种无穷过程进行“截断”。这种用有限过程代替无限过程所引起的误差,称为截断误差或方法误差。例如,函数 $\sin x$ 和 $\ln(1+x)$ 可分别展开为 x 的幂级数:

$$\sin x = x - \frac{x^3}{3!} + \frac{x^5}{5!} - \frac{x^7}{7!} + \cdots$$

$$\ln(1+x) = x - \frac{x^2}{2} + \frac{x^3}{3} - \frac{x^4}{4} + \cdots$$

若取级数的起始若干项的部分和作为 $|x|<1$ 时函数值的近似计算公式,例如取

$$\sin x \approx x - \frac{x^3}{3!} + \frac{x^5}{5!}$$

$$\ln(1+x) \approx x - \frac{x^2}{2} + \frac{x^3}{3}$$

则由于它们的第 4 项和以后各项都舍弃了,自然产生了所谓的截断误差。

一般地,函数 $f(x)$ 用泰勒(Taylor)多项式

$$P_n(x) = f(0) + \frac{f'(0)}{1!}x + \frac{f''(0)}{2!}x^2 + \cdots + \frac{f^{(n)}(0)}{n!}x^n$$

近似代替,则截断误差是

$$R_n(x) = f(x) - P_n(x) = \frac{f^{(n+1)}(\xi)}{(n+1)!}x^{n+1}, \xi \text{ 在 } 0 \text{ 与 } x \text{ 之间。}$$

例如,根据泰勒公式,用多项式 $P(x) = x - \frac{x^3}{3!} + \frac{x^5}{5!}$ 计算 $\sin x$ 的截断误差是

$$R_6(x) = \sin x - P(x) = \frac{x^7}{7!} - \frac{x^9}{9!} + \cdots$$

由判别交错级数收敛性的莱布尼茨准则知,其截断误差的绝对值 $|R_6(x)| \leqslant \frac{|x|^7}{7!}$。

1.2.4 舍入误差

在数值计算过程中还会用到一些无穷小数,例如无理数和有理数中某些分数化出的无限循环小数,如

$$\pi = 3.141\ 592\ 65\cdots$$

$$\sqrt{2} = 1.414\ 213\ 56\cdots$$

$$\frac{1}{3!} = \frac{1}{6} = 0.166\ 666\cdots$$

等。而计算机受机器字长的限制，它所能表示的数据只能有一定的有限位数，这时就需把数据按四舍五入成一定位数的近似的有理数来代替。由此引起的误差称为舍入误差。

综上所述，数值计算中除了可以完全避免的过失误差外，还存在难以回避的模型误差、观测误差、截断误差和舍入误差。本书主要考虑后两种误差。

1.3 数值计算的误差

1.3.1 绝对误差和相对误差

设某一个量的准确值（称为真值）为 x，其近似值为 x^*，则称 $e(x^*)=x-x^*$ 为近似值 x^* 的绝对误差，简称误差。有时将 $e(x^*)$ 简记为 e^*，下面的其余记号类似。

由于真值 x 往往是未知或无法知道的，因此 e^* 的准确值也就无法求出。但一般可估计出此绝对误差 e^* 的一个上限，也即可以求出一个正数 ε，使

$$|e^*| = |x - x^*| \leqslant \varepsilon \tag{1.1}$$

ε 称为近似值 x^* 的绝对误差限，或称为精度。通常用

$$x = x^* \pm \varepsilon \tag{1.2}$$

来表示近似值的精度。正数 ε 越小，表示该近似值 x^* 的精度越高。

注：一个近似值的绝对误差限不是唯一的。一般地，ε 是绝对误差 e^x 的绝对值的一个较小上界。

在实际问题中，判断一个近似值的精确度大小不仅要观察绝对误差大小，还要考虑该量本身的大小。这就需要引进相对误差的概念。

近似值 x^* 的相对误差定义为绝对误差 e^* 与真值 x 之比，即

$$e_r^* = e_r(x^*) = \frac{e^*}{x} = \frac{x - x^*}{x} \quad (x \neq 0) \tag{1.3}$$

例如，测量 10 m 的长度时产生 1 cm 的误差与测量 1 m 的长度时产生 1 cm 的误差是大有区别的。虽然两者的绝对误差相同，都是 1 cm，但是前一种测量的相对误差为 $\frac{1}{1\ 000}$，而后一种测量的相对误差则为 $\frac{1}{100}$，是前一种的 10 倍。

由式（1.3）可得

$$e(x^*) = x \cdot e_r^* \tag{1.4}$$

相对误差不仅能表示出绝对误差来，而且在估计近似值运算结果的误差时，它比绝对误差更能反映出误差的特性。因此在误差分析中，相对误差比绝对误差更为重要。

与绝对误差一样，相对误差也无法准确求出，但可以估计它的范围，即可找到一个适当小的正数 ε_r，称为近似值 x^* 的相对误差限，即

$$|e_r^*| \leqslant \varepsilon_r \tag{1.5}$$

注：①相对误差没有量纲，而绝对误差有量纲。

②在实际计算中，由于真值 x 总是无法知道的，因此往往取

$$e_r(x^*) = \frac{e^*}{x^*} \tag{1.6}$$

作为相对误差的另一定义。当 x^* 较好地近似真值 x 时,两种定义仅相差高阶无穷小。本书后面均这样处理。

③相对误差也常用百分数来表示:

$$e_r^* = \frac{e^*}{x^*} \times 100\%$$

这时称它为百分误差。

1.3.2　有效数字

在表示一个近似值时,为了同时反映其准确程度,常常用到“有效数字”的概念。例如对无穷小数或循环小数,可用四舍五入的办法来取其近似值。

例 1.1　我们知道,$\pi = 3.141\ 592\ 65\cdots$是一个无理数,按四舍五入考虑 π 的不同近似值:

取一位数: $x_1^* = 3$,有 $|\pi - x_1^*| \leqslant 0.5 = \frac{1}{2}$

取四位小数:$x_2^* = 3.141\ 6$,有 $|\pi - x_2^*| \leqslant 0.000\ 05 = \frac{1}{2} \times 10^{-4}$

取五位小数:$x_3^* = 3.141\ 59$,有 $|\pi - x_3^*| \leqslant 0.000\ 005 = \frac{1}{2} \times 10^{-5}$

这种近似值取法的特点是误差限为其末位数的半个单位。当近似值 x^* 的绝对误差限是其某一位上的半个单位时,就称其“准确”到这一位,且从该位起直到前面第一位非零数字为止的所有数字都称为有效数字。

定义　设 x 的近似值 x^* 的规格化形式为

$$x^* = \pm 0.\alpha_1\alpha_2\cdots\alpha_n \times 10^m \tag{1.7}$$

其中,$\alpha_1,\alpha_2,\cdots,\alpha_n$ 都是 0 ~ 9 中的任一整数,且 $\alpha_1 \neq 0$;n 是正整数,m 是整数。若 x^* 的误差限为

$$|e^*| = |x - x^*| \leqslant \frac{1}{2} \times 10^{m-n} \tag{1.8}$$

则称 x^*为具有 n 位有效数字的有效数,或称它精确到 10^{m-n}。其中每一位数字 $\alpha_1,\alpha_2,\cdots,\alpha_n$ 都是 x^* 的有效数字。

注:① 若式(1.7) 中的 x^*是 x 经四舍五入得到的近似值,则 x^*具有 n 位有效数字。例如,3.141 6 是 π 的具有五位有效数字的近似值,它精确到 0.000 1。

② 有效数尾部的零不可随意省去,以免损失精度。

③ 另一种情况,例如 $x = 0.152\ 4$,$x^* = 0.154$。这时 x^*的误差 $e^* = -0.001\ 6$,其绝对值超过了 0.000 5(第三位小数的半个单位),但却没有超过 0.005(第二位小数的半个单位),即

$$0.000\ 5 < |x - x^*| \leqslant 0.005$$

显然 x^*虽有三位小数但却只精确到第二位小数,因此它只具有二位有效数字。其中 $\alpha_1 = 1$,$\alpha_2 = 5$ 都是准确数字,而第三位数字 $\alpha_3 = 4$ 就不再是准确数字了,就称它为存疑数字。

另外，由式(1.8)可知，从有效数字可以算出近似数的绝对误差限；有效数字的位数越多，其绝对误差限也就越小。不但如此，还可以从有效数字中求出其相对误差限。

当用式(1.7)表示的近似值 x^* 具有 n 位有效数字时，显然有

$$\left| x^* \right| \geqslant \alpha_1 \times 10^{m-1}$$

故由式(1.8)可知，其相对误差的绝对值

$$|e_r^*| = \left|\frac{e^*}{x^*}\right| \leqslant \frac{\frac{1}{2} \times 10^{m-n}}{\alpha_1 \times 10^{m-1}} = \frac{1}{2\alpha_1} \times 10^{-n+1}$$

故相对误差限为

$$\varepsilon_r = \frac{1}{2\alpha_1} \times 10^{-n+1} \tag{1.9}$$

注：①一般地，由式(1.9)得到的相对误差限偏大。

②式(1.9)说明 x^* 的有效数字位数越多，其相对误差限越小。由此可见，有效数字的位数反映了近似值的相对精确度。事实上，由上面的推导可得定理如下。

定理 设非零近似数 x^* 有形如 $x^* = \pm 0.\alpha_1\alpha_2\cdots\alpha_n \times 10^m$ 的表示，则 x^* 的有效数字与 x^* 的相对误差之间有如下关系：

(1) 若 x^* 具有 n 位有效数字，则其相对误差满足

$$|e_r^*| \leqslant \frac{1}{2\alpha_1} \times 10^{1-n}$$

(2)若 x^* 的相对误差限满足

$$\varepsilon_r \leqslant \frac{1}{2(\alpha_1 + 1)} \times 10^{1-n} \tag{1.10}$$

则 x^* 至少具有 n 位有效数字。

结论(2)的证明留给读者。

例 1.2 当用 3.141 6 来表示 π 的近似值时，它的相对误差限是多少？

解 3.141 6 具有 5 位有效数字，$\alpha_1 = 3$，由式(1.9)有

$$\varepsilon_r = \frac{1}{2\alpha_1} \times 10^{-n+1} = \frac{1}{2 \times 3} \times 10^{-5+1} = \frac{1}{6} \times 10^{-4}$$

例 1.3 为了使 $x = \sqrt{20}$ 的近似值 x^* 的相对误差小于 0.1%，问至少取几位有效数字？

解 因为 $\sqrt{20} = 4.472\ 13\cdots$，则近似值 x^* 中 $\alpha_1 = 4$。由式(1.9)知

$$\frac{1}{2 \times 4} \times 10^{-n+1} \leqslant 0.1\%$$

可解出 $n = 4$。即只要取 4 位有效数字，此时 $x^* = 4.472$ 就能满足要求。

1.3.3 数值运算的误差

在实际的数值计算中，参与运算的数据往往都是些近似值，带有误差。这些数据误差在多次运算过程中会进行传播，使计算结果产生误差。而确定计算结果所能达到的精度显然是十分重要的，但这往往也是件很困难的事。不过，对计算误差做出一定的定量估计还

是可以做到的。这里介绍一种常用的误差估计的一般公式，它是利用函数的泰勒(Taylor)展开得到的。

设 $f(x)$ 是一元可微函数，当 x 的近似值为 x^* 时，以 $f^*=f(x^*)$ 近似 $f(x)$，则由泰勒公式得函数值 $f(x^*)$ 的误差 $e^*(f^*)$ 为

$$f(x)-f(x^*)=f'(x^*)(x-x^*)+\frac{f''(\xi)}{2}(x-x^*)^2$$

其中 ξ 介于 x,x^* 之间。

取绝对值得

$$|e^*(f(x^*))|=|f(x)-f(x^*)|\leqslant|f'(x^*)||e^*|+\frac{|f''(\xi)|}{2}|e^*|^2$$

假定 $f'(x^*)$ 与 $f''(x^*)$ 的比值不太大，可忽略 $|e^*|$ 的高阶项，于是可得所计算函数的绝对误差限

$$\varepsilon(f(x^*))\approx|f'(x^*)||e^*| \tag{1.11}$$

例 1.4　已知 $x=x^*\pm\alpha(\alpha>0)$，试求 $f(x)=x^{\frac{1}{n}}$ 的相对误差限。

解　因为 $f'(x)=\dfrac{1}{n}x^{\frac{1}{n}-1}$，且 $\varepsilon(x^*)=\alpha$，所以由式(1.11)得

$$\varepsilon(f(x^*))\approx|f'(x^*)|\cdot|e(x^*)|\leqslant\frac{\alpha}{n}|x^*|^{\frac{1}{n}-1}=\frac{\alpha|f(x^*)|}{n|x^*|}$$

由 $f(x)=x^{\frac{1}{n}}$ 的相对误差 $e_r(f(x^*))=\dfrac{e(f(x^*))}{f(x^*)}$ 得

$$\begin{aligned}|e_r(f(x^*))|&=\frac{|e(f(x^*))|}{|f(x^*)|}\leqslant\frac{\varepsilon(f(x^*))}{|f(x^*)|}\\&\approx\frac{|f'(x^*)|\cdot|e^*|}{|f(x^*)|}\leqslant\frac{\alpha}{n|x^*|}\end{aligned}$$

于是所求的相对误差限为 $\varepsilon_r(f(x^*))=\dfrac{\alpha}{n|x^*|}$。

下面以二元函数为例，讨论多元函数情形。

假设有二元可微函数 $y=f(x_1,x_2)$，设 x_1^* 和 x_2^* 分别是 x_1 和 x_2 的近似值，y^* 是函数值 y 的近似值，且 $y^*=f(x_1^*,x_2^*)$，则二元函数 $f(x_1,x_2)$ 在点 (x_1^*,x_2^*) 处的泰勒展开式为

$$\begin{aligned}f(x_1,x_2)=f(x_1^*,x_2^*)+\left[\left(\frac{\partial f}{\partial x_1}\right)^*(x_1-x_1^*)+\left(\frac{\partial f}{\partial x_2}\right)^*(x_2-x_2^*)\right]+\\\frac{1}{2!}\left[\left(\frac{\partial^2 f}{\partial x_1^2}\right)^*(x_1-x_1^*)^2+2\left(\frac{\partial^2 f}{\partial x_1\partial x_2}\right)^*(x_1-x_1^*)(x_2-x_2^*)+\left(\frac{\partial^2 f}{\partial x_2^2}\right)^*(x_2-x_2^*)^2\right]+\cdots\end{aligned}$$

式中，$(x_1-x_1^*)=e(x_1^*)$ 和 $(x_2-x_2^*)=e(x_2^*)$ 一般都是小量值，如忽略高阶小量，即高阶的 $(x_1-x_1^*)$ 和 $(x_2-x_2^*)$，则上式可简化为

$$f(x_1,x_2)\approx f(x_1^*,x_2^*)+\left(\frac{\partial f}{\partial x_1}\right)^*e(x_1^*)+\left(\frac{\partial f}{\partial x_2}\right)^*e(x_2^*)$$

因此 y^* 的绝对误差

$$e(y^*)=y-y^*=f(x_1,x_2)-f(x_1^*,x_2^*)\approx\left(\frac{\partial f}{\partial x_1}\right)^*e(x_1^*)+\left(\frac{\partial f}{\partial x_2}\right)^*e(x_2^*) \tag{1.12}$$

式(1.12)中，$e(x_1^*)$和$e(x_2^*)$前面的系数$\left(\frac{\partial f}{\partial x_1}\right)^*=\left.\frac{\partial f}{\partial x_1}\right|_{(x_1^*,x_2^*)}$和$\left(\frac{\partial f}{\partial x_2}\right)^*=\left.\frac{\partial f}{\partial x_2}\right|_{(x_1^*,x_2^*)}$分别是$x_1^*$和$x_2^*$对$y^*$的绝对误差增长因子，它们分别表示绝对误差$e(x_1^*)$和$e(x_2^*)$经过传播后增大或缩小的倍数。

由式(1.12)可得到计算二元函数值y^*的绝对误差限为

$$\varepsilon(y^*)\approx\left|\left(\frac{\partial f}{\partial x_1}\right)^*\right|\varepsilon(x_1^*)+\left|\left(\frac{\partial f}{\partial x_2}\right)^*\right|\varepsilon(x_2^*)$$

一般地，对于n元可微函数$y=f(x_1,x_2,\cdots,x_n)$，记$(x_1,x_2,\cdots,x_n)$的近似值为$(x_1^*,x_2^*,\cdots,x_n^*)$，相应的解为$y^*=f(x_1^*,x_2^*,\cdots,x_n^*)$，则解的绝对误差限为

$$\varepsilon(y^*)\approx\sum_{i=1}^{n}\left|\left(\frac{\partial f}{\partial x_i}\right)^*\right|\varepsilon(x_i^*) \tag{1.13}$$

由式(1.12)可得出y^*的相对误差为

$$\begin{aligned}e_r(y^*)=\frac{e(y^*)}{y^*}&\approx\left(\frac{\partial f}{\partial x_1}\right)^*\frac{e(x_1^*)}{y^*}+\left(\frac{\partial f}{\partial x_2}\right)^*\frac{e(x_2^*)}{y^*}\\&=\frac{x_1^*}{y^*}\left(\frac{\partial f}{\partial x_1}\right)^*e_r(x_1^*)+\frac{x_2^*}{y^*}\left(\frac{\partial f}{\partial x_2}\right)^*e_r(x_2^*)\end{aligned} \tag{1.14}$$

式(1.14)中，$e_r(x_1^*)$和$e_r(x_2^*)$前面的系数$\frac{x_1^*}{y^*}\left(\frac{\partial f}{\partial x_1}\right)^*$和$\frac{x_2^*}{y^*}\left(\frac{\partial f}{\partial x_2}\right)^*$分别是$x_1^*$和$x_2^*$对$y^*$的相对误差增长因子，它们分别表示相对误差$e_r(x_1^*)$和$e_r(x_2^*)$经过传播后增大或缩小的倍数。

由式(1.13)可得加、减法运算的绝对误差限公式为

$$\varepsilon(x_1^*\pm x_2^*)\approx\varepsilon(x_1^*)+\varepsilon(x_2^*) \tag{1.15}$$

由式(1.14)可得加、减法运算的相对误差限公式为

$$\varepsilon_r(x_1^*\pm x_2^*)=\left|\frac{x_1^*}{x_1^*\pm x_2^*}\right|\varepsilon_r(x_1^*)+\left|\frac{x_2^*}{x_1^*\pm x_2^*}\right|\varepsilon_r(x_2^*) \tag{1.16}$$

由式(1.16)的减法运算公式可知，当$x_1^*\approx x_2^*$，即大小接近的两个同号近似值相减时，相对误差限$\varepsilon_r(x_1^*-x_2^*)$可能会很大，说明计算结果的有效数字将严重丢失，计算精度很低。因此在实际计算中，应尽量设法避开相近数的相减。当实在无法避免时，可用变换计算公式的办法来解决。

例如，当要求计算$\sqrt{3.01}-\sqrt{3}$，结果精确到第5位数字时，至少取到$\sqrt{3.01}=1.734\ 935\ 2$和$\sqrt{3}=1.732\ 050\ 8$，这样$\sqrt{3.01}-\sqrt{3}=2.884\ 4\times10^{-3}$才能达到具有5位有效数字的要求。如果变换算式：

$$\sqrt{3.01}-\sqrt{3}=\frac{3.01-3}{\sqrt{3.01}+\sqrt{3}}=\frac{0.01}{1.734\ 9+1.732\ 1}=2.884\ 4\times10^{-3}$$

也能达到结果具有5位有效数字的要求，而这时$\sqrt{3.01}$和$\sqrt{3}$所需的有效位数只要5位，远比直接相减所需有效位数(8位)为少。

同样由式(1.12)可分别得乘、除法运算的绝对误差和相对误差公式

$$\begin{cases} e(x_1^* x_2^*) \approx x_2^* e(x_1^*) + x_1^* e(x_2^*) \\ e_r(x_1^* x_2^*) \approx e_r(x_1^*) + e_r(x_2^*) \end{cases} \tag{1.17}$$

$$\begin{cases} e(x_1^* / x_2^*) \approx \dfrac{1}{x_2^*} e(x_1^*) - \dfrac{x_1^*}{(x_2^*)^2} e(x_2^*) \\ e_r(x_1^* / x_2^*) \approx e_r(x_1^*) - e_r(x_2^*) \end{cases} \tag{1.18}$$

注:式(1.17)和式(1.18)中的相对误差公式也可由式(1.14)得到。

由式(1.17)和式(1.18)还可得到乘、除法运算的相对误差限公式分别为

$$\varepsilon_r(x_1^* x_2^*) \approx \varepsilon_r(x_1^*) + \varepsilon_r(x_2^*), \quad \varepsilon_r(x_1^* / x_2^*) \approx \varepsilon_r(x_1^*) + \varepsilon_r(x_2^*) \tag{1.19}$$

由式(1.17)的第一式可知,当乘数很大时,乘积的绝对误差可能很大,应设法避免。由式(1.18)的第一式可知,当除数 x_2^* 的绝对值很小,接近于零时,商的绝对误差可能会很大,甚至造成计算机的“溢出”错误,故应设法避免让绝对值太小的数作为除数。

综上分析可知,大小相近的同号数相减,乘数的绝对值很大,以及除数接近于零等,在数值计算中都应设法避免。

例 1.5　设已测得某长方形场地的长和宽的范围分别为 $L=(110\pm0.2)$ m, $D=(80\pm0.1)$ m,求该场地的面积 S,并估算其绝对误差限和相对误差限。

解　由 $S=LD$ 可求出面积 S 的近似值

$$S^* = 110 \times 80 = 8\ 800\ (\text{m}^2)$$

由式(1.13)可计算 S^* 的绝对误差限。由于

$$\varepsilon(S^*) \approx \left|\left(\frac{\partial S}{\partial L}\right)^*\right| \varepsilon(L^*) + \left|\left(\frac{\partial S}{\partial D}\right)^*\right| \varepsilon(D^*) = |D^*|\,\varepsilon(L^*) + |L^*|\,\varepsilon(D^*)$$

于是

$$\varepsilon(S^*) \approx 80 \times 0.2 + 110 \times 0.1 = 27\ (\text{m}^2)$$

由于 S^* 的相对误差 $e_r(S^*) = \dfrac{e(S^*)}{S^*}$,因此 S^* 的相对误差限为

$$\varepsilon_r(S^*) = \frac{\varepsilon(S^*)}{|S^*|} \approx \frac{27}{8\ 800} = 0.31\%$$

例 1.6　经过四舍五入得出 $x_1^* = 6.102\ 5$, $x_2^* = 80.115$,求 x_1+x_2, x_1x_2 的绝对误差限。

解　由于 $\varepsilon(x_1^*) \leqslant \dfrac{1}{2}\times10^{-4}$, $\varepsilon(x_2^*) \leqslant \dfrac{1}{2}\times10^{-3}$,所以由式(1.15)得

$$\begin{aligned} \varepsilon(x_1^* + x_2^*) &\approx \varepsilon(x_1^*) + \varepsilon(x_2^*) \\ &\leqslant \frac{1}{2} \times 10^{-4} + \frac{1}{2} \times 10^{-3} \\ &= 0.000\ 55 \end{aligned}$$

由式(1.17)得

$$\begin{aligned} \varepsilon(x_1^* x_2^*) &\approx |x_2^*|\,\varepsilon(x_1^*) + |x_1^*|\,\varepsilon(x_2^*) \\ &\leqslant 80.115 \times \frac{1}{2} \times 10^{-4} + 6.102\ 5 \times \frac{1}{2} \times 10^{-3} \\ &= 0.007\ 057 \end{aligned}$$

1.4 算法的数值稳定性

通过前面对误差传播规律的分析,同一问题当选用不同的算法时,它们所得到的结果有时会相差很大,这是因为运算中的舍入误差在运算过程中的传播常随算法而异。凡一种算法的计算结果受舍入误差的影响小者称它为数值稳定的算法。下面举几个例子来说明。

例 1.7 解方程

$$x^2-(10^9+1)x+10^9=0$$

解 由韦达定理可知,此方程的精确解为

$$x_1=10^9,\quad x_2=1$$

如果利用求根公式

$$x_{1,2}=\frac{-b\pm\sqrt{b^2-4ac}}{2a} \tag{1.20}$$

来编制计算机程序,在字长为 8、基底为 10 的计算机上进行运算,则由于计算机实际上采用的是规格化浮点数的运算,这时

$$-b=10^9+1=0.1\times10^{10}+0.000\,000\,000\,1\times10^{10}$$

的第二项中最后两位数“01”,由于计算机字长的限制,在机器上表示不出来,故在计算机对阶舍入运算时为

$$-b=0.1\times10^{10}+0.000\,000\,000\,1\times10^{10}=0.1\times10^{10}=10^9$$

$$\sqrt{b^2-4ac}=\sqrt{[-(10^9+1)]^2-4\times10^9}=10^9$$

于是

$$x_1=\frac{-b+\sqrt{b^2-4ac}}{2a}=\frac{10^9+10^9}{2}=10^9$$

$$x_2=\frac{-b-\sqrt{b^2-4ac}}{2a}=\frac{10^9-10^9}{2}=0$$

这样算出的根 $x_2=0$ 显然是严重失真的(因为精确解 $x_2=1$),这说明直接利用式(1.20)求解此方程是不稳定的。其原因是在于当计算机进行加、减运算时要对阶舍入计算,实际上受到机器字长的限制,绝对值相对小的数被大数“淹没”后就无法发挥其应有的影响,由此带来误差,造成计算结果的严重失真。这时,如要提高计算的数值稳定性,必须改进算法。在本例中算出的根 $x_1=10^9$ 是可靠的,故可利用根与系数的关系式 $x_1x_2=\dfrac{c}{a}$ 来计算 x_2,有

$$x_2=\frac{c}{a}\cdot\frac{1}{x_1}=\frac{10^9}{1\times10^9}=1$$

所得结果很好。这说明第二种算法有较好的数值稳定性。

注:在利用根与系数关系式求第二根时,必须先算出绝对值较大的一个根,然后再求另一个根,才能得到精度较高的结果。

例 1.8 试计算积分

$$I_n=\int_0^1 x^n e^{x-1}dx\quad(n=1,2,\cdots)$$

解　由分部积分法可得

$$I_n = x^n e^{x-1}\Big|_0^1 - n\int_0^1 x^{n-1}e^{x-1}dx$$

因此,有递推公式 $I_n = 1 - nI_{n-1}(n = 1,2,\cdots)$,其中 $I_1 = 1/e$。

用上面的递推公式,在字长为6,基底为10的计算机上,从 I_1 出发计算前几个积分值,其结果如表1.1。

表 1.1　计算结果

n	I_n
1	0.367 879
2	0.264 242
3	0.207 274
4	0.170 904
5	0.145 480
6	0.127 120
7	0.110 160
8	0.118 720
9	−0.068 480

被积函数 $x^n e^{x-1}$ 在积分限(0,1)区间内都是正值,积分值 I_9 取三位有效数字时的精确结果为0.091 6,但上表中的 $I_9 = -0.068\ 480$ 却是负值,与0.091 6相差很大。怎么会出现这种现象?可分析如下。

由于在计算 I_1 时有舍入误差约为 $\varepsilon = 4.412 \times 10^{-7}$,且考虑以后的计算都不再另有舍入误差。此 ε 对后面各项计算的影响为

$$\begin{aligned}
I_2 &= 1 - 2(I_1 + \varepsilon) = 1 - 2I_1 - 2\varepsilon = 1 - 2I_1 - 2!\ \varepsilon \\
I_3 &= 1 - 3(I_2 + \varepsilon) = 1 - 3(1 - 2I_1) + 3!\ \varepsilon \\
I_4 &= 1 - 4[1 - 3(1 - 2I_1)] - 4!\ \varepsilon \\
&\vdots \\
I_9 &= 1 - 9[1 - 8(\cdots)] + 9!\ \varepsilon
\end{aligned}$$

这样,算到 I_9 时产生的误差为 $9!\ \varepsilon \approx 0.610\ 1$ 就是一个不小的数值了。

可以改进算法来提高此例的数值稳定性,即将递推公式改写为

$$I_{n-1} = \frac{1 - I_n}{n}$$

从后向前递推计算时,I_n 的误差下降为原来的$\frac{1}{n}$,因此只要 n 取得足够大,误差逐次下降,其影响就会越来越小。

由

$$I_n = \int_0^1 x^n e^{x-1}dx < \int_0^1 x^n dx = \frac{1}{n+1}$$

可知:当 $n \to \infty$ 时 $I_n \to 0$。因此可取 $I_{20} = 0$ 作为初始值进行递推计算。

由于 $I_{20}\approx\frac{1}{20}$,故 $I_{20}=0$ 的误差约为$\frac{1}{21}$。在计算 I_{19}时误差下降到

$$\frac{1}{21}\times\frac{1}{20}\approx 0.002\,4$$

到计算 I_{15}时,误差已下降到 10^{-8}以下,结果如表 1.2。

表 1.2　计算结果

n	I_n
20	0.000 000 0
19	0.050 000 0
18	0.050 000 0
17	0.052 777 8
16	0.055 719 0
15	0.059 017 6
14	0.062 732 2
13	0.066 947 7
12	0.071 773 3
11	0.077 352 3
10	0.083 877 1
9	0.091 612 3

这样得到的 $I_9=0.091\,612\,3$ 已很精确了。可见经过改进后的新算法具有很好的稳定性。

例 1.9　对于小的 x 值,计算 e^x-1。

解　如果用 e^x-1 直接进行计算,其稳定性是很差的,因为两个相近数相减会严重丢失有效数字,产生很大的误差。因此得采用合适的算法来保证计算的数值稳定性。可以把 e^x 在点 $x=0$ 附近展开成幂级数:

$$e^x = 1 + x + \frac{x^2}{2!} + \frac{x^3}{3!} + \cdots$$

则可得

$$e^x - 1 = x\left(1 + \frac{x}{2!} + \frac{x^2}{3!} + \cdots\right)$$

按上式计算就有很好的数值稳定性。

通过以上这些例子,可以知道算法的数值稳定性对于数值计算的重要性了。如无足够的稳定性,将会导致计算的最终失败。为了防止误差传播、积累带来的危害,提高计算的稳定性,将前面分析所得的各种结果归纳起来,得到数值计算中应注意如下几点:

①应选用数值稳定的计算方法,避开不稳定的算式。

②注意简化计算步骤及公式,减少误差的积累;设法减少乘除法运算,节约计算机的机时。

例如前面讲到过的用秦九韶算法计算多项式,就是一个改变计算公式以减少运算次数的极好例子。

③应合理安排运算顺序,防止参与运算的数在数量级相差悬殊时,大数"淹没"小数的现

象发生。

④应避免两相近数相减，可用变换公式的方法来解决。

⑤绝对值太小的数不宜作为除数，否则产生的误差过大，甚至会在计算机中造成“溢出”错误。

习题 1

1. 下列各数都是对真值进行四舍五入后得到的近似值，试分别写出它们的绝对误差限、相对误差限和有效数字的位数：

(1) $x_1^*=0.024$　　(2) $x_2^*=100$

(3) $x_3^*=57.50$　　(4) $x_4^*=8\times10^5$

2. 为了使 $\sqrt{11}$ 的近似值的相对误差 $\leqslant 0.1\%$，问至少应取几位有效数字？

3. 设数 x 的近似值 x^* 有两位有效数字，求其相对误差限。

4. 求 x，使 20.345 和 20.346 作为它的近似值都具有 5 位有效数字。

5. 取 $\dfrac{22}{7}$ 作为 π 的近似值，求它的绝对误差限、相对误差限和有效数字的位数。

6. 设 x 的相对误差限为 2%，求 x^n 的相对误差限。

7. 正方形的边长约为 100 cm，问测量时误差最多只能到多少，才能保证面积的误差不超过 1 cm^2？

8. 求方程 $x^2-40x+1=0$ 的两个根，使它们至少具有 4 位有效数字（已知 $\sqrt{399}\approx19.975$）。

9. 利用四位数字用表求 $x=1-\cos 2°$ 的近似值，采用下面等式计算：

(1) $1-\cos 2°$　　(2) $2\sin^2 1°$

问哪一个结果较好？（已知四位数字用表中 $\sin 1°\approx0.0175$，$\cos 2°\approx0.9994$）

10. 改变表达式 $\int_N^{N+1}\ln x\,dx=(N+1)\ln(N+1)-N\ln N-1$　（N 充分大），以提高计算精度。

11. 为了使计算

$$y=10+\frac{3}{x-1}+\frac{4}{(x-1)^2}-\frac{6}{(x-1)^3}$$

的乘除法运算次数尽量地少，应将该表达式改写成怎样的形式？

第 2 章

插值法

在科学研究和实际工程中,常常会遇到计算函数值等问题。然而可能函数关系没有明显的解析表达式,或者函数虽有解析表达式,但是使用很不方便。例如,根据实验得到了一系列的数据(函数表),确定了与自变量的某些点相应的函数值,需要建立一个简单的便于计算的近似表达式来计算其他未观测点的函数值。这就是本章要介绍的插值法,它是解决这类问题最直接最基本的方法。

2.1 引 言

2.1.1 代数插值问题的提法

函数插值是对函数的离散数据建立简单的数学模型的方法。

给出连续函数 $f(x)$ 在区间 $[a,b]$ 上一系列的函数值 $y_i=f(x_i)$ $(i=0,1,\cdots,n)$,或者给出一张函数表

x	x_0	x_1	x_2	$\cdots$	x_n
y	y_0	y_1	y_2	$\cdots$	y_n

(2.1)

其中,$a\leqslant x_0<x_1<\cdots<x_n\leqslant b$。

在某函数类 $\Phi(x)$ 中求一个函数 $\varphi(x)$,使得

$$\varphi(x_i)=y_i \quad (i=0,1,\cdots,n) \tag{2.2}$$

并用 $\varphi(x)$ 作为函数 $f(x)$ 的近似表达式,称这样的问题为插值问题,满足式(2.2)的 $\varphi(x)$ 称为 $f(x)$ 的插值函数,$f(x)$ 称为被插函数。称点 $x_0,x_1,x_2,\cdots,x_n$ 为插值节点,区间 $[a,b]$ 为插值区间。因此插值就是根据已知点的函数值求其余点的函数值,即依据被插值函数给出的函数表插出所要点的函数值。利用插值函数求 $f(x)$ 的近似值,若插值点 x 在 x_0 与 x_n 之间称为内插法,反之称为外插法。

由于函数类 $\Phi(x)$ 的选择不同,即选取的插值函数 $\varphi(x)$ 不同,就产生不同类型的插值。用 $\varphi(x)$ 的值作为 $f(x)$ 的近似值,除要求 $\varphi(x)$ 在某种意义上更好地逼近 $f(x)$ 外,自然希望它

是较简单的函数，或者它便于计算机计算。若 $\varphi(x)$ 为代数多项式 $p(x)$，就是代数多项式插值，简称代数插值；若 $\varphi(x)$ 为三角多项式，就是三角多项式插值；若 $\varphi(x)$ 为有理函数，就是有理函数插值等。本章主要讨论结构简单的代数插值问题。

2.1.2　多项式插值问题

求 $f(x)$ 的插值多项式 $p(x)$ 的几何意义，就是通过曲线 $y=f(x)$ 上的若干个插值节点，作一条代数多项式曲线 $y=p(x)$ 来近似代替曲线 $y=f(x)$（如图 2.1 所示）。

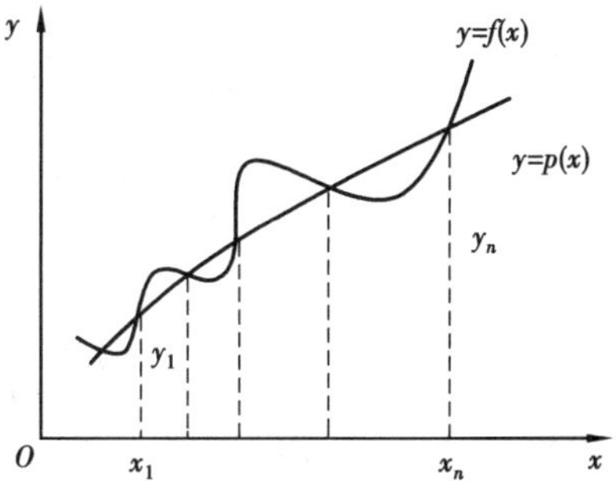

图 2.1　插值法的几何意义

由插值问题的定义可知，多项式插值问题是：在区间 $[a,b]$ 上，根据函数表(2.1)，构造一个次数不超过 n 的代数多项式 $p_n(x)=a_0+a_1x+a_2x^2+\cdots+a_nx^n$，使

$$p_n(x_i)=f(x_i)=y_i \quad (i=0,1,\cdots,n) \tag{2.3}$$

而在其余点 x 处，一般说来会有误差，这个误差称为插值多项式的插值余项或截断误差，记为 $R_n(x)$，即

$$R_n(x)=f(x)-p_n(x) \tag{2.4}$$

下面是关于插值多项式的基本定理。

定理 2.1　满足插值条件(2.3)的 n 次插值多项式是存在且唯一的。

事实上，由条件(2.3)知，插值多项式 $p_n(x)$ 的系数满足线性方程组

$$\begin{cases} a_0+a_1x_0+a_2x_0^2+\cdots+a_nx_0^n=y_0 \\ a_0+a_1x_1+a_2x_1^2+\cdots+a_nx_1^n=y_1 \\ \qquad\vdots \\ a_0+a_1x_n+a_2x_n^2+\cdots+a_nx_n^n=y_n \end{cases}$$

因为系数行列式 $|A|=\begin{vmatrix} 1 & x_0 & \cdots & x_0^n \\ 1 & x_1 & \cdots & x_1^n \\ \vdots & \vdots & & \vdots \\ 1 & x_n & \cdots & x_n^n \end{vmatrix}=\prod_{n\geqslant i>j\geqslant 0}(x_i-x_j)\neq 0$

所以该方程组有唯一解，即插值多项式存在且唯一。

注：对于次数不大于 n 的多项式 $f(x)$，其 n 次插值多项式就是其本身。

插值多项式 $p_n(x)$ 与 $f(x)$ 的插值余项 $R_n(x)=f(x)-p_n(x)$ 满足下面的余项定理。

定理 2.2（误差估计）　设 $f^{(n)}(x)\in C[a,b]$，任意 $x\in(a,b)$，$f^{(n+1)}(x)$ 存在，$x_0,x_1,x_2,\cdots,x_n$ 为 $n+1$ 个互异插值节点，$p_n(x)$ 为 $f(x)$ 在 $[a,b]$ 上的 n 次插值多项式，则对任意 $x\in[a,b]$ 有余项

$$R_n(x)=f(x)-p_n(x)=\frac{f^{(n+1)}(\xi)}{(n+1)!}\omega_{n+1}(x) \quad \xi\in(a,b) \tag{2.5}$$

其中

$$\omega_{n+1}(x)=(x-x_0)(x-x_1)\cdots(x-x_n)=\prod_{i=0}^{n}(x-x_i) \tag{2.6}$$

证 构造 $F(t)=f(t)-p_n(t)-\dfrac{R_n(x)}{\omega_{n+1}(x)}\omega_{n+1}(t)$,

因为 $\omega_{n+1}(t)=\prod\limits_{j=0}^{n}(t-x_j)$,所以 $F(x)=0$,且

$F(x_0)=F(x_1)=\cdots=F(x_n)=0$,即 $F(t)$ 有 $n+2$ 个零点,于是由罗尔定理知

$F'(t)=f'(t)-p'_n(t)-\dfrac{R_n(x)}{\omega_{n+1}(x)}\omega'_{n+1}(t)$ 至少有 $n+1$ 个零点。

以此类推,$F^{(n+1)}(t)$ 至少有一个零点 $\xi\in(a,b)$,使

$$F^{(n+1)}(\xi)=f^{(n+1)}(\xi)-p_n^{(n+1)}(\xi)-\frac{R_n(x)}{\omega_{n+1}(x)}(n+1)!\ =0$$

即

$$f^{(n+1)}(\xi)=\frac{R_n(x)}{\omega_{n+1}(x)}(n+1)!$$

所以

$$R_n(x)=\frac{f^{(n+1)}(\xi)}{(n+1)!}\omega_{n+1}(x)\quad(\xi\in(a,b))$$

注意:这里 $\xi\in(a,b)$ 且依赖于 x。

2.2 拉格朗日插值

2.2.1 线性插值

对给定的插值节点,为求得插值多项式 $p_n(x)$ 可以有各种不同的方法,下面先讨论 $n=1$ 的简单情形。

已知

x	x_0	x_1
$f(x)$	y_0	y_1

求作一次多项式 $L_1(x)=a_0+a_1x$,使它满足条件:$L_1(x_0)=y_0$,$L_1(x_1)=y_1$,这种插值称为线性插值。

将已知条件代入,得线性方程组

$$\begin{cases}y_0=a_0+a_1x_0\\y_1=a_0+a_1x_1\end{cases}$$

解方程组得

$$a_0=\frac{y_0x_1-y_1x_0}{x_0-x_1},a_1=\frac{y_1-y_0}{x_1-x_0}$$

所以

$$L_1(x)=y_0+\frac{y_1-y_0}{x_1-x_0}(x-x_0)\qquad\text{(点斜式)}$$

$$=\frac{x-x_1}{x_0-x_1}y_0+\frac{x-x_0}{x_1-x_0}y_1\qquad\text{(两点式)}$$

为了便于推广,记

$$l_0(x) = \frac{x - x_1}{x_0 - x_1}, l_1(x) = \frac{x - x_0}{x_1 - x_0} \tag{2.7}$$

则函数 $l_0(x)$ 和 $l_1(x)$ 具有性质

$$l_i(x_j) = \begin{cases} 1 & j = i \\ 0 & j \neq i \end{cases} \quad (i,j = 0,1) \tag{2.8}$$

函数 $l_0(x)$ 和 $l_1(x)$ 称为线性插值基函数。于是可将求得的一次插值多项式改写为

$$L_1(x) = l_0(x)y_0 + l_1(x)y_1 \tag{2.9}$$

注:用线性插值进行近似计算,当插值区间较小时,近似程度较高。

例 2.1　已知 $f(x)$ 的函数表

x	100	121
$f(x)$	10	11

求 $\sqrt{115}$ 的近似值。

解　利用线性插值公式(2.9)得

$$L_1(x) = \frac{x - 121}{100 - 121} \times 10 + \frac{x - 100}{121 - 100} \times 11$$

于是

$$\sqrt{115} \approx L_1(115) \approx 10.714$$

2.2.2　抛物线插值

下面讨论 $n=2$ 的情况。

已知

x	x_0	x_1	x_2
$f(x)$	y_0	y_1	y_2

设二次多项式 $L_2(x)=a_0+a_1x+a_2x^2$ 满足 $L(x_i)=y_i(i=0,1,2)$,则根据定理 2.1 可求出 a_0,a_1,a_2,得到相应的唯一的二次插值多项式,但计算量较大。下面仿照线性插值,用插值基函数构造抛物线插值多项式。

设 $L_2(x)=l_0(x)y_0+l_1(x)y_1+l_2(x)y_2$,其中

$$l_i(x_j) = \begin{cases} 1 & j = i \\ 0 & j \neq i \end{cases} \quad (i,j = 0,1,2) \tag{2.10}$$

下面以 $l_0(x)$ 为例说明基函数的求法。由于 $l_0(x)$ 为二次多项式,由式(2.10)可设

$$l_0(x) = A(x - x_1)(x - x_2)$$

并由 $l_0(x_0)=1$ 求出 $A=\frac{1}{(x_0-x_1)(x_0-x_2)}$,所以

$$l_0(x) = \frac{(x - x_1)(x - x_2)}{(x_0 - x_1)(x_0 - x_2)}$$

同理

$$l_1(x) = \frac{(x - x_0)(x - x_2)}{(x_1 - x_0)(x_1 - x_2)}$$

$$l_2(x)=\frac{(x-x_0)(x-x_1)}{(x_2-x_0)(x_2-x_1)}$$

于是
$$L_2(x)=y_0\frac{(x-x_1)(x-x_2)}{(x_0-x_1)(x_0-x_2)}+y_1\frac{(x-x_0)(x-x_2)}{(x_1-x_0)(x_1-x_2)}+$$
$$y_2\frac{(x-x_0)(x-x_1)}{(x_2-x_0)(x_2-x_1)}=\sum_{j=0}^{2}y_j\prod_{i=0}^{2}\left(\frac{x-x_i}{x_j-x_i}\right)\quad(i\neq j)\tag{2.11}$$

2.2.3 拉格朗日插值

(1)拉格朗日插值基函数

由线性插值式(2.9),抛物线插值式(2.11)可知,插值多项式可看作某些函数的线性组合,组合系数为插值节点的函数值 y_i。

定义 2.1 称 n 次多项式 $l_0(x),l_1(x),l_2(x),\cdots,l_n(x)$ 为在 $n+1$ 个节点 $x_i(i=0,1,\cdots,n)$ 上的 n 次插值基函数,其中

$$l_k(x)=\frac{(x-x_0)\cdots(x-x_{k-1})(x-x_{k+1})\cdots(x-x_n)}{(x_k-x_0)\cdots(x_k-x_{k-1})(x_k-x_{k+1})\cdots(x_k-x_n)}$$
$$=\prod_{\substack{j=0\\j\neq k}}^{n}\frac{x-x_j}{x_k-x_j}\tag{2.12}$$

根据定义,插值基函数的性质:

①$l_k(x_i)=\begin{cases}1 & i=k\\0 & i\neq k\end{cases}\quad(k=0,1,\cdots,n)$。

②$l_k(x)(k=0,1,\cdots,n)$为由插值节点 $x_0,x_1,x_2,\cdots,x_n$ 唯一确定的 n 次多项式。

③基函数和每一个节点有关,与被插函数无关。

(2)拉格朗日插值多项式

定理 2.3 对于给定的 $n+1$ 个插值节点 $x_0,x_1,\cdots,x_n$,

$$L_n(x)=\sum_{k=0}^{n}y_kl_k(x)\tag{2.13}$$

为插值问题的 n 次多项式插值函数,其中 $l_k(x)=\prod\limits_{\substack{j=0\\j\neq k}}^{n}\frac{x-x_j}{x_k-x_j}$。

称式(2.13)为多项式插值的拉格朗日形式,简称为拉格朗日插值多项式。

证 因为 $l_k(x)$ 为 n 次多项式,所以 $L_n(x)$ 为次数不超过 n 的代数多项式。

取 $x=x_j$,由于 $l_k(x_j)=\begin{cases}1 & j=k\\0 & j\neq k\end{cases}\quad(k=0,1,\cdots,n)$,从而 $L_n(x_j)=\sum\limits_{k=0}^{n}y_kl_k(x_j)=y_j$,满足插值条件。于是 $L_n(x)=\sum\limits_{k=0}^{n}y_kl_k(x)$ 为满足已知 $n+1$ 个插值节点函数值插值问题的 n 次多项式插值函数,即 n 次拉格朗日插值多项式。

注:线性插值和抛物线插值分别是 1 次和 2 次拉格朗日插值多项式。

例 2.2 设 $x_0,x_1,x_2,\cdots,x_n$ 为插值节点,$l_k(x)(k=0,1,\cdots,n)(n\geqslant1)$为拉格朗日插值基函

数,则 $\sum_{i=0}^{n} l_i(x) = 1$。

解　取 $f(x) \equiv 1, y_i \equiv 1, \quad (i=0,1,2,\cdots,n)$

则 $f(x)$ 的 n 次拉格朗日插值为 $L_n(x) = \sum_{k=0}^{n} y_i l_i(x) = \sum_{i=0}^{n} l_i(x)$

插值余项 $R_n(x)=f(x)-L_n(x)$,而余项 $R_n(x)=\dfrac{f^{(n+1)}(\xi)}{(n+1)!}\omega_{n+1}(x)=0$

故

$$\sum_{i=0}^{n} l_i(x) = L_n(x) = f(x) - R_n(x) \equiv 1$$

例 2.3　已知 $y=\ln x$ 的函数表

x	10	11	12	13	14
y	2.302 6	2.397 9	2.484 9	2.564 9	2.639 1

分别用拉格朗日线性和抛物线插值求 ln 11.5 的近似值,并估计误差。

解　线性插值,其两节点 $x_0=11, x_1=12$,插值基函数为

$$l_0(x) = -(x-12), l_1(x) = x - 11$$

所以

$$L_1(x) = -2.397\,9(x-12) + 2.484\,9(x-11)$$

$$\ln 11.5 \approx L_1(11.5) = 2.441\,4$$

余项

$$R_1(x) = \frac{(\ln x)''_\xi}{2!}(x-12)(x-11)$$

由于

$$\left|(\ln x)''_\xi\right| = \frac{1}{\xi^2} \leqslant \frac{1}{11^2} = 0.008\,264\,5$$

故

$$\left|R_1(11.5)\right| \leqslant \frac{1}{2} \times 0.008\,264\,5 \times 0.5 \times 0.5 = 1.033\,06 \times 10^{-3}$$

抛物线插值,节点 $x_0=11, x_1=12, x_2=13$,则可得

$$L_2(x) = 1.198\,95(x-12)(x-13) - 2.484\,9(x-11)(x-13) + 1.282\,45(x-11)(x-12)$$

$$\ln 11.5 \approx L_2(11.5) = 2.442\,275$$

同理可得

$$\left|R_2(11.5)\right| \leqslant 9.393\,8 \times 10^{-5}$$

例 2.4　设 $f(x)=x^4$,试用拉格朗日余项定理写出以 $-1,0,1,2$ 为插值节点的三次插值多项式。

解　设所求多项式为 $L_3(x)$,由余项定理得

$$R_3(x) = f(x) - L_3(x) = \frac{f^{(4)}(\xi)}{4!}\omega_4(x) = (x+1)(x-0)(x-1)(x-2)$$

于是

$$L_3(x) = f(x) - (x+1)(x-0)(x-1)(x-2) = 2x^3 + x^2 - 2x$$

2.3 牛顿插值

拉格朗日插值公式具有形式对称,便于编程计算的特点。但是用它计算 $f(x)$ 在插值点 x 的值时,也有不便之处:由于 $l_k(x)$ $(k=0,1,\cdots,n)$ 都依赖于全部插值节点,若增加(或减少)节点,则必须重新构造插值基函数,原先的插值多项式没有用。本节讨论 n 次代数插值的另一种形式,即使用牛顿多项式插值来克服这个缺点。

2.3.1 差商及其性质

从第 2.2 节看到,基函数是构造拉格朗日插值的基础,下面介绍的差商是构造牛顿插值的基础。

定义 2.2 设函数 $f(x)$ 有 $n+1$ 个互异节点 $x_0,x_1,x_2,\cdots,x_n$,其相应函数值为 $f(x_0),f(x_1),f(x_2),\cdots,f(x_n)$。称 $\dfrac{f(x_i)-f(x_j)}{x_i-x_j}$ 为 $f(x)$ 在 x_i,x_j 处的一阶差商,并记为 $f[x_i,x_j]$,即

$$f[x_i,x_j]=\frac{f(x_i)-f(x_j)}{x_i-x_j}\quad(i\neq j)$$

可见差商可看作 $f(x)$ 在区间 $[x_i,x_j]$ 或 $[x_j,x_i]$ 上的平均变化率。

相仿地,称 $\dfrac{f[x_i,x_j]-f[x_j,x_k]}{x_i-x_k}$ 为 $f(x)$ 在 x_i,x_j,x_k 处的二阶差商,记为 $f[x_i,x_j,x_k]$,则

$$f[x_i,x_j,x_k]=\frac{f[x_i,x_j]-f[x_j,x_k]}{x_i-x_k}\qquad(i,j,k\text{ 互异})$$

一般地,$f(x)$ 在 $x_0,x_1,\cdots,x_k$ 处的 k 阶差商定义为

$$f[x_0,x_1,\cdots,x_k]=\frac{f[x_0,x_1,\cdots,x_{k-1}]-f[x_1,x_2,\cdots,x_k]}{x_0-x_k}\tag{2.14}$$

即 $f(x)$ 的 k 阶差商为 $k-1$ 阶差商的差商。

注:①规定 $f[x_i]=f(x_i)$ 为 $f(x)$ 在 x_i 处的零阶差商;

②由微商的定义可知差商是微商的离散形式。

差商的性质:

性质 1 k 阶差商 $f[x_0,x_1,\cdots,x_k]$ 可表示为函数值 $f(x_0),f(x_1),f(x_2),\cdots,f(x_k)$ 的线性组合。即

$$f[x_0,x_1,\cdots,x_k]=\sum_{j=0}^{k}\frac{f(x_j)}{\omega'_{k+1}(x_j)}$$

其中,$\omega'_{k+1}(x_j)=\prod\limits_{\substack{i=0\\i\neq j}}^{k}(x_j-x_i)$。

注:性质 1 可用归纳法证明(略)。

性质 2 差商与插值节点排列顺序无关,即 $f[x_i,x_j]=f[x_j,x_i]$。对 k 阶差商仍成立。

性质 3 $f(x)$ 是 n 次多项式,则 $f[x,x_0]$ 为 $n-1$ 次多项式。

例 2.5　已知函数表

x	1	3	2
$f(x)$	1	2	−1

求$f[x_0,x_1,x_2]$和$f[x_1,x_0,x_2]$。

解　因为$f[x_0,x_1]=\dfrac{2-1}{3-1}=0.5$,$f[x_1,x_2]=\dfrac{-1-2}{2-3}=3$

所以　$f[x_0,x_1,x_2]=\dfrac{3-0.5}{2-1}=2.5$

同理可得　$f[x_1,x_0,x_2]=2.5$

2.3.2　牛顿插值及其余项

线性插值可用差商形式表示为

$$L_1(x)=f(x_0)+\frac{y_1-y_0}{x_1-x_0}(x-x_0)=f(x_0)+(x-x_0)f[x_0,x_1]$$

由差商的定义知

$$f(x)=f(x_0)+(x-x_0)f[x,x_0]$$
$$f[x,x_0]=f[x_0,x_1]+(x-x_1)f[x,x_0,x_1]$$
$$f[x,x_0,x_1]=f[x_0,x_1,x_2]+(x-x_2)f[x,x_0,x_1,x_2]$$
$$\vdots$$
$$f[x,x_0,\cdots,x_{n-1}]=f[x_0,x_1,\cdots x_n]+(x-x_n)f[x,x_0,\cdots,x_n]$$

将上式依次代入得

$$\begin{aligned}f(x)=&f(x_0)+(x-x_0)f[x_0,x_1]+(x-x_0)(x-x_1)f[x_0,x_1,x_2]+\cdots+\\&(x-x_0)(x-x_1)\cdots(x-x_{n-1})f[x_0,x_1,\cdots x_n]+\\&(x-x_0)(x-x_1)\cdots(x-x_n)f[x,x_0,\cdots,x_n]\end{aligned}$$

取　$$\begin{aligned}N_n(x)=&f(x_0)+f[x_0,x_1](x-x_0)+f[x_0,x_1,x_2](x-x_0)(x-x_1)+\cdots+\\&f[x_0,x_1,\cdots,x_n](x-x_0)(x-x_1)\cdots(x-x_{n-1})\end{aligned}\tag{2.15}$$

$$\begin{aligned}R_n(x)&=(x-x_0)(x-x_1)\cdots(x-x_n)f[x,x_0,\cdots,x_n]\\&=\omega_{n+1}(x)f[x,x_0,\cdots,x_n]\end{aligned}$$

所以　$$f(x)=N_n(x)+R_n(x)$$

且

$$R_n(x_i)=\omega_{n+1}(x_i)f[x_i,x_0,\cdots,x_n]=0$$

称$N_n(x)$为牛顿插值多项式,$R_n(x)$为牛顿插值余项。

定理 2.4　$N_n(x)$为插值问题的 n 次插值多项式,其余项

$$R_n(x)=\omega_{n+1}(x)f[x,x_0,\cdots,x_n]$$

由插值多项式的唯一性可知,当$f^{(n+1)}(x)$存在时,$N_n(x)$的余项仍为式(2.5)中的$R_n(x)$。于是

$$R_n(x)=\omega_{n+1}(x)f[x,x_0,\cdots,x_n]=\frac{f^{(n+1)}(\xi)}{(n+1)!}\omega_{n+1}(x)\quad(a\leqslant\xi\leqslant b)$$

从而得到差商与导数的关系为

$$f[x_0,x_1,\cdots,x_n]=\frac{f^{(n)}(\xi)}{n!}\quad(a\leqslant\xi\leqslant b)\tag{2.16}$$

由牛顿插值多项式的形式可知,增加一个节点时,只需 $N(x)$ 再增加一项,$N(x)$ 原有各项均不变。具体计算可按表 2.1 进行。

表 2.1　差商表

x_i	$f(x_i)$	一阶差商 $f[x_{i-1},x_i]$	二阶差商 $f[x_{i-2},x_{i-1},x_i]$	三阶差商 $f[x_{i-3},x_{i-2},x_{i-1},x_i]$
x_0	$\boldsymbol{f(x_0)}$			
x_1	$f(x_1)$	$\boldsymbol{f[x_0,x_1]}$		
x_2	$f(x_2)$	$f[x_1,x_2]$	$\boldsymbol{f[x_0,x_1,x_2]}$	
x_3	$f(x_3)$	$f[x_2,x_3]$	$f[x_1,x_2,x_3]$	$\boldsymbol{f[x_0,x_1,x_2,x_3]}$
⋮	⋮	⋮	⋮	⋮

求出各阶差商,由表 2.1 中对角线元素作系数构造牛顿插值多项式。

例 2.6　给出 $f(x)$ 的函数表

x	10	11	12	13
$f(x)$	20	22	28	26

求 3 次牛顿插值多项式 $N_3(x)$。

解　根据已知数据先构造差商表如下

x_i	$f(x_i)$	一阶差商 $f[x_{i-1},x_i]$	二阶差商 $f[x_{i-2},x_{i-1},x_i]$	三阶差商 $f[x_{i-3},x_{i-2},x_{i-1},x_i]$
10	$\underline{20}$			
11	22	$\underline{2}$		
12	28	6	$\underline{2}$	
13	26	−2	−4	$\underline{-2}$

将差商表中带下划线的这些差商值代入公式得

$$\begin{aligned}N_3(x)&=20+2(x-10)+2(x-10)(x-11)-2(x-10)(x-11)(x-12)\\&=-2x^3+68x^2-764x+2\,860\end{aligned}$$

2.3.3　差分的定义与性质

当插值节点等距分布时,被插值函数的平均变化率与自变量的区间无关,就可用差分来表示。

定义 2.3　设等距节点 $x_k=x_0+kh(k=0,1,2,\cdots,n)$，$y_k=f(x_k)$，$h$ 为步长，则称 $\Delta y_i=y_{i+1}-y_i(i=0,1,2,\cdots,n)$ 为 $f(x)$ 在 x_i 处以 h 为步长的一阶向前差分。

$\Delta^2 y_i=\Delta y_{i+1}-\Delta y_i=y_{i+2}-2y_{i+1}+y_i \quad (i=0,1,2,\cdots,n)$

为 $f(x)$ 在 x_i 处以 h 为步长的二阶向前差分。一般地，

$$\Delta^m y_i=\Delta^{m-1}y_{i+1}-\Delta^{m-1}y_i,\ (i=0,1,2,\cdots,n)$$

为 $f(x)$ 在 x_i 处以 h 为步长的 m 阶向前差分。

差分的性质：

性质 1　差分是函数值的线性组合，即

$$\Delta^n y_i=y_{n+i}-C_n^1 y_{n+i-1}+C_n^2 y_{n+i-2}+\cdots+(-1)^s C_n^s y_{n+i-s}+\cdots+(-1)^n y_i$$

性质 2　差分与差商满足关系

$$f[x_0,x_1,\cdots,x_n]=\frac{\Delta^n y_0}{n!\ h^n} \tag{2.17}$$

证　利用数学归纳法证明：

当 $k=1$ 时，$f[x_0,x_1]=\dfrac{\Delta y_0}{h}$，结论成立。

设 $k=m-1$ 时结论成立，即有

$$f[x_0,x_1,\cdots,x_{m-1}]=\frac{\Delta^{m-1}y_0}{(m-1)!\ h^{m-1}},f[x_1,x_2,\cdots,x_m]=\frac{\Delta^{m-1}y_1}{(m-1)!\ h^{m-1}}$$

当 $k=m$ 时，有

$$f[x_0,x_1,\cdots,x_m]=\frac{f[x_1,x_2,\cdots,x_m]-f[x_0,x_1,\cdots,x_{m-1}]}{x_m-x_0}=\frac{\Delta^{m-1}y_1-\Delta^{m-1}y_0}{(m-1)!\ h^{m-1}mh}=\frac{\Delta^m y_0}{m!\ h^m}$$

所以命题成立。

性质 3　差分与导数有关系

$$\Delta^n y_0=h^n f^{(n)}(\xi)\ (\xi\in(x_0,x_n)) \tag{2.18}$$

此外也可定义向后差分与中心差分，亦可得相似的性质。

2.3.4　等距节点的牛顿插值及余项

给定等距节点 $x_i=x_0+ih$，将差分与差商的关系代入牛顿插值多项式，则可得

$$\begin{aligned}N_n(x)&=f(x_0)+f[x_0,x_1](x-x_0)+f[x_0,x_1,x_2](x-x_0)(x-x_1)+\cdots+\\&\quad f[x_0,x_1,\cdots,x_n](x-x_0)(x-x_1)\cdots(x-x_{n-1})\\&=f(x_0)+\frac{\Delta y_0}{h}(x-x_0)+\frac{\Delta^2 y_0}{2!\ h^2}(x-x_0)(x-x_1)+\cdots+\\&\quad\frac{\Delta^n y_0}{n!\ h^n}(x-x_0)(x-x_1)\cdots(x-x_{n-1})\end{aligned}$$

令 $x=x_0+th, t>0$,则有

$$N_n(x_0+th)=f(x_0)+t\Delta y_0+\frac{t(t-1)}{2!}\Delta^2 y_0+\cdots+\frac{t(t-1)\cdots(t-n+1)}{n!}\Delta^n y_0$$

$$=\sum_{k=0}^{n}\frac{t(t-1)\cdots(t-k+1)}{k!}\Delta^k y_0 \tag{2.19}$$

上式称为牛顿向前插值多项式。

同理,余项 $R_n(x_0+th)=\dfrac{t(t-1)\cdots(t-n)}{(n+1)!}h^{n+1}f^{(n+1)}(\xi) \quad \xi\in(x_0,x_n)$

称为牛顿向前插值多项式的余项。

注:①利用向后差分可构造牛顿向后插值多项式。将插值节点按 $x_n, x_{n-1}, \cdots, x_0$ 的次序排列,可得牛顿向后插值多项式 $N_n(x_n-th)=\sum\limits_{k=0}^{n}(-1)^k\dfrac{t(t-1)\cdots(t-k+1)}{k!}\Delta^k y_{n-k}$,相应的余项为 $R_n(x_0-th)=(-1)^{n+1}\dfrac{t(t-1)\cdots(t-n)}{(n+1)!}h^{n+1}f^{(n+1)}(\xi), \xi\in(x_0,x_n)$。

②与牛顿插值多项式的差商形式相同,可通过下面的差分表(表 2.2)来求牛顿向前插值多项式。

表 2.2　差分表

x_i	y_i	Δy_i	$\Delta^2 y_i$	$\Delta^3 y_i$
x_0	$\mathbf{y_0}$			
x_1	y_1	$\mathbf{\Delta y_0}$		
x_2	y_2	Δy_1	$\mathbf{\Delta^2 y_0}$	
x_3	y_3	Δy_2	$\Delta^2 y_1$	$\mathbf{\Delta^3 y_0}$
⋮	⋮	⋮	⋮	⋮

例 2.7　利用牛顿向前插值多项式计算例 2.3。

解　取节点 $x_0=11, x_1=12, x_2=13$,可得差分表如下。

x_i	y_i	一阶差分 Δy_i	二阶差分 $\Delta^2 y_i$	
11	2.397 9			1
12	2.484 9	0.087 0		t
13	2.564 9	0.080 0	−0.007 0	$\frac{t(t-1)}{2!}$

于是牛顿向前插值多项式为

$$N_2(x_0+th)=2.397\ 9+0.087\ 0t-0.007\ 0\times\frac{t(t-1)}{2!}$$

令 $t=0.5$,得

$$\ln 11.5\approx N_2(11.5)=2.442\ 275。$$

2.4　埃尔米特插值

不少实际的插值问题不但要求在节点上函数值相等，而且还要求对应的导数值也相等，甚至要求高阶导数也相等。具有节点的导数值约束的插值多项式就是埃尔米特(Hermite)插值多项式。下面只讨论函数值与导数值个数相等的情况。

设在节点 $a=x_0<x_1<\cdots<x_n=b$ 上，$y_j=f(x_j)$，$m_j=f'(x_j)$ $(j=0,1,\cdots,n)$，要求插值多项式 $H(x)$，满足条件

$$H(x_j)=y_j \quad H'(x_j)=m_j \quad (j=0,1,\cdots,n) \tag{2.20}$$

这里给出了 $2n+2$ 个条件，可唯一确定一个次数不超过 $2n+1$ 的多项式 $H_{2n+1}(x)=H(x)$，其形式为

$$H_{2n+1}(x)=a_0+a_1x+\cdots+a_{2n+1}x^{2n+1}$$

若根据式(2.20)来确定 $2n+2$ 个系数 $a_0,a_1,\cdots,a_{2n+1}$，显然非常复杂。因此，仍采用求拉格朗日插值多项式的基函数方法，先求插值基函数 $\alpha_j(x)$ 及 $\beta_j(x)$ $(j=0,1,\cdots,n)$。设 $\alpha_j(x)$、$\beta_j(x)$ $(j=0,1,\cdots,n)$ 都是次数不超过 $2n+1$ 的多项式，且满足条件

$$\begin{cases}\alpha_j(x_k)=\delta_{kj},\alpha'_j(x_k)=0\\ \beta_j(x_k)=0,\beta'_j(x_k)=\delta_{kj}\end{cases} \quad (j,k=0,1,\cdots,n) \tag{2.21}$$

于是满足式(2.21)的插值多项式 $H(x)=H_{2n+1}(x)$ 可写成用插值基函数表示的形式

$$H_{2n+1}(x)=\sum_{j=0}^{n}[y_j\alpha_j(x)+m_j\beta_j(x)]$$

由式(2.21)，显然有 $H_{2n+1}(x_k)=y_k$，$H'_{2n+1}(x_k)=m_k$，$(k=0,1,\cdots,n)$。下面利用拉格朗日插值基函数 $l_j(x)$ 来求埃尔米特插值多项式的基函数 $\alpha_j(x)$ 及 $\beta_j(x)$。令

$$\alpha_j(x)=(ax+b)l_j^2(x)$$

其中 $l_j(x)=\prod\limits_{\substack{k=0\\k\neq j}}^{n}\dfrac{x-x_k}{x_j-x_k}$。由式(2.21)有

$$\alpha_j(x_j)=(ax_j+b)l_j^2(x_j)=1,$$
$$\alpha'_j(x_j)=l_j(x_j)[al_j(x_j)+2(ax_j+b)l'_j(x_j)]=0,$$

整理得

$$\begin{cases}ax_j+b=1\\ a+2l'_j(x_j)=0\end{cases}$$

解出

$$a=-2l'_j(x_j),b=1+2x_jl'_j(x_j)。$$

因为 $l_j(x)=\prod\limits_{\substack{k=0\\k\neq j}}^{n}\dfrac{x-x_k}{x_j-x_k}$，所以 $l'_j(x_j)=\sum\limits_{\substack{k=0\\k\neq j}}^{n}\dfrac{1}{x_j-x_k}$。于是

$$\alpha_j(x)=\left[1-2(x-x_j)\sum_{\substack{k=0\\k\neq j}}^{n}\frac{1}{x_j-x_k}\right]l_j^2(x) \tag{2.22}$$

同理可得

$$\beta_j(x)=(x-x_j)l_j^2(x) \tag{2.23}$$

于是

$$H_{2n+1}(x)=\sum_{j=0}^{n}[y_j\alpha_j(x)+m_j\beta_j(x)]=$$

$$\sum_{j=0}^{n}\left\{y_j\left[1-2(x-x_j)\sum_{\substack{k=0\\k\neq j}}^{n}\frac{1}{x_j-x_k}\right]l_j^2(x)+m_j(x-x_j)l_j^2(x)\right\} \tag{2.24}$$

还可证明满足插值条件的埃尔米特插值多项式是唯一的。事实上，假设 $H_{2n+1}(x)$ 及 $\overline{H}_{2n+1}(x)$ 均满足条件，则

$$\varphi(x)=H_{2n+1}(x)-\overline{H}_{2n+1}(x)$$

在每个节点 x_k 上均有二重根，即 $\varphi(x)$ 有 $2n+2$ 重根。但 $\varphi(x)$ 是不高于 $2n+1$ 次的多项式，故 $\varphi(x)\equiv 0$。唯一性得证。

仿照拉格朗日余项定理可得，若 $f(x)$ 在 (a,b) 内的 $2n+2$ 阶导数存在，则其插值余项

$$R_{2n+1}(x)=f(x)-H_{2n+1}(x)=\frac{f^{(2n+2)}(\xi)}{(2n+2)!}\omega_{n+1}^2(x) \tag{2.25}$$

其中 $\xi\in(a,b)$ 且与 x 有关，$\omega_{n+1}(x)=\prod_{k=0}^{n}(x-x_k)$。

当 $n=1$ 时，节点为 x_0 及 x_1，插值多项式为 $H_3(x)$，满足条件

$$\begin{cases}H_3(x_0)=y_0,H_3(x_1)=y_1\\H'_3(x_0)=m_0,H'_3(x_1)=m_1\end{cases}$$

相应的插值基函数为

$$\begin{cases}\alpha_0(x)=\left(1+2\dfrac{x-x_0}{x_1-x_0}\right)\left(\dfrac{x-x_1}{x_0-x_1}\right)^2\\\alpha_1(x)=\left(1+2\dfrac{x-x_1}{x_0-x_1}\right)\left(\dfrac{x-x_0}{x_1-x_0}\right)^2\end{cases}$$

$$\begin{cases}\beta_0(x)=(x-x_0)\left(\dfrac{x-x_1}{x_0-x_1}\right)^2\\\beta_1(x)=(x-x_1)\left(\dfrac{x-x_0}{x_1-x_0}\right)^2\end{cases}$$

于是插值多项式是

$$H_3(x)=y_0\alpha_0(x)+y_1\alpha_1(x)+m_0\beta_0(x)+m_1\beta_1(x) \tag{2.26}$$

其余项 $R_3(x)=f(x)-H_3(x)$，即

$$R_3(x)=\frac{1}{4!}f^{(4)}(\xi)(x-x_0)^2(x-x_1)^2,\quad \xi\in(x_0,x_1)。$$

例 2.8　确定一个次数不高于 4 的多项式 $f(x)$，使满足条件 $f(0)=f'(0)=0, f(1)=f'(1)=1, f(2)=1$。

解　这是一个带导数的非标准插值问题，对节点 $x_0=0$ 和 $x_1=1$ 可确定 $H_3(x)$。

设　$f(x)=H_3(x)+c(x-0)^2(x-1)^2$，其中 c 为待定常数。则

$$
\begin{aligned}
H_3(x) &= y_0\alpha_0(x) + y_1\alpha_1(x) + m_0\beta_0(x) + m_1\beta_1(x) = \alpha_1(x) + \beta_1(x) \\
&= \left(1 + 2 \times \frac{x-1}{0-1}\right)\left(\frac{x-0}{1-0}\right)^2 + (x-1)\left(\frac{x-0}{1-0}\right)^2 \\
&= (3-2x)x^2 + x^2(x-1) = x^2(2-x)
\end{aligned}
$$

所以

$$
f(x) = x^2(2-x) + cx^2(x-1)^2
$$

将 $f(2)=1$ 代入解得　$c=\frac{1}{4}$，于是

$$
f(x) = x^2(2-x) + \frac{x^2}{4}(x-1)^2 = \frac{x^2}{4}(x-3)^2
$$

2.5　样条插值

2.5.1　高阶插值的 Runge 现象

根据区间 $[a,b]$ 上给出的节点可以得到函数 $f(x)$ 的插值多项式，作为 $f(x)$ 的近似函数，在插值节点处精确相等。增加节点，代数插值多项式次数增高，相应的点（节点）数增多，然而插值多项式逼近 $f(x)$ 的精度并不随之增加。

例如函数 $f(x)=\frac{1}{1+x^2}$，在 $[-5,5]$ 上任意阶导数存在，但在 $[-5,5]$ 上取 $n+1$ 个等距节点 $x_i=-5+10\frac{i}{n}\ (i=0,1,\cdots,n)$，则其拉格朗日插值多项式

$$
L_n(x) = \sum_{k=0}^{n} \frac{1}{1+x_k^2} \frac{\omega_{n+1}(x)}{(x-x_k)\omega'_{n+1}(x_k)}
$$

$n\to\infty$ 时，拉格朗日插值多项式是发散的，在某些点误差非常大，此现象称为龙格（Runge）现象，如图 2.2 所示（$n=10$）。

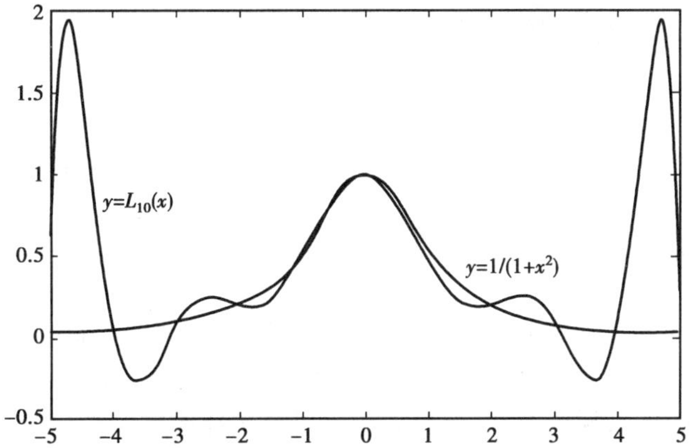

图 2.2　龙格现象

可见，次数太高的插值多项式并不能很好地逼近一个一般的函数。

2.5.2 分段低次插值

为了避免龙格现象的发生,人们常常采用分段函数进行分段插值。即将插值区间分成若干小区间,在每个小区间上运用插值法构造低次插值多项式。例如线性插值多项式和抛物线插值多项式等,前者称为分段线性插值,后者称为分段抛物线插值。

给定函数 $f(x)$ 在 $[a,b]$ 上 $n+1$ 个互异节点 $a \leqslant x_0 < x_1 < \cdots < x_n \leqslant b$ 的函数值 $y_i(i=0,1,\cdots,n)$。

若在每一小区间 $[x_{i-1},x_i]$ 上作线性插值,即取

$$\varphi_1(x) = \frac{x - x_i}{x_{i-1} - x_i} y_{i-1} + \frac{x - x_{i-1}}{x_i - x_{i-1}} y_i \quad (x \in [x_{i-1},x_i])$$

作为 $f(x)$ 在 $[x_{i-1},x_i]$ 上的近似表达式,则称 $\varphi_1(x)$ 为 $f(x)$ 的分段线性插值函数。

可以证明,对于取值 $f(x_i)=y_i(i=0,1,\cdots,n)$ 的被插函数 $f(x)$,令 $h_i=x_i-x_{i-1}(i=1,2,\cdots,n)$,并记 $h=\max\limits_{1\leqslant i\leqslant n} h_i$,则有误差估计式

$$|f(x) - \varphi_1(x)| \leqslant \frac{h^2}{8} \max_{a\leqslant x\leqslant b} |f''(x)|$$

同样地,若在每一小区间 $[x_{i-1},x_{i+1}]$ (中间节点 x_i) 上作抛物线插值,即取

$$\varphi_2(x) = \sum_{k=i-1}^{i+1} y_k \prod_{\substack{j=i-1\\ j\neq k}}^{i+1} \left(\frac{x - x_j}{x_k - x_j}\right) \quad (x \in [x_{i-1},x_{i+1}])$$

作为 $f(x)$ 在 $[x_{i-1},x_{i+1}]$ 上的近似表达式,则称 $\varphi_2(x)$ 为 $f(x)$ 的分段抛物线插值函数。相应地有误差估计式

$$|f(x) - \varphi_2(x)| \leqslant \frac{h^3}{12} \max_{a\leqslant x\leqslant b} |f'''(x)|$$

注:分段插值不能保证各小段间的光滑性。

例 2.9 设函数 $f(x)=\dfrac{1}{1+x^2}, x\in[-5,5]$,讨论由 10 等分时分段线性插值的误差限。

解 将区间 $[-5,5]$ 分为 10 等分,此时 $h=1$,又 $f''(x)=\dfrac{6x^2-2}{(1+x^2)^3}$,所以 $\max\limits_{-5\leqslant x\leqslant 5}|f''(x)|=2$。于是

$$|f(x) - \varphi_1(x)| \leqslant \frac{h^2}{8} \max_{a\leqslant x\leqslant b} |f''(x)| = \frac{1^2}{8} \times 2 = \frac{1}{4}$$

2.5.3 三次样条插值

代数插值多项式有很好的光滑性,但随节点增加反而精度降低,因为高阶差分误差传播大。分段低次插值算法简单,近似程度好,然而光滑性差。由于航空、造船等高精端工程设计的需要而发展起来的样条插值方法,既保留了分段低次插值的各种优点,又提高了插值函数的光滑性,在许多领域都有广泛的应用。

样条插值是用样条函数去逼近函数。

定义 2.4 对区间 $[a,b]$ 的一个划分 $\Delta: a=x_0<x_1<\cdots<x_{n-1}<x_n=b$,函数 $S(x)$ 满足:

1) $S(x)$ 在 $[x_i, x_{i+1}]$，$(i=0,1,\cdots,n-1)$ 上为 k 次多项式；

2) $S(x)$ 及其 $1,2,\cdots,k-1$ 阶导数在区间 $[a,b]$ 连续。

则称 $S(x)$ 为区间 $[a,b]$ 上对应于划分 Δ 的 k 次多项式样条函数，$x_0,x_1,\cdots,x_n$ 为样条节点。且若对于节点 x_i 上给定的函数值 $f(x_i)=y_i(i=0,1,\cdots,n)$，有

$$S(x_i) = y_i \quad i = 0,1,\cdots,n$$

则称 $S(x)$ 为 k 次样条插值函数。

$k=1$ 时的样条插值函数就是分段线性插值，$k=3$ 时是使用较多的三次样条插值函数。

例 2.10　已知函数

$$S(x) = \begin{cases} x^3 + x^2, & 0 \leqslant x \leqslant 1 \\ 2x^3 + bx^2 + cx - 1, & 1 \leqslant x \leqslant 2 \end{cases}$$

是以 0,1,2 为节点的三次样条函数，求系数 b,c 的值。

解　取 $x_0=0,x_1=1,x_2=2$，由定义知 $S(x)\in C^2[0,2]$，即

$$S(x_1 - 0) = S(x_1 + 0), S'(x_1 - 0) = S'(x_1 + 0), S''(x_1 - 0) = S''(x_1 + 0)$$

于是由 $S(x)$ 和 $S'(x)$ 分别在 $x_1=1$ 处连续得

$$\begin{cases} 2 + b + c - 1 = 2 \\ 6 + 2b + c = 5 \end{cases}$$

解得

$$b = -2, c = 3$$

为求解三次样条插值函数，先介绍三次样条插值问题。设

$$S(x) = \begin{cases} S_1(x), x \in [x_0, x_1] \\ S_2(x), x \in [x_1, x_2] \\ \vdots \\ S_n(x), x \in [x_{n-1}, x_n] \end{cases}$$

其中 $S_i(x)(i=1,\cdots,n)$ 为不超过三次的多项式。

三次样条插值函数 $S(x)$ 在每个子区间 $[x_i, x_{i+1}]$ 上可用三次多项式的 4 个系数唯一确定，因此 $S(x)$ 在 $[a,b]$ 上有 $4n$ 个待定参数。

由于 $S(x)\in C^2[a,b]$，有

$$\begin{cases} S(x_i - 0) = S(x_i + 0) \\ S'(x_i - 0) = S'(x_i + 0) \\ S''(x_i - 0) = S''(x_i + 0) \end{cases} \qquad (i = 1,2,\cdots,n - 1)$$

该条件给出了 $3(n-1)$ 个约束。另外，插值条件

$$S(x_i) = y_i, i = 0,1,2,\cdots,n$$

给出了 $n+1$ 个约束。从而总共给出了 $4n-2$ 个约束，与待定参数相比还少 2 个约束。为了确定 $S(x)$，在区间 $[a,b]$ 的端点处补充两个条件，称为边界条件。常用的边界条件有下列 3 种。

①给定端点的一阶导数值 $S'(x_0)=y'_0, S'(x_n)=y'_n$；

②给定端点的二阶导数值 $S''(x_0)=y''_0, S''(x_n)=y''_n$；特别地，对于 $S''(x_0)=S''(x_n)=0$ 的边界条件称为自然边界条件；

③周期边界条件 $S(x_0)=S(x_n), S'(x_0)=S'(x_n), S''(x_0)=S''(x_n)$。

下面仅介绍三次样条插值函数的具体构造方法。

(1)**用节点处一阶导数表示三次样条插值函数**

记 $S'(x_j)=m_j(j=0,1,\cdots,n)$,则在区间$[x_j,x_{j+1}](j=0,1,\cdots,n-1)$上满足:

$$S(x_j)=y_j,S(x_{j+1})=y_{j+1},S'(x_j)=m_j,S'(x_{j+1})=m_{j+1}\quad(j=0,1,\cdots,n-1)$$

设 $h_j=x_{j+1}-x_j$,当 $x\in[x_j,x_{j+1}]$时,有

$$S(x)=S_j(x)=\frac{x-x_{j+1}}{x_j-x_{j+1}}y_j+\frac{x-x_j}{x_{j+1}-x_j}y_{j+1}+(px+q)(x-x_j)(x-x_{j+1})$$

$(j=0,1,\cdots,n-1)$,其中 p,q 为待定系数。

则
$$S'_j(x)=\frac{1}{h_j}(y_{j+1}-y_j)+p(x-x_j)(x-x_{j+1})+(px+q)(2x-x_j-x_{j+1})$$

因为 $S'_j(x_j)=m_j,S'_j(x_{j+1})=m_{j+1}$

所以
$$m_j=\frac{1}{h_j}(y_{j+1}-y_j)+(px_j+q)(x_j-x_{j+1})=$$
$$\frac{1}{h_j}(y_{j+1}-y_j)-(px_j+q)h_j$$
$$m_{j+1}=\frac{1}{h_j}(y_{j+1}-y_j)+(px_{j+1}+q)(x_{j+1}-x_j)=$$
$$\frac{1}{h_j}(y_{j+1}-y_j)+(px_{j+1}+q)h_j$$

解之得
$$\begin{cases}p=\dfrac{m_j+m_{j+1}}{h_j^2}-\dfrac{2}{h_j^3}(y_{j+1}-y_j)\\[2ex] q=\dfrac{x_j+x_{j+1}}{h_j^3}(y_{j+1}-y_j)-\dfrac{m_{j+1}x_j+m_jx_{j+1}}{h_j^2}\end{cases}$$

于是

$$S_j(x)=\left(1+2\frac{x-x_j}{h_j}\right)\left(\frac{x-x_{j+1}}{h_j}\right)^2y_j+\left(1-2\frac{x-x_{j+1}}{h_j}\right)\left(\frac{x-x_j}{h_j}\right)^2y_{j+1}+$$
$$(x-x_j)\left(\frac{x-x_{j+1}}{h_j}\right)^2m_j+(x-x_{j+1})\left(\frac{x-x_j}{h_j}\right)^2m_{j+1}\tag{2.27}$$

由二阶导数在内节点处连续 $S''_j(x_j+0)=S''_{j-1}(x_j-0)$, $j=1,2,\cdots,n-1$ 可导出关于参数 m_j 的方程组

$$\beta_jm_{j-1}+2m_j+\alpha_jm_{j+1}=d_j,\quad j=1,2,\cdots,n-1\tag{2.28}$$

其中
$$\alpha_j=\frac{h_{j-1}}{h_{j-1}+h_j}$$
$$\beta_j=1-\alpha_j=\frac{h_j}{h_{j-1}+h_j}$$
$$d_j=3\left[\frac{\beta_j}{h_{j-1}}(y_j-y_{j-1})+\frac{\alpha_j}{h_j}(y_{j+1}-y_j)\right]$$

注:方程组中参数 $m_0=y'_0,m_n=y'_n$已知时,称式(2.28)为三转角方程。

(2)**用节点处二阶导数表示三次样条插值函数**

令 $S''(x_i)=y''_i=M_i,i=0,1,\cdots,n$。

当 $x\in[x_j,x_{j+1}]$ 时，直线 $S''(x)=S_j''(x)$ 过 (x_j,M_j) 和 (x_{j+1},M_{j+1}) 两点，从而有

$$S''(x)=S_j''(x)=M_{j+1}\frac{x-x_j}{h_j}-M_j\frac{x-x_{j+1}}{h_j}\text{，其中 }h_j=x_{j+1}-x_j\text{。}$$

对上式连续积分两次

$$S_j'(x)=M_{j+1}\frac{(x-x_j)^2}{2h_j}-M_j\frac{(x-x_{j+1})^2}{2h_j}+c_{1j}$$

$$S_j(x)=M_{j+1}\frac{(x-x_j)^3}{6h_j}+M_j\frac{(x_{j+1}-x)^3}{6h_j}+c_{1j}(x-x_j)+c_{2j},\quad j=0,1,\cdots,n-1 \tag{2.29}$$

根据插值条件 $S_j(x_j)=y_j,S_j(x_{j+1})=y_{j+1}$ 确定出任意常数 c_{1j},c_{2j}，

$$\begin{cases}c_{1j}=\dfrac{y_{j+1}-y_j}{h_j}-\dfrac{h_j}{6}(M_{j+1}-M_j)\\[2ex] c_{2j}=y_j-\dfrac{h_j^2}{6}M_j\end{cases}$$

于是

$$\begin{aligned}S_j(x)=&M_{j+1}\frac{(x-x_j)^3}{6h_j}+M_j\frac{(x_{j+1}-x)^3}{6h_j}+\\&\left[\frac{y_{j+1}-y_j}{h_j}-\frac{h_j}{6}(M_{j+1}-M_j)\right](x-x_j)+\left(y_j-\frac{h_j^2}{6}M_j\right)=\\&M_{j+1}\frac{(x-x_j)^3}{6h_j}+M_j\frac{(x_{j+1}-x)^3}{6h_j}+\\&\left(y_{j+1}-\frac{M_{j+1}h_j^2}{6}\right)\frac{x-x_j}{h_j}-\left(y_j-\frac{M_jh_j^2}{6}\right)\frac{x-x_{j+1}}{h_j},\quad j=0,1,\cdots,n-1\end{aligned} \tag{2.30}$$

由上式知，只要求出所有的参数 M_j，就可确定 $S_j(x)$。

对上式求导，并利用一阶导数的连续性：$S'_{j-1}(x_j-0)=S_j'(x_j+0)$，$j=1,\cdots,n-1$ 得

$$-\frac{h_j}{2}M_j+\frac{y_{j+1}-y_j}{h_j}+\frac{h_j}{6}(M_j-M_{j+1})=\frac{h_{j-1}}{2}M_j+\frac{y_j-y_{j-1}}{h_{j-1}}+\frac{h_{j-1}}{6}(M_{j-1}-M_j)$$

或

$$\frac{h_{j-1}}{6}M_{j-1}+\frac{h_j+h_{j-1}}{3}M_j+\frac{h_j}{6}M_{j+1}=\frac{y_{j+1}-y_j}{h_j}-\frac{y_j-y_{j-1}}{h_{j-1}},\quad j=1,\cdots,n-1$$

则可得方程组

$$\mu_jM_{j-1}+2M_j+\lambda_jM_{j+1}=g_j,\quad j=1,2,\cdots,n-1 \tag{2.31}$$

其中

$$\begin{cases}\mu_j=\dfrac{h_{j-1}}{h_j+h_{j-1}}\\[2ex] \lambda_j=1-\mu_j=\dfrac{h_j}{h_j+h_{j-1}}\\[2ex] g_j=\dfrac{6}{h_j+h_{j-1}}\left(\dfrac{y_{j+1}-y_j}{h_j}-\dfrac{y_j-y_{j-1}}{h_{j-1}}\right)\end{cases} \tag{2.32}$$

方程组(2.31)称为三弯矩方程。它含有 $n+1$ 个参数 $M_0, M_1, \cdots, M_n$,还需要利用前面的任一组边界条件才能完全确定所有参数。例如,给定边界条件

$$S'(x_0) = y'_0, S'(x_n) = y'_n$$

由式(2.30)可分别得方程

$$-\frac{M_0}{2}h_0 + \frac{y_1 - y_0}{h_0} + \frac{M_0 - M_1}{6}h_0 = y'_0$$

$$\frac{M_n}{2}h_{n-1} + \frac{y_n - y_{n-1}}{h_{n-1}} + \frac{M_{n-1} - M_n}{6}h_{n-1} = y'_n$$

即

$$\begin{cases} 2M_0 + M_1 = \dfrac{6}{h_0}\left(\dfrac{y_1 - y_0}{h_0} - y'_0\right) \\ M_{n-1} + 2M_n = \dfrac{6}{h_{n-1}}\left(y'_n - \dfrac{y_n - y_{n-1}}{h_{n-1}}\right) \end{cases}$$

注:若是第二种边界条件,则 M_0, M_n 是已知的。

例 2.11 已知函数在节点处函数值

x_i	0	1	2	3
y_i	0	2	3	16

求满足边界条件 $y'(0)=1, y'(3)=0$ 的三次样条插值函数。

解 方法 1 用一阶导数为参数的三转角方程

由于 $h_j=1(j=0,1,2)$,计算得 $\alpha_1=\alpha_2=\beta_1=\beta_2=\dfrac{1}{2}$

$$d_1 = 3\left[\frac{\beta_1}{h_0}(y_1-y_0)+\frac{\alpha_1}{h_1}(y_2-y_1)\right] = 3\left[\frac{1}{2}(2-0)+\frac{1}{2}(3-2)\right] = \frac{9}{2}$$

$$d_2 = 3\left[\frac{\beta_2}{h_1}(y_2-y_1)+\frac{\alpha_2}{h_2}(y_3-y_2)\right] = 3\left[\frac{1}{2}(3-2)+\frac{1}{2}(16-3)\right] = 21$$

因为 $m_0=1, m_3=0$,所以得三转角方程

$$\begin{cases} \dfrac{1}{2} + 2m_1 + \dfrac{1}{2}m_2 = \dfrac{9}{2} \\ \dfrac{1}{2}m_1 + 2m_2 = 21 \end{cases}$$

解得 $m_1=-\dfrac{2}{3}, m_2=\dfrac{32}{3}$。则三次样条插值函数为

$$S(x) = \begin{cases} \dfrac{x}{3}(-11x^2 + 14x + 3), 0 \leqslant x \leqslant 1 \\ \dfrac{1}{3}(24x^3 - 91x^2 + 108x - 35), 1 \leqslant x \leqslant 2 \\ \dfrac{1}{3}(-46x^3 + 329x^2 - 732x + 525), 2 \leqslant x \leqslant 3 \end{cases}$$

方法 2　用二阶导数为参数的三弯矩方程

因为 $h_j=1(j=0,1,2)$，$\mu_j=\dfrac{h_{j-1}}{h_j+h_{j-1}}$，$\lambda_j=1-\mu_j$，所以

$$\mu_1=\mu_2=\frac{1}{2}=\lambda_1=\lambda_2$$

又由 $g_j=\dfrac{6}{h_j+h_{j-1}}\left(\dfrac{y_{j+1}-y_j}{h_j}-\dfrac{y_j-y_{j-1}}{h_{j-1}}\right)$ 计算得

$$g_1=\frac{6}{2}[(3-2)-(2-0)]=-3,\quad g_2=\frac{6}{2}[(16-3)-(3-2)]=36$$

由式(2.31)得

$$\frac{1}{2}M_0+2M_1+\frac{1}{2}M_2=-3,\quad \frac{1}{2}M_1+2M_2+\frac{1}{2}M_3=36$$

由边界条件得

$$2M_0+M_1=6,\quad M_2+2M_3=-78$$

于是得三弯矩方程

$$\begin{cases}2M_0+M_1=6\\ \frac{1}{2}M_0+2M_1+\frac{1}{2}M_2=-3\\ \frac{1}{2}M_1+2M_2+\frac{1}{2}M_3=36\\ M_2+2M_3=-78\end{cases}$$

或用矩阵形式表示为

$$\begin{pmatrix}2&1&0&0\\ \frac{1}{2}&2&\frac{1}{2}&0\\ 0&\frac{1}{2}&2&\frac{1}{2}\\ 0&0&1&2\end{pmatrix}\begin{pmatrix}M_0\\ M_1\\ M_2\\ M_3\end{pmatrix}=\begin{pmatrix}6\\ -3\\ 36\\ -78\end{pmatrix}$$

解得　$M_0=\dfrac{28}{3}$，$M_1=-\dfrac{38}{3}$，$M_2=\dfrac{106}{3}$，$M_3=\dfrac{170}{3}$。

则三次样条插值函数为

$$S(x)=\begin{cases}\frac{x}{3}(-11x^2+14x+3),0\leqslant x\leqslant 1\\ \frac{1}{3}(24x^3-91x^2+108x-35),1\leqslant x\leqslant 2\\ \frac{1}{3}(-46x^3+329x^2-732x+525),2\leqslant x\leqslant 3\end{cases}$$

注:本题是第 1 种边界条件，用三弯矩方程求解要复杂一些。

例 2.12 已知数据表

x_i	0	1	2	3
y_i	0	2.5	4.0	6.5
y_i''	1			0

求 $y=f(x)$ 在 $[0,3]$ 上的三次样条插值函数，并作图。

解 由于已知函数在端点的二阶导数值，因此用三弯矩方程求解相对简单一些。已知 $h_i=1(i=0,1,2)$，则 $\mu_1=\mu_2=\frac{1}{2}$，$\lambda_1=\lambda_2=\frac{1}{2}$，$g_1=-3$，$g_2=3$；从而由式(2.31)有

$$\begin{cases}\frac{1}{2}M_0+2M_1+\frac{1}{2}M_2=-3\\ \frac{1}{2}M_1+2M_2+\frac{1}{2}M_3=3\end{cases}$$

将 $M_0=1$，$M_3=0$ 代入得

$$\begin{cases}2M_1+\frac{1}{2}M_2=-\frac{7}{2}\\ \frac{1}{2}M_1+2M_2=3\end{cases}$$

解得 $M_1=-\frac{34}{15}$，$M_2=\frac{31}{15}$。则三次样条插值函数为

$$S(x)=\begin{cases}-\frac{34}{90}x^3-\frac{1}{6}(x-1)^3+\frac{274}{90}x-\frac{1}{6}, & x\in[0,1]\\ \frac{31}{90}(x-1)^3+\frac{34}{90}(x-2)^3-\frac{98}{90}x+\frac{161}{90}, & x\in[1,2]\\ -\frac{31}{90}(x-3)^3+\frac{256}{90}x-\frac{61}{30}, & x\in[2,3]\end{cases}$$

图形如图 2.3 所示：

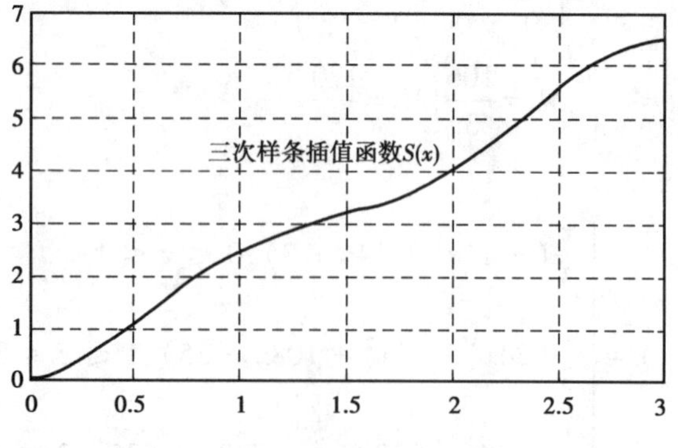

图 2.3 三次样条插值函数

2.6　应用程序举例

例 2.13　用 MATLAB 软件计算例 2.3。

解　①线性插值　输入程序

```
>>x=[11,12];y=[2.3979,2.4849];
>>101=poly(x(2))/(x(1)-x(2));  %把根转化为多项式的系数
>>111=poly(x(1))/(x(2)-x(1));
>>10=poly2sym(101),11=poly2sym(111);  %把多项式的系数向量转化为符号多项式
>>P=101*y(1)+111*y(2);  %插值多项式的系数向量
>>L=poly2sym(P);  %插值多项式(降幂排列)
>>x=11.5;
>>y=polyval(P,x);  %输出多项式的值
y=2.4414
```

②抛物线插值　输入程序

```
>>clear;x=[11:13];y=[2.3979,2.4849,2.5649];
>>101=conv(poly(x(2)),poly(x(3)))/((x(1)-x(2))*(x(1)-x(3)));  %计算多项式的积
>>111=conv(poly(x(1)),poly(x(3)))/((x(2)-x(1))*(x(2)-x(3)));
>>121=conv(poly(x(1)),poly(x(2)))/((x(3)-x(1))*(x(3)-x(2)));
>>10=poly2sym(l01)  %把多项式的系数向量转化为符号多项式
10=1/2*x^2-25/2*x+78
>>11=poly2sym(111)
11=-x^2+24*x-143
>>12=poly2sym(121)
12=1/2*x^2-23/2*x+66
>>P=101*y(1)+111*y(2)+121*y(3)  %插值多项式系数
P=-0.0035  0.1675  0.9789
>>L=poly2sym(P);x=11.5;
>>y=polyval(P,x)  %输出多项式的值
y=2.4423
```

例 2.14　画出 $y=\frac{1}{1+x^2}$ 在区间[-5,5]上的 n 次拉格朗日插值多项式 $L_n(x)$($n=2,4,6,8,10$)的图形。(观察高次插值多项式的振荡现象)

输入程序

```
m=101;x=-5:10/(m-1):5;y=1./(1+x.^2);
z=0*x;plot(x,z,'r',x,y,'k:'),
gtext('y=1/(1+x^2)'),pause
```

```
n=3;x0=-5:10/(n-1):5;y0=1./(1+x0.^2);
y1=lagr1(x0,y0,x);hold on,
plot(x,y1,'g'),gtext('n=2'),pause,hold off
n=5;x0=-5:10/(n-1):5;y0=1./(1+x0.^2);
y2=lagr1(x0,y0,x);hold on,
plot(x,y2,'b:'),gtext('n=4'),pause,hold off
n=7;x0=-5:10/(n-1):5;y0=1./(1+x0.^2);
y3=lagr1(x0,y0,x);hold on,
plot(x,y3,'r'),gtext('n=6'),pause,hold off
n=9;x0=-5:10/(n-1):5;y0=1./(1+x0.^2);
y4=lagr1(x0,y0,x);hold on,
plot(x,y4,'r:'),gtext('n=8'),pause,hold off
n=11;x0=-5:10/(n-1):5;y0=1./(1+x0.^2);
y5=lagr1(x0,y0,x);hold on,
plot(x,y5,'m'),gtext('n=10')
title('Runge phenomenon')
```

结果为

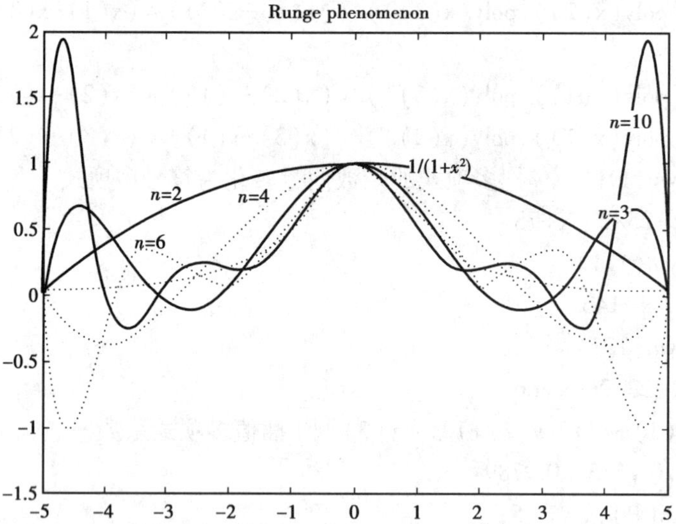

图 2.4　龙格现象显示

习题 2

1.已知函数 $f(x)$ 满足

x	1.2	1.3	1.4	1.5	1.6
$f(x)$	1.244	1.406	1.604	1.837	2.121

利用拉格朗日插值和牛顿插值求 $f(1.54)$。

2.用拉格朗日插值和牛顿插值构造通过点 $(-3,1)$，$(1,2)$，$(3,-2)$，$(6,10)$ 的三次插值多项式，并验证插值多项式的唯一性。

3.已知 $f(x)$ 的函数值 $f(1.0)=0.242\ 55$，$f(1.3)=1.597\ 51$，$f(1.4)=3.761\ 55$。试用拉格朗日插值求 $f(1.25)$ 的近似值。

4.已知

x	2	4	6	8
y	1	3	5	7

(1)构造差商表，求牛顿插值函数；

(2)求函数 y 的分段线性插值函数。

5.利用差分的性质证明：

$$1^3+2^3+\cdots+n^3=\left[\frac{n(n+1)}{2}\right]^2$$

6.对下列数据作出分段线性插值函数，并计算 $f(1.2)$ 的近似值。

x	-3	-1	2	3
$f(x)$	12	5	1	6

7.已知函数 $f(x)$ 的数据表

i	0	1	2
x_i	-1	0	1
y_i	-1	0	1
y_i'		0	

求一次数不超过 3 次的 Hermite 插值多项式 $H_3(x)$，使 $H_3(x_i)=y_i$，$(i=0,1,2)$，$H_3'(x)=y_1'$。

8.已知数据表

x	-1	0	1	2
$f(x)$	0	0.5	2	1.5

求满足边界条件 $f'(-1)=0.5$，$f'(2)=-0.5$ 的三次样条函数，并求 $f(1.5)$ 的近似值。

9.已知

x_j	0	1	2	3
y_j	0	0	0	0

求满足边界条件 $S''(0)=1$，$S''(3)=0$ 的三次样条插值函数。

10.在 $[-4,4]$ 上给出 $f(x)=e^x$ 的等距节点函数表，若用抛物线插值求其近似值，要使误差不超过 10^{-5}，问使用函数表的步长应取多少？(计算取 5 位小数)

11.设 $l_k(x)$ 为 $n+1$ 个互异节点 $x_0,x_1,\cdots,x_n$ 的拉格朗日插值基函数，试证明：

(1) $\sum\limits_{k=0}^{n} x_k^m l_k(x) \equiv x^m \quad (m=0,1,2,\cdots,n)$

(2) $\sum\limits_{k=0}^{n} (x_k-x)^j l_k(x) \equiv 0 \quad (j=1,2,\cdots,n)$

第 3 章
曲线拟合的最小二乘法

前面讨论了插值多项式，是用多项式近似地表示函数，且要求在节点处的值重合。在科学实验和统计分析中，往往需要从一组实验数据或观测数据$(x_i,y_i)(i=1,2,\cdots,m)$出发，找出变化规律，求出函数$y=f(x)$的近似表达式$y=\varphi(x)$。当$m$很大时，如果利用插值方法，由于数据很多，得到的插值函数很复杂，缺少实用价值；且实验数据往往有误差，刻意要求$\varphi(x_i)=y_i$ $(i=1,2,\cdots,m)$并不能反映真实的函数关系，反而会引起波动加剧，因此没有必要要求它们相等。曲线拟合是从给出的一大堆数据中找出规律，即设法构造一条曲线，不要求该曲线严格地通过每个数据点，而是使曲线反映数据点总的趋势，以消除其局部波动。

3.1 最小二乘原理

设给定试验数据

x	x_1	x_2	$\cdots$	x_m
$f(x)$	y_1	y_2	$\cdots$	y_m

如果用n次多项式来插值（设$n+1<m$）

$$p_n(x)=a_0+a_1x+\cdots+a_nx^n$$

要满足$p_n(x_i)=y_i\quad(i=1,2,\cdots,m)$，即

$$\begin{cases}a_0+a_1x_1+a_2x_1^2+\cdots+a_nx_1^n=y_1\\a_0+a_1x_2+a_2x_2^2+\cdots+a_nx_2^n=y_2\\\vdots\\a_0+a_1x_m+a_2x_m^2+\cdots+a_nx_m^n=y_m\end{cases}\tag{3.1}$$

方程组(3.1)中方程个数多于未知数个数，是个矛盾方程组，用一般的方法是无法求解的。因此，不能要求$p_n(x_i)=y_i(i=1,2,\cdots,m)$精确成立，而只要求多项式尽可能接近给定的数据，也就是允许每个等式可以稍有偏差$\delta_i(i=1,2,\cdots,m)$：

$$\begin{cases} a_0 + a_1x_1 + a_2x_1^2 + \cdots + a_nx_1^n - y_1 = \delta_1 \\ a_0 + a_1x_2 + a_2x_2^2 + \cdots + a_nx_2^n - y_2 = \delta_2 \\ \vdots \\ a_0 + a_1x_m + a_2x_m^2 + \cdots + a_nx_m^n - y_m = \delta_m \end{cases}$$

按某种度量标准使所求多项式 $p_n(x)$ 与函数 $f(x)$ 的偏差为最小，这就是拟合问题，称偏差 δ_i 为误差或残差。为了计算简便，使用误差平方和 $\sum_{i=1}^{m}\delta_i^2$ 最小作为度量标准，并称在这个要求下的拟合为曲线拟合的最小二乘法。即

$$\sum_{i=1}^{m}\delta_i^2 = \sum_{i=1}^{m}[p_n(x_i) - y_i]^2 = \min_{p\in P}\sum_{i=1}^{m}[p(x_i) - y_i]^2 \tag{3.2}$$

其中 P 为次数不超过 n 次的多项式集合。

式(3.2)给出了一种确定拟合情况好坏的准则，称为最小二乘原理。因此最小二乘法可以对实验数据实现在最小平方误差意义下的最好拟合。

上面引入的是多项式拟合。一般地，用最小二乘法解决实际问题的基本步骤如下：

①确定近似函数类 $\Phi(x)$，即确定近似函数 $y=\varphi(x)\in\Phi(x)$ 的形式。这并非单纯的数学问题，与其他各领域的专门知识有关。数学上，通常根据在坐标纸上所描点的情况来选择$\Phi(x)$。

②求最小二乘解。即求使残差的平方和最小的 $\varphi(x)$ 中的待定参数。

3.2　最小二乘法的求法

3.2.1　多项式拟合

设已知点$(x_i,y_i)(i=1,2,\cdots,m)$，求 n 次多项式 $P_n(x)$ 来拟合函数 $f(x)$。

设 $P_n(x)=a_0+a_1x+\cdots+a_nx^n$，求系数 $a_0,a_1,\cdots,a_n$，使

$$F(a_0,a_1,\cdots,a_n) = \sum_{i=1}^{m}\delta_i^2 = \sum_{i=1}^{m}[y_i - P_n(x_i)]^2$$

达到最小。

当拟合函数是一元函数时，所对应的函数图形是平面曲线。这时，数据拟合问题的几何背景是寻求一条近似通过给定离散点的曲线，故称为曲线拟合问题。

由于函数 $F(a_0,a_1,\cdots,a_m)$ 达到最小，所以由高等数学知识有

$$\begin{aligned}\frac{\partial F}{\partial a_j} &= -2\sum_{i=1}^{m}[y_i - P_n(x_i)]x_i^j \\ &= -2\sum_{i=1}^{m}[y_i - \sum_{k=0}^{n}a_kx_i^k]x_i^j \\ &= 0\end{aligned}$$

即

$$\sum_{k=0}^{n}a_k\left(\sum_{i=1}^{m}x_i^{k+j}\right) = \sum_{i=1}^{m}y_ix_i^j \quad (j=0,1,2,\cdots,n)$$

于是得到关于 $a_0,a_1,\cdots,a_n$ 的线性方程组：

$$\begin{cases} ma_0 + a_1\sum_{i=1}^{m}x_i + \cdots + a_n\sum_{i=1}^{m}x_i^n = \sum_{i=1}^{m}y_i \\ a_0\sum_{i=1}^{m}x_i + a_1\sum_{i=1}^{m}x_i^2 + \cdots + a_n\sum_{i=1}^{m}x_i^{n+1} = \sum_{i=1}^{m}y_ix_i \\ \vdots \\ a_0\sum_{i=1}^{m}x_i^n + a_1\sum_{i=1}^{m}x_i^{n+1} + \cdots + a_n\sum_{i=1}^{m}x_i^{2n} = \sum_{i=1}^{m}y_ix_i^n \end{cases} \tag{3.3}$$

方程组(3.3)称为法方程组。可以证明，该方程组有唯一解

$$a_k = a_k^* \quad (k=0,1,\cdots,n)$$

并且相应的函数 $P_n(x)=a_0^*+a_1^*x+\cdots+a_n^*x^n$ 就是满足方程组(3.3)的最小二乘解。

例 3.1　已知某单位 2001—2007 年的利润为

时间	2001	2002	2003	2004	2005	2006	2007
利润/万元	72	108	140	150	174	196	208

试预测 2008 年的利润。

解　由已知数据作出散点图(如图 3.1)，可见该单位的年利润几乎直线上升。选择一次多项式作为拟合函数来预测 2008 年的利润。为简化计算，将年份记为 $x_i=2\,000+t_i$，相应年份的利润记作 y_i，则所求的拟合函数为 $y=a+bt$。计算得

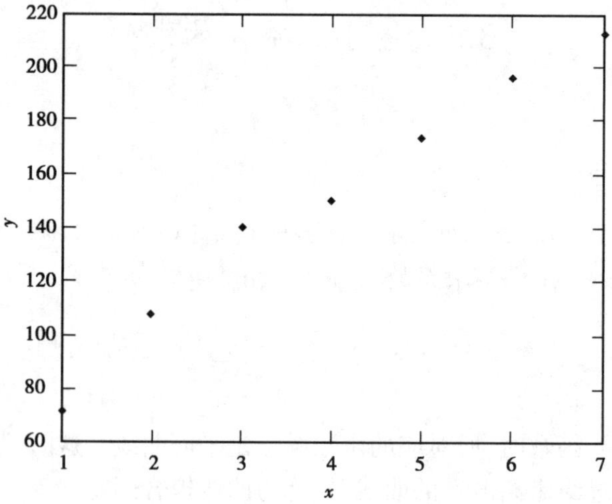

图 3.1　散点图

$$\sum_{i=1}^{7}t_i = 28,\ \sum_{i=1}^{7}t_i^2 = 140,\ \sum_{i=1}^{7}y_i = 1\,048,\ \sum_{i=1}^{7}t_iy_i = 4\,810$$

从而得方程组

$$\begin{cases} 7a + 28b = 1\,048 \\ 28a + 140b = 4\,810 \end{cases}$$

解得

$$a = \frac{430}{7}, b = \frac{309}{14}$$

于是
$$y=\frac{430}{7}+\frac{309}{14}t$$

将 $t=8$ 代入,得 2008 年的利润为
$$y=\frac{430}{7}+\frac{309}{14}\times 8=\frac{1\ 666}{7}=238(\text{万元})$$

例 3.2　求数据:

x_i	−1	−0.75	−0.5	−0.25	0	0.25	0.5	0.75	1
y_i	−0.220 9	0.329 5	0.882 6	1.439 2	2.000 3	2.564 5	3.133 4	3.760 1	4.283 6

的最小二乘二次拟合多项式。

解　依题意,设二次拟合多项式为 $p_2(x)=a_0+a_1x+a_2x^2$,将数据代入得线性方程组
$$\begin{cases}9a_0+0+3.75a_2=18.172\ 3\\0+3.75a_1+0=8.484\ 2\\3.75a_0+0+2.765\ 6a_2=7.617\ 3\end{cases}$$

解得
$$\begin{cases}a_0=2.003\ 4\\a_1=2.262\ 5\\a_2=0.037\ 8\end{cases}$$

所以最小二乘二次拟合多项式为
$$p_2(x)=2.003\ 4+2.262\ 5x+0.037\ 8x^2$$

3.2.2　指数拟合

对已知点$(x_i,y_i)(i=1,2,\cdots,m)$,在坐标纸上描点,若这些点近似于一条指数曲线,则考虑用指数函数 $y=be^{ax}$来拟合数据,即求 a,b,使
$$F(a,b)=\sum_{i=1}^{m}(y_i-be^{ax_i})^2$$
最小。由于是非线性方程,求解复杂。考虑将其线性化,便于求解。

两边取对数得
$$\ln y=\ln b+ax$$
并记 $Y=\ln y$,则 $Y=\ln b+ax$ 是一线性函数。于是可用一次多项式拟合求出 $\ln y$。

例 3.3　设一发射源强度公式为
$$I=I_0e^{-at}$$
观测数据如下

t_i	0.2	0.3	0.4	0.5	0.6	0.7	0.8
I_i	3.16	2.38	1.75	1.34	1.00	0.74	0.56

试用最小二乘法确定 I 与 t 的关系式。

解　因 $I=I_0e^{-at}$,故 $\ln I=\ln I_0-at$。

将观测数据化为

t_i	0.2	0.3	0.4	0.5	0.6	0.7	0.8
$\ln I_i$	1.150 6	0.867 1	0.559 6	0.282 7	0.000 0	−0.301 1	−0.579 8

求最小二乘拟合直线,利用方程组(3.3)得

$$\begin{cases}7a_0 + 3.5a_1 = 1.989\ 1\\ 3.5a_0 + 2.03a_1 = 0.185\ 8\end{cases}$$

解得

$$\begin{cases}a_0 = 1.73\\ a_1 = -2.89\end{cases}$$

所以 $\ln I = 1.73 - 2.89t$,即 $I_0 = e^{a_0} = 5.64, a = 2.89$

于是 $I = 5.64e^{-2.89t}$

3.2.3　线性最小二乘法的一般形式

设已知点$(x_i, y_i)(i=1,2,\cdots,m)$,为确定拟合函数$\varphi(x)$的形式,通常取$\varphi \in \Phi = \text{span}\{\varphi_0(x), \varphi_1(x), \cdots, \varphi_n(x)\}$,其中$\varphi_0(x), \varphi_1(x), \cdots, \varphi_n(x)$线性无关,且

$$\varphi(x) = a_0\varphi_0(x) + a_1\varphi_1(x) + \cdots + a_n\varphi_n(x)$$

在给定的函数类Φ中找一个函数$\varphi(x)$,使得下式最小:

$$F(a_0, a_1, \cdots, a_n) = \sum_{i=1}^{m}\omega_i[y_i - \varphi(x_i)]^2 = \sum_{i=1}^{m}\omega_i\left[y_i - \sum_{k=0}^{n}a_k\varphi_k(x_i)\right]^2$$

其中ω_i为加权系数。

求驻点,令$\dfrac{\partial F}{\partial a_j}=0, j=0,1,\cdots,n$,得方程组

$$\sum_{i=1}^{m}\omega_i[y_i - \sum_{k=0}^{n}a_k\varphi_k(x_i)]\varphi_j(x_i) = 0, j = 0,1,\cdots,n$$

即

$$\sum_{k=0}^{n}a_k[\sum_{i=1}^{m}\omega_i\varphi_k(x_i)\varphi_j(x_i)] = \sum_{i=1}^{m}\omega_i y_i\varphi_j(x_i), j = 0,1,\cdots,n$$

引入记号

$$(\varphi_k, \varphi_j) = \sum_{i=1}^{m}\omega_i\varphi_k(x_i)\varphi_j(x_i), \quad j,k = 0,1,\cdots,n$$

$$(y, \varphi_j) = \sum_{i=1}^{m}\omega_i y_i\varphi_j(x_i), \quad j = 0,1,\cdots,n$$

则上述方程组可写为

$$a_0(\varphi_j, \varphi_0) + a_1(\varphi_j, \varphi_1) + \cdots + a_n(\varphi_j, \varphi_n) = (y, \varphi_j), j = 0,1,\cdots,n$$

写成矩阵形式为

$$\begin{pmatrix}(\varphi_0,\varphi_0) & (\varphi_0,\varphi_1) & \cdots & (\varphi_0,\varphi_n)\\ (\varphi_1,\varphi_0) & (\varphi_1,\varphi_1) & \cdots & (\varphi_1,\varphi_n)\\ \vdots & \vdots & & \vdots\\ (\varphi_n,\varphi_0) & (\varphi_n,\varphi_1) & \cdots & (\varphi_n,\varphi_n)\end{pmatrix}\begin{pmatrix}a_0\\ a_1\\ \vdots\\ a_n\end{pmatrix} = \begin{pmatrix}(y,\varphi_0)\\ (y,\varphi_1)\\ \vdots\\ (y,\varphi_n)\end{pmatrix} \tag{3.4}$$

例 3.4　试用最小二乘法求一条形如 $y=ax+\dfrac{b}{x}$ 的拟合曲线，使其与下列数据拟合。

x	1	2	5	10
y	8	7	10	21

解　根据拟合曲线的形式，取 $\varphi_0(x)=x,\varphi_1(x)=\dfrac{1}{x}$，并令 $\omega=1$，则拟合函数为 $y=a\varphi_0(x)+b\varphi_1(x)$。于是得法方程

$$\begin{pmatrix}130 & 4\\ 4 & 1.3\end{pmatrix}\begin{pmatrix}a\\ b\end{pmatrix}=\begin{pmatrix}2.82\\ 15.6\end{pmatrix}$$

解得 $a=1.988,\ b=5.88$。因此所求最小二乘拟合曲线为

$$y=1.988x+\frac{5.88}{x}$$

3.3　用正交多项式作最小二乘法

3.3.1　正交函数族

由上节知，最小二乘法需解含 $n+1$ 个未知数的线性方程组，当 n 较大时求解困难。若线性方程组系数矩阵为对角阵，则求解非常简单。

定义　对于给定节点 x_i 和权函数 $\omega_i,i=1,2,\cdots,m$，若函数族 $\varphi_0(x),\varphi_1(x),\cdots,\varphi_n(x)$ 满足：

① $$\sum_{i=1}^{m}\omega_i\varphi_k(x_i)\varphi_j(x_i)=0\quad(k\neq j)\tag{3.5}$$

② $$(\varphi_k,\varphi_k)=\sum_{i=1}^{m}\omega_i\varphi_k^2(x_i)>0\tag{3.6}$$

则称 $\varphi_0(x),\varphi_1(x),\cdots,\varphi_n(x)$ 是 $[a,b]$ 上带权 ω_i 的正交函数族。若 $\varphi_0(x),\varphi_1(x),\cdots,\varphi_n(x)$ 是多项式，则称其为正交多项式函数族。

在最小二乘法中取正交多项式族 $\varphi_0(x),\varphi_1(x),\cdots,\varphi_n(x)$ 为基函数，则式(3.4)的系数矩阵为对角矩阵，方程组的解为

$$a_k=\frac{(y,\varphi_k)}{(\varphi_k,\varphi_k)}=\frac{\sum\limits_{i=1}^{m}\omega_i y_i\varphi_k(x_i)}{\sum\limits_{i=1}^{m}\omega_i\varphi_k^2(x_i)}\quad(k=0,1,\cdots,n)\tag{3.7}$$

最小二乘拟合函数为

$$\varphi(x)=\sum_{k=0}^{n}\frac{(y,\varphi_k)}{(\varphi_k,\varphi_k)}\varphi_k(x)\tag{3.8}$$

3.3.2　正交多项式族的构造

根据已知节点 x_i 和权函数 $\omega_i,i=1,2,\cdots,m$，可以构造出带权 ω_i 的正交多项式函数族。

可以证明下列多项式系是正交函数族

$$\begin{cases}\varphi_0(x)=1\\ \varphi_1(x)=x-\alpha_1\\ \varphi_k(x)=(x-\alpha_k)\varphi_{k-1}(x)-\beta_k\varphi_{k-2}(x)\end{cases}\quad(k=2,3,\cdots,n)\tag{3.9}$$

其中

$$\begin{cases}\alpha_k=\dfrac{(x\varphi_{k-1},\varphi_{k-1})}{(\varphi_{k-1},\varphi_{k-1})}\\ \beta_k=\dfrac{(\varphi_{k-1},\varphi_{k-1})}{(\varphi_{k-2},\varphi_{k-2})}\end{cases}\quad(k=2,3,\cdots,n)\tag{3.10}$$

例 3.5 利用正交函数族求例 3.2 所给数据的最小二乘二次拟合多项式。

解 由于 $\varphi_0(x)=1,\varphi_1(x)=x$，由式(3.9)，式(3.10)计算，得

$$\alpha_1=\frac{(x\varphi_0,\varphi_0)}{(\varphi_0,\varphi_0)}=\frac{\sum_{i=1}^{9}x_i}{\sum_{i=1}^{9}1}=\frac{0}{9}=0$$

$$\alpha_2=\frac{(x\varphi_1,\varphi_1)}{(\varphi_1,\varphi_1)}=\frac{\sum_{i=1}^{9}x_i^3}{\sum_{i=1}^{9}x_i^2}=0$$

$$\beta_2=\frac{(\varphi_1,\varphi_1)}{(\varphi_0,\varphi_0)}=\frac{\sum_{i=1}^{9}x_i^2}{\sum_{i=1}^{9}1}=\frac{3.75}{9}=0.416\ 67$$

又 $\varphi_2(x)=(x-\alpha_2)\varphi_1(x)-\beta_2\varphi_0(x)=x^2-0.416\ 67$

所以由式(3.7)得

$$a_0=\frac{(y,\varphi_0)}{(\varphi_0,\varphi_0)}=\frac{\sum_{i=1}^{9}y_i}{\sum_{i=1}^{9}1}=\frac{18.172\ 3}{9}=2.019\ 14$$

$$a_1=\frac{(y,\varphi_1)}{(\varphi_1,\varphi_1)}=\frac{\sum_{i=1}^{9}y_ix_i}{\sum_{i=1}^{9}x_i^2}=\frac{8.484\ 2}{3.75}=2.262\ 5$$

$$a_2=\frac{(y,\varphi_2)}{(\varphi_2,\varphi_2)}=\frac{\sum_{i=1}^{9}y_i(x_i^2-0.416\ 67)}{\sum_{i=1}^{9}(x_i^2-0.416\ 67)^2}=\frac{0.045\ 45}{1.203\ 1}=0.037\ 8$$

将上述结果代入式(3.8)，得最小二乘二次拟合多项式为

$$p(x)=a_0\varphi_0(x)+a_1\varphi_1(x)+a_2\varphi_2(x)$$

$$= 2.019\,14 + 2.262\,5x + 0.037\,8(x^2 - 0.416\,7)$$
$$= 2.003\,4 + 2.262\,5x + 0.037\,8x^2$$

与例 3.2 计算结果相同。

3.4　超定方程组的最小二乘解

当线性方程组方程的个数多于未知数的个数时，方程组没有通常意义下的解，这类方程组称为超定方程组或矛盾方程组，这时可求其最小二乘意义下的解。

设有超定方程组

$$\begin{cases} a_{11}x_1 + a_{12}x_2 + \cdots + a_{1n}x_n = b_1 \\ a_{21}x_1 + a_{22}x_2 + \cdots + a_{2n}x_n = b_2 \\ \vdots \\ a_{m1}x_1 + a_{m2}x_2 + \cdots + a_{mn}x_n = b_m \end{cases}$$

其矩阵形式仍记为 $\boldsymbol{Ax}=\boldsymbol{b}$，其中 $\boldsymbol{A}$ 为 $m \times n$ 阶矩阵，$\boldsymbol{x} \in R^n$，$\boldsymbol{b} \in R^m (m > n)$。上式亦可写成 $\sum_{j=1}^{n} a_{ij}x_j = b_i, i = 1,2,\cdots,m$。

定义残差

$$\delta_i = \sum_{j=1}^{n} a_{ij}x_j - b_i, i = 1,2,\cdots,m$$

按最小二乘原理，求 $x_j, j=1,2,\cdots,n$，使

$$F = \sum_{i=1}^{m} \delta_i^2 = \sum_{i=1}^{m} \left(\sum_{j=1}^{n} a_{ij}x_j - b_i \right)^2 \tag{3.11}$$

达到最小，称这样的解为原方程组的最小二乘解。

由多元函数微分学，上述问题的解必定是函数 F 的驻点。令

$$\frac{\partial F}{\partial x_j} = 0,\ j = 1,2,\cdots,n$$

可得法方程组

$$\sum_{i=1}^{m} a_{ik} \left(\sum_{i=1}^{n} a_{ij}x_j - b_i \right) = 0,\ k = 1,2,\cdots,n \tag{3.12}$$

上式可用矩阵表示为

$$\boldsymbol{A}'\boldsymbol{Ax} = \boldsymbol{A}'\boldsymbol{b} \tag{3.13}$$

显然 $\boldsymbol{A}'\boldsymbol{A}$ 为 n 阶对称矩阵。

例 3.6　求以下方程组的最小二乘解。

$$\begin{cases} x_1 - x_2 = 5 \\ -x_1 + 2x_2 = -4 \\ 2x_1 - 3x_2 = 10 \end{cases}$$

解　系数矩阵为 $\boldsymbol{A} = \begin{pmatrix} 1 & -1 \\ -1 & 2 \\ 2 & -3 \end{pmatrix}$

计算得

$$A'A=\begin{pmatrix}6 & -9\\ -9 & 14\end{pmatrix},A'b=\begin{pmatrix}29\\ -43\end{pmatrix}$$

于是

$$\begin{cases}6x_1-9x_2=29\\ -9x_1+44x_2=-43\end{cases}$$

解得

$$x_1=\frac{19}{3},x_2=1$$

3.5 应用程序举例

例 3.7 （多项式拟合）用 MATLAB 软件计算例 3.2。

输入程序

先编写 M-函数：nafit.m

```
function p=nafit(x,y,m)
%多项式拟合;返回系数 p 降幂排列
A=zeros(m+1,m+1);
for i=0:m
     for j=0:m
          A(i+1,j+1)=sum(x.^(i+j));
     end
     b(i+1)=sum(x.^i.*y);
end
a=A\b';
p=fliplr(a');
```

在命令窗口输入

```
>>x=[-1,-0.75,-0.5,-0.25,0,0.25,0.5,0.75,1];
>>y=[-0.2209,0.3295,0.8826,1.4392,2.0003,2.5645,3.1334,3.7601,4.2836];
>>nafit(x,y,2)
ans =
    0.0379    2.2624    2.0034
```

例 3.8 （非线性最小二乘拟合）用 MATLAB 软件计算例 3.3。

使用 MATLAB 中的命令函数 lsqcurvefit(Fun,c0,x,y)，输入程序

```
>>fun=inline('c(1)*exp(c(2)*x)','c','x');
>>x=[0.2:0.1:0.8];
>>y=[3.16,2.38,1.75,1.34,1.00,0.74,0.56];
>>c=lsqcurvefit(fun,[0,0],x,y)
```

```
Optimization terminated: first-order optimality less than OPTIONS.TolFun,
and no negative/zero curvature detected in trust region model.
c =
    5.6361   -2.8906
```

习题 3

1.试用最小二乘法分别求一次和二次多项式，使其与下列数据拟合，并比较两曲线的优劣。

x	1.36	1.49	1.73	1.81	1.95
y	14.094	15.069	16.844	17.378	18.435

2.已知数据如下：

x	1	2	5	10
y	8	7	10	21

求一条形如 $y=a+b/x$ 的最小二乘拟合曲线。

3.试用最小二乘法求形如 $y=a+bx^2$ 的多项式，拟合以下数据

x	19	25	31	38	44
y	19.0	32.3	49.0	73.3	97.8

4.用最小二乘法求形如 $y=a+b\ln x$ 的经验公式，使其与数据

x	1	2	3	4
y	2.5	3.4	4.1	4.4

相拟合（计算取 4 位小数，取 $\ln 2=0.693\,1$，$\ln 3=1.098\,6$）。

5.已知一组实验数据

x	1	2	3	4	5
y	4	4.5	6	8	8.5
ω	2	1	3	1	1

试求最小二乘线性拟合曲线。

6.利用正交函数族，求下列函数的最小二乘三次拟合多项式：

(1) $f(x)=\sin x, x_k=0.2k, \omega_k=1 (k=1,2,\cdots,5)$

(2) $f(x)=\ln(1+x), x_k=0.2k, \omega_k=1 (k=1,2,\cdots,5)$

(3) $f(x)=e^{-x}, x_k=0.2k, \omega_k=e^{0.2k} (k=1,2,\cdots,5)$

7.求超定方程组的最小二乘解。

$$\begin{cases} x_1 - x_2 = 0 \\ x_1 + x_2 = 1 \\ x_1 + x_2 = 0 \end{cases}$$

第 4 章 矩阵特征值与特征向量的计算

工程实践中的很多问题在数学上都归结为求矩阵的特征值问题。例如桥梁、建筑物的振动、机械器件的振动和电磁振荡等振动问题,物理学中某些临界值的确定。其中有些问题往往不需要计算矩阵的全部特征值,而只需计算出其按模最大的特征值,通常称这种特征值为主特征值。本章只对实矩阵进行讨论。

设 $\boldsymbol{A}=(a_{ij})\in\mathbf{R}^{n\times n}$,若数 λ 和 n 维非零列向量 $\boldsymbol{x}$ 使方程组

$$\boldsymbol{Ax}=\lambda\boldsymbol{x} \tag{4.1}$$

成立,则称 λ 为方阵 $\boldsymbol{A}$ 的特征值,$\boldsymbol{x}$ 称为 $\boldsymbol{A}$ 的对应于特征值 λ 的特征向量。

式(4.1)也可写成

$$(\boldsymbol{A}-\lambda\boldsymbol{I})\boldsymbol{x}=\boldsymbol{0} \tag{4.2}$$

下面是关于特征值的一些结果。

定理 4.1 设 $\boldsymbol{A}$ 的特征值为 $\lambda_1,\lambda_2,\cdots,\lambda_n$,则

①$\lambda_1+\lambda_2+\cdots+\lambda_n=a_{11}+a_{22}+\cdots+a_{nn}$;

②$\lambda_1\lambda_2\cdots\lambda_n=|\boldsymbol{A}|$。

定理 4.2 设 $\boldsymbol{A}$ 的特征值为 λ,且 $\boldsymbol{Ax}=\lambda\boldsymbol{x},\boldsymbol{x}\neq\boldsymbol{0}$,则

①$\lambda-p$ 为 $\boldsymbol{A}-p\boldsymbol{I}$ 的特征值;

②λ^2 为 $\boldsymbol{A}^2$ 的特征值;

③设 $\boldsymbol{A}$ 为非奇异矩阵,那么 $\lambda\neq0$,且$\dfrac{1}{\lambda}$为 $\boldsymbol{A}^{-1}$的特征值。

4.1 乘幂法与反幂法

4.1.1 乘幂法

在许多实际问题中,往往不需要计算矩阵 $\boldsymbol{A}$ 的全部特征值,而只要计算主特征值。乘幂法是计算一个矩阵的主特征值及其相应的特征向量的一种迭代法,特别适用于大型稀疏矩阵。

设 n 阶实矩阵 $\boldsymbol{A}$ 有完备的特征向量系,即有 n 个线性无关的特征向量。在实际问题中常遇到的实对称矩阵和特征值互不相同的矩阵就具有这种性质。设 $\boldsymbol{x}_j=(x_{1j},x_{2j},\cdots,x_{nj})^{\mathrm{T}}(j=1,2,\cdots,n)$ 是矩阵的 n 个线性无关的特征向量,且 $\boldsymbol{A}\boldsymbol{x}_j=\lambda_j\boldsymbol{x}_j,j=1,2,\cdots,n$,其中 λ_j 是 $\boldsymbol{A}$ 的特征值 $(j=1,2,\cdots,n)$。

假设 $|\lambda_1|\geqslant|\lambda_2|\geqslant|\lambda_3|\geqslant\cdots\geqslant|\lambda_n|$,为了方便首先讨论 λ_1 是实数且是单根的情形,此时有

$$|\lambda_1|>|\lambda_2|\geqslant|\lambda_3|\geqslant\cdots\geqslant|\lambda_n| \tag{4.3}$$

设 $\boldsymbol{v}_0$ 是任意的一个 n 维非零向量,则 $\boldsymbol{v}_0$ 可以唯一地表示为:

$$\boldsymbol{v}_0=\alpha_1\boldsymbol{x}_1+\alpha_2\boldsymbol{x}_2+\cdots+\alpha_n\boldsymbol{x}_n$$

令

$$\boldsymbol{v}_k=\boldsymbol{A}\boldsymbol{v}_{k-1}(k=1,2,\cdots) \tag{4.4}$$

则有

$$\boldsymbol{v}_k=\boldsymbol{A}\boldsymbol{v}_{k-1}=\boldsymbol{A}^2\boldsymbol{v}_{k-2}=\cdots=\boldsymbol{A}^k\boldsymbol{v}_0=$$

$$\alpha_1\lambda_1^k\boldsymbol{x}_1+\alpha_2\lambda_2^k\boldsymbol{x}_2+\cdots+\alpha_n\lambda_n^k\boldsymbol{x}_n,$$

$$\boldsymbol{v}_{k+1}=\alpha_1\lambda_1^{k+1}\boldsymbol{x}_1+\alpha_2\lambda_2^{k+1}\boldsymbol{x}_2+\cdots+\alpha_n\lambda_n^{k+1}\boldsymbol{x}_n=$$

$$\lambda_1^{k+1}\left(\alpha_1\boldsymbol{x}_1+\alpha_2\left(\frac{\lambda_2}{\lambda_1}\right)^{k+1}\boldsymbol{x}_2+\cdots+\alpha_n\left(\frac{\lambda_n}{\lambda_1}\right)^{k+1}\boldsymbol{x}_n\right)$$

设 $\alpha_1\neq0$,由于 $|\lambda_1|>|\lambda_j|(j=2,3,4,\cdots,n)$ 得

$$\lim_{k\to\infty}\left(\frac{\lambda_i}{\lambda_1}\right)^{k+1}\alpha_i\boldsymbol{x}_i=\boldsymbol{0}\quad(i=2,3,4,\cdots,n)$$

所以

$$\lim_{k\to\infty}\sum_{i=2}^{n}\alpha_i\left(\frac{\lambda_i}{\lambda_1}\right)^{k+1}x_i=\boldsymbol{0}$$

从而只要 k 充分大,就有

$$\boldsymbol{v}_{k+1}=\lambda_1^{k+1}\left(\alpha_1\boldsymbol{x}_1+\sum_{j=2}^{n}\alpha_j\left(\frac{\lambda_j}{\lambda_1}\right)^{k+1}\boldsymbol{x}_j\right)\approx\lambda_1^{k+1}\alpha_1\boldsymbol{x}_1$$

于是可以将 $\boldsymbol{v}_{k+1}$ 作为与 λ_1 相应的特征向量的近似。由于

$$\boldsymbol{v}_{k+1}\approx\lambda_1^{k+1}\alpha_1\boldsymbol{x}_1,\quad\boldsymbol{v}_k\approx\lambda_1^k\alpha_1\boldsymbol{x}_1 \tag{4.5}$$

所以

$$\lambda_1\approx\frac{(\boldsymbol{v}_{k+1})_i}{(\boldsymbol{v}_k)_i}\quad(i=1,2,3,\cdots,n) \tag{4.6}$$

其中 $(\boldsymbol{v}_k)_i$ 表示 $\boldsymbol{v}_k$ 的第 i 个分量。事实上,可以证明

$$\frac{(\boldsymbol{v}_{k+1})_i}{(\boldsymbol{v}_k)_i}=\lambda_1+O\left(\left(\frac{\lambda_2}{\lambda_1}\right)^k\right) \tag{4.7}$$

用这种方法计算矩阵 $\boldsymbol{A}$ 的按模最大的特征值与相应的特征向量的方法就是乘幂法。从式(4.7)可知,乘幂法的收敛速度主要取决于 $r=\left|\frac{\lambda_2}{\lambda_1}\right|$,$r$ 越小收敛越快,r 越接近于 1 时收敛可能很慢。

需要说明的是,如果 $\boldsymbol{v}_0$ 的选择正好使 $\alpha_1=0$,此方法计算仍然能够进行。因为计算过程中舍入误差的影响,迭代若干次后,必然会产生一个向量 $\boldsymbol{v}_k$,它在 x_1 方向的分量不为 0,这样以后的计算就满足所设的条件。

另外，由于 $\boldsymbol{v}_k \approx \lambda_1^k \alpha_1 \boldsymbol{x}_1$，如果 $|\lambda_1|>1$，当 k 趋于无穷大时，$\boldsymbol{v}_k$ 的分量会无限增大；如果 $|\lambda_1|<1$，当 k 趋于无穷大时，$\boldsymbol{v}_k$ 的分量会无限趋于0。从而会使计算机出现上溢或下溢的现象。为了控制计算机出现的溢出现象，在实际计算时每次迭代所求得的向量都要归一化。

记 $\max\{\boldsymbol{v}_k\}$ 表示向量 $\boldsymbol{v}_k$ 的绝对值最大的分量，即如果有 $|v_{i_0}| = \max\limits_{1\leqslant i\leqslant n}|v_i|$，则 $\max\{\boldsymbol{v}_k\}=v_{i_0}$，且 i_0 是所有绝对值最大的分量中的最小下标。因此在实际应用乘幂法时采用如下公式：

$$\begin{cases} \boldsymbol{u}_k = \dfrac{\boldsymbol{v}_k}{\max\{\boldsymbol{v}_k\}} \\ \boldsymbol{v}_{k+1} = \boldsymbol{A}\boldsymbol{u}_k, \quad k=1,2,\cdots \\ \lambda_1 \approx \max\{\boldsymbol{v}_{k+1}\} \end{cases} \tag{4.8}$$

具体计算方法如下：

①输入矩阵 $\boldsymbol{A}=(a_{ij})$，初始向量 $\boldsymbol{v}_0$，允许的误差 ε，最大迭代次数 N；

②置 $k=1$，$\mu=0$；

③求 $\max\{\boldsymbol{v}_k\}$，$\max\{\boldsymbol{v}_k\}\Rightarrow a$；

④计算 $\boldsymbol{u}=\boldsymbol{v}/a$，$\boldsymbol{v}=\boldsymbol{A}\boldsymbol{u}$，置 $\max\{\boldsymbol{v}_k\}=\lambda$；

⑤若 $|\lambda-\mu|<\varepsilon$，输出 λ，$\boldsymbol{u}$，停机，否则转至⑥；

⑥若 $k<N$，置 $k+1\Rightarrow k$，$\lambda\Rightarrow\mu$，转到③；否则输出失败信息，停机。

例 4.1 利用乘幂法计算以下矩阵的主特征值和相应的特征向量。

$$\boldsymbol{A} = \begin{pmatrix} 2 & 3 & 2 \\ 10 & 3 & 4 \\ 3 & 6 & 1 \end{pmatrix}$$

解 取 $\boldsymbol{v}_0=\boldsymbol{u}_0=(0,0,1)^{\mathrm{T}}$，则 $\boldsymbol{v}_1=\boldsymbol{A}\boldsymbol{u}_0=(2,4,1)^{\mathrm{T}}$，且 $\max\{\boldsymbol{v}_1\}=4$，即 $a=4$，于是 $\boldsymbol{u}_1=\boldsymbol{v}_1/a=(0.5,1,0.25)^{\mathrm{T}}$，利用上述算法，计算过程如表4.1。

表 4.1 计算结果

k		$\boldsymbol{u}_k^{\mathrm{T}}$		a
0	0	0	1	1
1	0.5	1.0	0.25	4
2	0.5	1.0	0.861 1	9
3	0.5	1.0	0.730 6	11.44
4	0.5	1.0	0.753	10.92
5	0.5	1.0	0.749	11.01
6	0.5	1.0	0.750	10.99
7	0.5	1.0	0.750	11.00
8	0.5	1.0	0.750	11.00

从上表可以看出，矩阵 $\boldsymbol{A}$ 的绝对值最大的特征值为 $\lambda_1=11$，相应的特征向量 $\boldsymbol{x}_1=[0.5,1.0,0.75]^{\mathrm{T}}$。

现在讨论如果$|\lambda_1|=|\lambda_2|=\cdots=|\lambda_m|>|\lambda_{m+1}|\geqslant\cdots\geqslant|\lambda_n|$时乘幂法是否仍然有效。这里分2种情况进行讨论。

①λ_1是m重根,即$\lambda_1=\lambda_2=\cdots=\lambda_m$,且矩阵$\boldsymbol{A}$仍然有$n$个线性无关的特征向量。此时

$$\boldsymbol{v}_{k+1}=\alpha_1\lambda_1^{k+1}\boldsymbol{x}_1+\alpha_2\lambda_2^{k+1}\boldsymbol{x}_2+\cdots+\alpha_n\lambda_n^{k+1}\boldsymbol{x}_n=$$

$$\lambda_1^{k+1}\left[\alpha_1\boldsymbol{x}_1+\alpha_2\boldsymbol{x}_2+\cdots+\alpha_m\boldsymbol{x}_m+\alpha_{m+1}\left(\frac{\lambda_{m+1}}{\lambda_1}\right)^{k+1}\boldsymbol{x}_{m+1}+\cdots+\alpha_n\left(\frac{\lambda_n}{\lambda_1}\right)^{k+1}\boldsymbol{x}_n\right]$$

显然,只要$\alpha_1,\alpha_2,\cdots,\alpha_m$不全为0,当$k$充分大时,就有

$$\boldsymbol{v}_{k+1}\approx\lambda_1^{k+1}(\alpha_1\boldsymbol{x}_1+\alpha_2x_2+\cdots+\alpha_m\boldsymbol{x}_m)$$

因为$\alpha_1\boldsymbol{x}_1+\alpha_2\boldsymbol{x}_2+\cdots+\alpha_m\boldsymbol{x}_m$也是矩阵$\boldsymbol{A}$的对应于$\lambda_1$的特征向量,因此仍然有:

$$\lambda_1=\lambda_2=\cdots=\lambda_m\approx\frac{(\boldsymbol{v}_{k+1})_i}{(\boldsymbol{v}_k)_i}$$

所以这种情况对乘幂法仍然有效。

②$\lambda_1=-\lambda_2$,$|\lambda_1|>|\lambda_3|$,且矩阵$\boldsymbol{A}$有n个线性无关的特征向量。

$$\boldsymbol{v}_{k+1}=\alpha_1\lambda_1^{k+1}\boldsymbol{x}_1+\alpha_2\lambda_2^{k+1}\boldsymbol{x}_2+\cdots+\alpha_n\lambda_n^{k+1}\boldsymbol{x}_n=$$

$$\lambda_1^{k+1}\left[\alpha_1\boldsymbol{x}_1+(-1)^{k+1}\alpha_2\boldsymbol{x}_2+\alpha_3\left(\frac{\lambda_3}{\lambda_1}\right)^{k+1}\boldsymbol{x}_3+\cdots+\alpha_n\left(\frac{\lambda_n}{\lambda_1}\right)^{k+1}\boldsymbol{x}_n\right]$$

分析上式可知,$\{\boldsymbol{v}_{k+1}\}$是个摆动序列,当k充分大时,有

$$\boldsymbol{v}_{2k-1}\approx\lambda_1^{2k-1}(\alpha_1\boldsymbol{x}_1-\alpha_2\boldsymbol{x}_2)$$
$$\boldsymbol{v}_{2k}\approx\lambda_1^{2k}(\alpha_1\boldsymbol{x}_1+\alpha_2\boldsymbol{x}_2)$$

因此有

$$\lambda_1^2\approx\frac{(\boldsymbol{v}_{k+2})_i}{(\boldsymbol{v}_k)_i}$$

即
$$\lambda_{1,2}\approx\pm\sqrt{\frac{(\boldsymbol{v}_{k+2})_i}{(\boldsymbol{v}_k)_i}}$$

又由　$\boldsymbol{v}_{k+1}\approx\lambda_1^{k+1}[\alpha_1\boldsymbol{x}_1+(-1)^{k+1}\alpha_2\boldsymbol{x}_2]$,$\boldsymbol{v}_k\approx\lambda_1^{k}[\alpha_1\boldsymbol{x}_1+(-1)^{k}\alpha_2\boldsymbol{x}_2]$

可以导出

$$\begin{cases}\boldsymbol{v}_{k+1}+\lambda_1\boldsymbol{v}_k\approx2\lambda_1^{k+1}\alpha_1\boldsymbol{x}_1\\\boldsymbol{v}_{k+1}-\lambda_1\boldsymbol{v}_k\approx2\lambda_1^{k+1}(-1)^{k+1}\alpha_2\boldsymbol{x}_2\end{cases}$$

故在这种情况下,仍然可以按乘幂法产生向量序列,得到主特征值和对应的特征向量。

综上所述,当$\boldsymbol{A}$的特征值为$|\lambda_1|\geqslant|\lambda_2|\geqslant|\lambda_3|\geqslant\cdots\geqslant|\lambda_n|$,不管绝对值最大的特征值是单根还是重根,均可以用乘幂法计算出主特征值和相应的特征向量。

4.1.2　反幂法

反幂法可用来求矩阵的按模最小的特征值及相应的特征向量。设有n阶非奇异矩阵$\boldsymbol{A}$,其特征值与相应的特征向量分别是λ_i和$\boldsymbol{x}_i(i=1,2,\cdots,n)$,由定义知

$$\boldsymbol{A}\boldsymbol{x}_i=\boldsymbol{\lambda}_i\boldsymbol{x}_i(i=1,2,\cdots,n)$$

因为$\boldsymbol{A}$可逆,特征值λ_i均不为零,所以

$$\boldsymbol{A}^{-1}\boldsymbol{x}_i=\lambda_i^{-1}\boldsymbol{x}_i$$

这说明 λ_i^{-1} 一定是 $\boldsymbol{A}^{-1}$ 的特征值，它所对应的特征向量仍是 $\boldsymbol{x}_i$。如果 $\boldsymbol{A}$ 的特征值为如下情况：

$$|\lambda_1| \geqslant |\lambda_2| \geqslant \cdots \geqslant |\lambda_{n-1}| > |\lambda_n|$$

则 λ_n^{-1} 一定是 $\boldsymbol{A}^{-1}$ 的主特征值。对 $\boldsymbol{A}^{-1}$ 采用乘幂法即可求得矩阵 $\boldsymbol{A}^{-1}$ 的主特征值 $\mu_n=\dfrac{1}{\lambda_n}$，从而得到矩阵 $\boldsymbol{A}$ 按模最小的特征值 λ_n，具体计算步骤为：

①任取初始向量 $\boldsymbol{v}_0=\boldsymbol{u}_0\neq\boldsymbol{0}$；

②计算 $\boldsymbol{v}_k=\boldsymbol{A}^{-1}\boldsymbol{u}_{k-1}(k=1,2,\cdots)$；

③$\max\{\boldsymbol{v}_k\}\Rightarrow m_k$；$\boldsymbol{v}_k=\boldsymbol{v}_k/m_k$；

④如果 k 从某时以后有 $\dfrac{(\boldsymbol{v}_k)_j}{(\boldsymbol{v}_{k-1})_j}\approx c$（常数）$(j=1,2,\cdots,n)$，则取 $\lambda_n\approx\dfrac{1}{c}$；而 $\boldsymbol{u}_k$ 就是与 λ_n 对应的特征向量。

由于这里是对 $\boldsymbol{A}^{-1}$ 采用乘幂法，故称为反幂法。

例 4.2　用反幂法求矩阵 $\boldsymbol{A}=\begin{pmatrix}3 & 2\\ 4 & 5\end{pmatrix}$ 的按模最小的特征值和特征向量，精确至 6 位有效数字。

解　取 $\boldsymbol{v}_0=\boldsymbol{u}_0=(1,1)^{\mathrm{T}}$，由 $\boldsymbol{v}_1=\boldsymbol{A}^{-1}\boldsymbol{u}_0$，即 $\boldsymbol{A}\boldsymbol{v}_1=\boldsymbol{u}_0$，得 $\boldsymbol{v}_1=(0.428\ 571,-0.142\ 857)^{\mathrm{T}}$，$m_1=\max\{\boldsymbol{v}_1\}=0.428\ 571$，归一化得 $\boldsymbol{u}_1=(1.000\ 000,-0.333\ 333)^{\mathrm{T}}$。反复进行，计算结果见表 4.2。

表 4.2　计算结果

k	$(\boldsymbol{v}_k)_1$	$(\boldsymbol{v}_k)_2$	m_k	$(\boldsymbol{u}_k)_1$	$(\boldsymbol{u}_k)_2$
0	1	1		1	1
1	0.428 571	−0.142 857	0.428 571	1.000 00	−0.333 333
2	0.809 524	−0.714 286	0.809 524	1.000 00	−0.882 353
3	0.966 387	−0.949 580	0.966 387	1.000 00	−0.982 608
4	0.995 031	−0.992 546	0.995 031	1.000 00	−0.997 503
5	0.999 287	−0.998 930	0.999 287	1.000 00	−0.999 643
6	0.999 898	−0.999 847	0.999 898	1.000 00	−0.999 949
7	0.999 985	−0.999 978	0.999 985	1.000 00	−0.999 993

所以，$\boldsymbol{A}$ 的按模最小的特征值为 $\dfrac{1}{m_7}\approx 1.000\ 00$，相应的特征向量为 $(1.000\ 00,-0.999\ 993)^{\mathrm{T}}$。

这里需要说明的是，实际计算是一般并不求 $\boldsymbol{A}^{-1}$，而是将运算步骤中的迭代公式 $\boldsymbol{v}_k=\boldsymbol{A}^{-1}\boldsymbol{u}_{k-1}$ 改为解方程组 $\boldsymbol{A}\boldsymbol{u}_k=\boldsymbol{v}_{k-1}$。由于每步所解的方程组具有相同的系数矩阵 $\boldsymbol{A}$，故通常先将 $\boldsymbol{A}$ 进行三角分解（见第 7 章），然后转化为每步只需用回代公式解两个三角方程组，这样可减少计算时间。

根据反幂法与乘幂法的上述关系，如果有矩阵 $\boldsymbol{A}$ 的某个特征值 λ_{i_0}（不是按模最大也不是按模最小）的粗略估计 $\lambda_{i_0}^*$，则用反幂法不难求出 λ_{i_0} 的更好的近似值。

4.2　乘幂法的加速方法

由 4.1 节讨论可知，应用乘幂法计算矩阵的主特征值的收敛速度主要取决于 $r=\left|\dfrac{\lambda_2}{\lambda_1}\right|$，当它接近 1 时，乘幂法的收敛速度会很慢，在这里讨论两种加速收敛的方法。

4.2.1　埃特金加速法

如果序列 $\{a_k\}$ 线性收敛于 a，即 $\lim\limits_{k\to\infty}\dfrac{a_{k+1}-a}{a_k-a}=c\neq0$，则当 k 充分大时，有 $\dfrac{a_{k+2}-a}{a_{k+1}-a}\approx\dfrac{a_{k+1}-a}{a_k-a}$，由此可以解出 $a\approx\dfrac{a_{k+2}a_k-a_{k+1}^2}{a_{k+2}-2a_{k+1}+a_k}=a_k-\dfrac{(a_{k+1}-a_k)^2}{a_{k+2}-2a_{k+1}+a_k}$。

记上式右端为 a_k'，此时序列 $\{a_k'\}$ 比 $\{a_k\}$ 更快地收敛于 a，这就是埃特金(Aitken)加速法。

利用埃特金加速法修改乘幂法得到具体的加速算法：

①输入矩阵 $\boldsymbol{A}=(a_{ij})$，初始向量 $\boldsymbol{v}_0$，允许的误差 ε，最大迭代次数 N；

②置 $k=1, a_0=0, a_1=0, \lambda_0=1$；

③$\max\{\boldsymbol{v}_k\}\Rightarrow a$；

④计算 $\boldsymbol{u}_k=\boldsymbol{v}_k/a$；$\boldsymbol{v}_{k+1}=\boldsymbol{A}\boldsymbol{u}_k$；置 $\max\{\boldsymbol{v}_{k+1}\}=a_2$；

⑤计算 $\lambda=a_0-\dfrac{(a_1-a_0)^2}{a_2-2a_1+a_0}$；

⑥若 $|\lambda-\lambda_0|<\varepsilon$，输出 $\lambda,\boldsymbol{x}$，停机；否则转至⑦；

⑦若 $k<N$，置 $k+1\Rightarrow k, \lambda\Rightarrow\lambda_0, a_1\Rightarrow a_0, a_2\Rightarrow a_1$ 转到③；否则输出失败信息，停机。

例 4.3　利用乘幂法的加速法求矩阵

$$\boldsymbol{A}=\begin{pmatrix}2 & -1 & 0\\ 0 & 2 & -1\\ 0 & -1 & 2\end{pmatrix}$$

的按模最大的特征值与对应的特征向量。取 $\boldsymbol{v}_0=(0,0,1)^{\mathrm{T}}$。

解　取 $\boldsymbol{v}_0=(0,0,1)^{\mathrm{T}}, a_0=0, a_1=0, \lambda_0=1$，则 $\boldsymbol{v}_1=\boldsymbol{A}\boldsymbol{v}_0=(0,-1,2)^{\mathrm{T}}, x_r=2$，从而 $a_2=2$，此时 $\lambda=a_0-\dfrac{(a_1-a_0)^2}{a_2-2a_1+a_0}=0$，$|\lambda-\lambda_0|=1$，不满足 $|\lambda-\lambda_0|<\varepsilon$，转至⑦。反复计算可得

$\boldsymbol{u}_1=\boldsymbol{v}_1/2=(0,-0.5,1)^{\mathrm{T}}, \boldsymbol{v}_2=\boldsymbol{A}\boldsymbol{u}_1=(0.5,-2,2.5)^{\mathrm{T}}, \max\{\boldsymbol{v}_2\}=2.5$；

$\boldsymbol{u}_2=\boldsymbol{v}_2/2.5=(0.2,-0.8,1)^{\mathrm{T}}, \boldsymbol{v}_3=\boldsymbol{A}\boldsymbol{u}_2=(1.2,-2.6,2.8)^{\mathrm{T}}, \max\{\boldsymbol{v}_3\}=2.8$；

此时 $a_1=2, a_2=2.5, a_3=2.8$。于是

$$\lambda=a_1-\frac{(a_2-a_1)^2}{a_3-2a_2+a_1}=2-\frac{(2.5-2)^2}{2.8-2\times2.5+2}=3.25$$

因此按乘幂法的埃特金加速法,可得如下计算结果(表4.3)。

表4.3 计算结果

k	$(\boldsymbol{v}_k)_1$	$(\boldsymbol{v}_k)_2$	$(\boldsymbol{v}_k)_3$	a_k	λ_k
1	0	−1	2	2	
2	0.5	−2	2.5	2.5	
3	1.2	−2.6	2.8	2.8	3.25
4	1.785 7	−2.857 1	2.928 5	2.928 5	3.024 9
5	2.195 1	−2.951 3	2.975 6	2.975 6	3.002 7
6	2.967 2	−2.983 7	2.991 8	2.991 8	3.000 4

显然最大特征值 $\lambda_1=3$,对应的特征向量 $\boldsymbol{x}_1=(3,-3,3)^{\mathrm{T}}$,即全部特征向量为 $\xi=\alpha\boldsymbol{x}_1$,其中 $\alpha\neq0$。读者可以直接用乘幂法计算,比较其收敛速度。

4.2.2 原点平移法

设 λ_j 是矩阵 $\boldsymbol{A}$ 的一个特征值,由定理2知 λ_j-p 是矩阵 $\boldsymbol{A}-p\boldsymbol{I}$ 的一个特征值,且相应的特征向量不变。前面已经知道,乘幂法的收敛速度主要取决于 $r=\left|\dfrac{\lambda_2}{\lambda_1}\right|$。假如以 $\boldsymbol{A}-p\boldsymbol{I}$ 来代替 $\boldsymbol{A}$,用乘幂法来求解 $\boldsymbol{A}-p\boldsymbol{I}$ 的主特征值,则收敛速度取决于 $\left|\dfrac{\lambda_2-p}{\lambda_1-p}\right|$。适当地选择 p,使 λ_1-p 仍为矩阵 $\boldsymbol{A}-p\boldsymbol{I}$ 的按模最大的特征值,且使得 $\left|\dfrac{\lambda_2-p}{\lambda_1-p}\right|$ 较 $\left|\dfrac{\lambda_2}{\lambda_1}\right|$ 小得多,就可以使收敛速度显著提高。这种加速收敛的方法通常称为原点平移法。

例4.4 设 $\boldsymbol{A}\in\boldsymbol{R}^{4\times4}$ 有特征值 $\lambda_j=15-j,j=1,2,3,4$,则比值 $r=\left|\dfrac{\lambda_2}{\lambda_1}\right|\approx0.9$。而对矩阵 $\boldsymbol{B}=\boldsymbol{A}-12\boldsymbol{I}$,则 $\boldsymbol{B}$ 的特征值分别为 $\mu_1=2,\mu_2=1,\mu_3=0,\mu_4=-1$。于是应用乘幂法计算 $\boldsymbol{B}$ 的主特征值的收敛速度的比值为 $\left|\dfrac{\mu_2}{\mu_1}\right|=0.5<0.9$。

原点平移法使用简便,不足之处在于 p 的选取十分困难,通常需要使用者对特征值的分布有相当的了解,才能比较准确的估计出 p 的值,并通过计算进行修改。但在一些简单的情况下,p 的值是可以估计的。如当矩阵的特征值满足:$\lambda_1>\lambda_2\geqslant\lambda_3\geqslant\cdots\geqslant\lambda_n>0$(或 $\lambda_1<\lambda_2\leqslant\lambda_3\leqslant\cdots\leqslant\lambda_n<0$)时,取 $p=\dfrac{1}{2}(\lambda_2+\lambda_n)$,则有 $|\lambda_i-p|\leqslant|\lambda_2-p|<|\lambda_1-p|(i=2,3,\cdots,n)$ 且 $\dfrac{\lambda_2-p}{\lambda_1-p}=\dfrac{\lambda_2-\lambda_n}{2\lambda_1-\lambda_2-\lambda_n}=\dfrac{\lambda_2-\lambda_n}{\lambda_1-\lambda_n+\lambda_1-\lambda_2}<\dfrac{\lambda_2-\lambda_n}{\lambda_1-\lambda_n}<\dfrac{\lambda_2}{\lambda_1}$,因此,用原点平移法求主特征值 λ_1 可使收敛速度加快。

例4.5 取 $p=2.9$,用原点平移法求下面矩阵的主特征值及其相应的特征向量,要求误差

不超过 10^{-4}。

$$A=\begin{pmatrix} -4 & 14 & 0 \\ -5 & 13 & 0 \\ -1 & 0 & 2.8 \end{pmatrix}$$

解　由原点平移法，令 $\boldsymbol{B}=\boldsymbol{A}-p\boldsymbol{I}=\begin{pmatrix} -6.9 & 14 & 0 \\ -5 & 10.1 & 0 \\ -1 & 0 & -0.1 \end{pmatrix}$，取 $\boldsymbol{v}_0=(1,1,1)^{\mathrm{T}}$，计算结果见表 4.4。

表 4.4　计算结果

k	$(\boldsymbol{v}_k)_1$	$(\boldsymbol{v}_k)_2$	$(\boldsymbol{v}_k)_3$	a_k	$(\boldsymbol{u}_k)_1$	$(\boldsymbol{u}_k)_2$	$(\boldsymbol{u}_k)_3$
0	1	1	1	1	1	1	1
1	7.1	5.1	−1.1	7.1	1	0.718 3	−0.154 9
2	3.156 3	2.254 9	−0.984 5	3.156 3	1	0.714 4	−0.311 9
3	3.101 7	2.215 5	−0.968 8	3.101 7	1	0.714 3	−0.312 3
4	3.100 0	2.214 3	−0.968 7	3.100 0	1	0.714 2	0.312 5
5	3.099 9	2.214 2	−0.968 7	3.099 9	1		

因为 $|a_5-a_4|=0.000\ 058\ 4<10^{-4}$，所以矩阵 $\boldsymbol{B}$ 的主特征值为 $\mu_1=a_5\approx 3.099\ 9$，从而矩阵 $\boldsymbol{A}$ 的主特征值为

$$\lambda_1=a_5+p\approx 3.099\ 9+2.9=5.999\ 9$$

相应的特征向量为

$$\boldsymbol{x}_1\approx(3.099\ 9, 2.214\ 2, -0.968\ 7)^{\mathrm{T}}$$

不难求出该矩阵的特征值分别为：6，3，2.8。若直接用乘幂法，比值 $r=\left|\dfrac{\lambda_2}{\lambda_1}\right|=\dfrac{1}{2}$，而用原点平移法，则比值 $\left|\dfrac{\lambda_2-p}{\lambda_1-p}\right|=\dfrac{0.1}{3.1}=\dfrac{1}{31}$。因此用原点平移法解此题的收敛速度明显加快。

4.3　雅可比方法

雅可比（Jacobi）方法是求解实对称矩阵全部特征值和特征向量的一种方法。它基于以下两个结论：

①任意实对称矩阵 $\boldsymbol{A}$ 可以通过正交相似变换化为对角型，即存在正交矩阵 $\boldsymbol{Q}$，使得

$$\boldsymbol{Q}^{\mathrm{T}}\boldsymbol{A}\boldsymbol{Q}=\mathrm{diag}(\lambda_1,\lambda_2,\cdots,\lambda_n)$$

其中，$\lambda_i(i=1,2,\cdots,n)$ 是 $\boldsymbol{A}$ 的特征值，$\boldsymbol{Q}$ 中各列即为相应的特征向量。

②在正交相似变换下，矩阵元素的平方和不变。设 $\boldsymbol{A}=(a_{ij})_{n\times n}$，$\boldsymbol{Q}$ 为正交矩阵，记

$$\boldsymbol{B}=\boldsymbol{Q}^{\mathrm{T}}\boldsymbol{A}\boldsymbol{Q}=(b_{ij})_{n\times n}，则\sum_{i,j=1}^{n}a_{ij}^{2}=\sum_{i,j=1}^{n}b_{ij}^{2}$$

雅可比方法的基本思想是通过一次正交变换，将 $\boldsymbol{A}$ 中一对非零的非对角元素化成零，并且使得非对角元素的平方和减小。反复进行上述过程，使得变换后的矩阵的非对角元素的平方和趋于零，从而使该矩阵近似为对角矩阵，得到全部的特征值和特征向量。下面来探讨矩阵的旋转变换。

设 $\boldsymbol{A}$ 为 n 阶实对称矩阵，考虑 n 阶正交矩阵

$$\boldsymbol{V}=\begin{array}{cc}
\begin{array}{ccccccc} & & p & & q & & \end{array} & \\
\left(\begin{array}{ccccccc}
1 & & \vdots & & \vdots & & \\
 & \ddots & & & & & \\
\cdots & & \cos\theta & \cdots & \sin\theta & & \cdots \\
 & & & 1 & & & \\
 & & & \ddots & & & \\
 & & & 1 & & & \\
\cdots & & -\sin\theta & \cdots & \cos\theta & & \cdots \\
 & & \vdots & & \vdots & \ddots & \\
 & & & & & & 1
\end{array}\right) & \begin{array}{c} \\ \\ p \\ \\ \\ \\ q \\ \\ \\ \end{array}
\end{array}$$

除了 p,q 行和 p,q 列交叉位置上的 4 个元素外，这里 $\boldsymbol{V}=(r_{ij})_{n\times n}$ 的其余元素均与单位矩阵相同，即 $r_{pp}=r_{qq}=\cos\theta,r_{pq}=-r_{qp}=\sin\theta\ (p<q)$。

作正交相似变换：$\boldsymbol{A}_1=\boldsymbol{V}\boldsymbol{A}\boldsymbol{V}^{\mathrm{T}}$，由矩阵乘法不难得到 $\boldsymbol{A}_1=(a_{ij}^{(1)})_{n\times n}$ 的元素为：

$a_{ij}^{(1)}=a_{ij}(i,j\neq p,q)$；

$a_{pj}^{(1)}=a_{pj}\cos\theta+a_{qj}\sin\theta(j\neq p,q)$；

$a_{qj}^{(1)}=-a_{pj}\sin\theta+a_{qj}\cos\theta(j\neq p,q)$；

$a_{pp}^{(1)}=a_{pp}\cos^2\theta+2a_{pq}\sin\theta\cos\theta+a_{qq}\sin^2\theta$；

$a_{qq}^{(1)}=a_{pp}\sin^2\theta-2a_{pq}\sin\theta\cos\theta+a_{qq}\cos^2\theta$；

$a_{pq}^{(1)}=\dfrac{1}{2}(a_{qq}-a_{pp})\sin 2\theta+a_{pq}\cos 2\theta$。

为使 $\boldsymbol{A}_1$ 的非对角元素 $a_{pq}^{(1)}$ 成为零，由上述最后一式可知，只需取 θ 满足

$$\tan 2\theta=\frac{2a_{pq}}{a_{pp}-a_{qq}}\quad\left(|\theta|\leqslant\frac{\pi}{4}\right)\tag{4.9}$$

即可。若 $a_{pp}=a_{qq}$，则可取 $\theta=\mathrm{sign}(a_{pq})\dfrac{\pi}{4}$。这就完成了用雅可比方法将一个非对角元化为零的计算过程，从而由矩阵 $\boldsymbol{A}$ 产生了矩阵 $\boldsymbol{A}_1$。将新矩阵 $\boldsymbol{A}_1$ 的非对角元化为零的计算过程与上述过程完全类似，从而可类似得到矩阵序列 $\boldsymbol{A}_2,\boldsymbol{A}_3,\cdots,\boldsymbol{A}_k,\cdots$。一般地，经过有限次上述变换不可能把 $\boldsymbol{A}$ 化为一个对角阵，这是因为在 $\boldsymbol{A}_k$ 中的元素 $a_{pq}^{(k)}=a_{qp}^{(k)}=0$，但在 $\boldsymbol{A}_{k+1}$ 中的元素 $a_{pq}^{(k+1)}$ 可能变成非零元素。

下面将讨论雅可比方法的收敛性，即矩阵序列 $\{\boldsymbol{A}_k\}$ 的对角阵的收敛性。由前面的讨论易知：

$[a_{ij}^{(1)}]^2 = a_{ij}^2 (i,j \neq p,q)$

$[a_{pj}^{(1)}]^2 + [a_{qj}^{(1)}]^2 = a_{pj}^2 + a_{qj}^2 (j \neq p,q)$

$[a_{pp}^{(1)}]^2 + [a_{qq}^{(1)}]^2 + 2[a_{pq}^{(1)}]^2 = a_{pp}^2 + a_{qq}^2 + 2a_{pq}^2 (j \neq p,q)$

在上面第一个式中特取 $i=j\neq p,q$ 并求和，有

$$\sum_{\substack{i=1 \\ i\neq p,q}}^{n} [a_{ii}^{(1)}]^2 = \sum_{\substack{i=1 \\ i\neq p,q}}^{n} a_{ii}^2 \tag{4.10}$$

再将最后一式与式(4.10)相加(注意 $a_{pq}^{(1)}=0$)，则有

$$\sum_{i=1}^{n} [a_{ii}^{(1)}]^2 = \sum_{i=1}^{n} a_{ii}^2 + 2a_{pq}^2 \tag{4.11}$$

记

$$D(\boldsymbol{A}) = \sum_{i=1}^{n} a_{ij}^2 (\text{对角元的平方和})$$

$$S(\boldsymbol{A}) = \sum_{i\neq j}^{n} a_{ij}^2 (\text{非对角元的平方和})$$

则式(4.11)可写为：

$$D(\boldsymbol{A}_1) = D(\boldsymbol{A}) + 2a_{pq}^2 \tag{4.12}$$

这说明由 $\boldsymbol{A}$ 到 $\boldsymbol{A}_1$，对角元的平方和增加了 $2a_{pq}^2$。根据前述代数知识有

$$\| \boldsymbol{A}_1 \|_F^2 = \| \boldsymbol{VAV}^{\mathrm{T}} \|_F^2 = \| \boldsymbol{A} \|_F^2 \quad \left(\text{其中} \| \boldsymbol{A} \|_F^2 = \sum_{i=1}^{n} \sum_{j=1}^{n} a_{ij}^2\right)$$

即 $\boldsymbol{A}_1$ 和 $\boldsymbol{A}$ 的总元素平方和保持不变，亦即

$$D(\boldsymbol{A}_1) + S(\boldsymbol{A}_1) = D(\boldsymbol{A}) + S(\boldsymbol{A})$$

与式(4.12)相减得：

$$S(\boldsymbol{A}_1) = S(\boldsymbol{A}) - 2a_{pq}^2 \tag{4.13}$$

即由 $\boldsymbol{A}$ 到 $\boldsymbol{A}_1$ 非对角元的平方和必然减少 $2a_{pq}^2$。进一步可以证明：

$$S(\boldsymbol{A}_1) \leqslant \left[1 - \frac{2}{n(n-1)}\right] S(\boldsymbol{A})$$

一般地有

$$S(\boldsymbol{A}_k) \leqslant \left[1 - \frac{2}{n(n-1)}\right] S(\boldsymbol{A}_{k-1})$$

从而

$$S(\boldsymbol{A}^k) \leqslant \left[1 - \frac{2}{n(n-1)}\right]^k S(\boldsymbol{A}_0) (\text{令} \boldsymbol{A}_0 = \boldsymbol{A})$$

显然 $\lim\limits_{k\to\infty} S(\boldsymbol{A}_k)=0$，即非对角元的平方和趋于零，$A_k$ 趋于对角矩阵，雅可比方法收敛。进一步还可以得出 Jacobi 方法收敛较快。另外，这种方法对舍入误差有较强的稳定性，因而解的精度高。不足之处是运算量大，且不能保持矩阵的特殊形状。因此雅可比方法是求中小型稠密实对称矩阵的全部特征值和特征向量的较好方法。

例 4.6　利用雅可比方法求矩阵

$$\boldsymbol{A} = \begin{pmatrix} 2 & -1 & 0 \\ -1 & 2 & -1 \\ 0 & -1 & 2 \end{pmatrix}$$

的全部特征值。

解 首先取 $p=1,q=2$，因为 $\cot 2\varphi=0$，故有 $\varphi=\frac{\pi}{4}$，于是 $\cos\varphi=\sin\varphi=\frac{1}{\sqrt{2}}$，矩阵

$$\boldsymbol{V}=\begin{pmatrix}\frac{1}{\sqrt{2}} & \frac{1}{\sqrt{2}} & 0\\ -\frac{1}{\sqrt{2}} & \frac{1}{\sqrt{2}} & 0\\ 0 & 0 & 1\end{pmatrix}$$，所以

$$\boldsymbol{A}_1=\boldsymbol{VAV}^{\mathrm{T}}=\begin{pmatrix}\frac{1}{\sqrt{2}} & \frac{1}{\sqrt{2}} & 0\\ -\frac{1}{\sqrt{2}} & \frac{1}{\sqrt{2}} & 0\\ 0 & 0 & 1\end{pmatrix}\begin{pmatrix}2 & -1 & 0\\ -1 & 2 & -1\\ 0 & -1 & 2\end{pmatrix}\begin{pmatrix}\frac{1}{\sqrt{2}} & -\frac{1}{\sqrt{2}} & 0\\ \frac{1}{\sqrt{2}} & \frac{1}{\sqrt{2}} & 0\\ 0 & 0 & 1\end{pmatrix}=\begin{pmatrix}1 & 0 & -\frac{1}{\sqrt{2}}\\ 0 & 3 & -\frac{1}{\sqrt{2}}\\ -\frac{1}{\sqrt{2}} & -\frac{1}{\sqrt{2}} & 2\end{pmatrix}$$

再取 $p=1,q=3,\tan 2\varphi=\sqrt{2},\cos\varphi=0.888\,073\,8,\sin\varphi=0.459\,700\,7$

$$\boldsymbol{V}_1=\begin{pmatrix}0.888\,07 & 0 & 0.459\,70\\ 0 & 1 & 0\\ -0.459\,70 & 0 & 0.888\,07\end{pmatrix},$$

$$\boldsymbol{A}_2=\boldsymbol{V}_1\boldsymbol{A}_1\boldsymbol{V}_1^{\mathrm{T}}=\begin{pmatrix}0.633\,97 & -0.325\,06 & 0\\ -0.325\,06 & 3 & -0.627\,96\\ 0 & -0.627\,96 & 2.366\,03\end{pmatrix}$$

下面应该取 $p=2,q=3$，重复上述过程。如此继续下去，得到矩阵

$$\boldsymbol{A}_5=\begin{pmatrix}0.585\,79 & 0.002\,038\,3 & 0\\ 0.002\,038\,3 & 3.414\,01 & 0.016\,758\\ 0 & 0.016\,758 & 2.000\,20\end{pmatrix}$$

$$S(\boldsymbol{A}_5)=2\times[(0.002\,038\,3)^2+(0.016\,758)^2]=5.699\,7\times10^{-4}\approx0.000\,057,$$

所以 $\boldsymbol{A}$ 的特征值为

$$\lambda_1\approx3.414\,01;\lambda_2\approx2.000\,20;\lambda_3\approx0.585\,79$$

而该矩阵的精确值为：

$$\lambda_1=2+\sqrt{2}\approx3.414\,213\,6;\lambda_2=2;\lambda_3=2-\sqrt{2}\approx0.585\,786\,4$$

通过比较，最大误差为：0.000 203 6。

4.4 QR 方法

把矩阵 $\boldsymbol{A}$ 分解成一个正交矩阵 $\boldsymbol{Q}$ 和一个上三角矩阵 $\boldsymbol{R}$ 的乘积，称为矩阵 $\boldsymbol{A}$ 的正交三角分解，简称 QR 分解。任何一个 n 阶矩阵 $\boldsymbol{A}$ 恒可分解为 $\boldsymbol{A}=\boldsymbol{QR}$。如果 $\boldsymbol{A}$ 非奇异，则分解是唯一的。QR 方法一般用来求解实矩阵的全部特征值问题。自 1961 年 Francis 提出这一方法后，

目前已成为求解中、小型矩阵全部特征值问题的最有效方法。

为了叙述方便，先介绍几个特殊的矩阵。设 $\boldsymbol{A}=(a_{ij})_{n\times n}$。

①对称矩阵　如果 $\boldsymbol{A}^{\mathrm{T}}=\boldsymbol{A}$；

②正交矩阵　如果 $\boldsymbol{A}^{-1}=\boldsymbol{A}^{\mathrm{T}}$；

③上三角矩阵　如果当 $i>j$ 时，$a_{ij}=0$；

④上海森伯格(Hessenberg)阵　如果当 $i>j+1$ 时，$a_{ij}=0$。

基本 QR 方法的思想是利用矩阵的 QR 分解，通过迭代格式

$$\begin{cases}\boldsymbol{A}^{(k)}=\boldsymbol{Q}_k\boldsymbol{R}_k\\ \boldsymbol{A}^{(k+1)}=\boldsymbol{R}_k\boldsymbol{Q}_k\end{cases}\quad(k=1,2,\cdots)\tag{4.14}$$

将 $\boldsymbol{A}=\boldsymbol{A}^{(1)}$ 化成相似的上三角阵(或分块上三角矩阵)，从而求出矩阵 $\boldsymbol{A}$ 的全部特征值和特征向量。

由式(4.14)可知，$\boldsymbol{A}=\boldsymbol{A}^{(1)}=\boldsymbol{Q}_1\boldsymbol{R}_1$，即 $\boldsymbol{Q}_1^{-1}\boldsymbol{A}=\boldsymbol{R}_1$，于是 $\boldsymbol{A}^{(2)}=\boldsymbol{R}_1\boldsymbol{Q}_1=\boldsymbol{Q}_1^{-1}\boldsymbol{A}\boldsymbol{Q}_1$，即 $\boldsymbol{A}^{(2)}$ 与 $\boldsymbol{A}$ 相似。同理可得，$\boldsymbol{A}^{(k)}\sim\boldsymbol{A}(k=2,3,\cdots)$。故它们有相同的特征值。

可以证明，在一定条件下，基本 QR 方法产生的矩阵序列 $\{\boldsymbol{A}^{(k)}\}$“基本”收敛于一个上三角矩阵(或分块上三角矩阵)。特别地，如果 $\boldsymbol{A}$ 是实对称矩阵，则 $\{\boldsymbol{A}^{(k)}\}$“基本”收敛于一个对角矩阵。由于上三角阵的主对角元即为该矩阵的特征值，故当 k 充分大时，$\boldsymbol{A}^{(k)}$ 的主对角元就可以作为 $\boldsymbol{A}$ 的特征值的近似。基本 QR 方法的主要运算是对矩阵作 QR 分解，分解的方法很多，这里主要以 Schmidt 正交化方法为例进行分析。

设 $\boldsymbol{A}$ 是 n 阶非奇异实矩阵，记为 $\boldsymbol{A}=[\boldsymbol{a}_1,\boldsymbol{a}_2,\cdots,\boldsymbol{a}_n]$，其中

$$\boldsymbol{a}_j=(a_{1j},a_{2j},\cdots,a_{nj})^{\mathrm{T}}\quad(j=1,2,\cdots,n)$$

取 $\boldsymbol{b}_1=\boldsymbol{a}_1/\|\boldsymbol{a}_1\|_2$，$\boldsymbol{b}_2'=\boldsymbol{a}_2-\langle\boldsymbol{a}_2,\boldsymbol{b}_1\rangle\boldsymbol{b}_1$，其中向量 $\boldsymbol{a}_1$ 长度 $\|\boldsymbol{a}_1\|_2=\left(\sum\limits_{j=1}^{n}a_{1j}^2\right)^{1/2}$，下同。显然 $\boldsymbol{b}_1\perp\boldsymbol{b}_2'$，取 $\boldsymbol{b}_2=\boldsymbol{b}_2'/\|\boldsymbol{b}_2'\|_2$，则 $\|\boldsymbol{b}_1\|_2=\|\boldsymbol{b}_2\|_2=1$，$\langle\boldsymbol{b}_1,\boldsymbol{b}_2\rangle=0$。一般地取

$$\begin{cases}\boldsymbol{b}_k'=\boldsymbol{a}_k-\sum\limits_{i=1}^{k-1}\langle\boldsymbol{a}_k,\boldsymbol{b}_i\rangle\boldsymbol{b}_i\\ \boldsymbol{b}_k=\boldsymbol{b}_k'/\|\boldsymbol{b}_k'\|_2\end{cases}\tag{4.15}$$

则向量组 $\boldsymbol{b}_1,\boldsymbol{b}_2,\cdots,\boldsymbol{b}_n$ 正交，且 $\|\boldsymbol{b}_k\|_2=1(k=1,2,\cdots,n)$。式(4.15)可以改写为

$$\boldsymbol{a}_k=\langle\boldsymbol{a}_k,\boldsymbol{b}_1\rangle\boldsymbol{b}_1+\cdots+\langle\boldsymbol{a}_k,\boldsymbol{b}_{k-1}\rangle\boldsymbol{b}_{k-1}+\|\boldsymbol{b}_k'\|_2\boldsymbol{b}_k'$$

于是

$$\boldsymbol{A}=[\boldsymbol{a}_1,\boldsymbol{a}_2,\cdots,\boldsymbol{a}_n]=[\boldsymbol{b}_1,\boldsymbol{b}_2,\cdots,\boldsymbol{b}_n]\begin{pmatrix}\|\boldsymbol{a}_1\|_2 & \langle\boldsymbol{a}_2,\boldsymbol{b}_1\rangle & \cdots & \langle\boldsymbol{a}_n,\boldsymbol{b}_1\rangle\\ & \|\boldsymbol{b}_2'\|_2 & \cdots & \langle\boldsymbol{a}_n,\boldsymbol{b}_2\rangle\\ & & \ddots & \\ & & & \|\boldsymbol{b}'_n\|_2\end{pmatrix}=\boldsymbol{QR}\tag{4.16}$$

这就是利用 Schmidt 正交化方法对矩阵进行 QR 分解的过程。

例 4.7　利用 Schmidt 正交化方法对矩阵

$$\boldsymbol{A}=\begin{pmatrix}2 & -1 & 0\\ -1 & 2 & -1\\ 0 & -1 & 2\end{pmatrix}$$

进行 QR 分解。

解 $a_1=(2,-1,0)^T, a_2=(-1,2,-1,)^T, a_3=(0,-1,2,)^T$。

由于
$$b_1=\frac{a_1}{\|a_1\|_2}=\left(\frac{2}{\sqrt{5}},-\frac{1}{\sqrt{5}},0\right)^T$$

所以
$$b'_2=a_2-<a_2,b_1>b_1=\left(\frac{3}{5},\frac{6}{5},-1\right)^T$$
$$b_2=\frac{b'_2}{\|b'_2\|_2}=\left(\frac{3}{\sqrt{70}},\frac{6}{\sqrt{70}},\frac{-5}{\sqrt{70}}\right)^T$$

而
$$b'_3=a_3-<a_3,b_1>b_1-<a_3,b_2>b_2=\left(\frac{2}{7},\frac{4}{7},\frac{6}{7}\right)^T$$
$$b_3=\frac{b'_3}{\|b'_3\|_2}=\left(\frac{1}{\sqrt{14}},\frac{1}{\sqrt{14}},\frac{3}{\sqrt{14}}\right)^T$$

所以
$$A=\begin{pmatrix}\frac{2}{\sqrt{5}} & \frac{3}{\sqrt{70}} & \frac{1}{\sqrt{14}}\\ \frac{-1}{\sqrt{5}} & \frac{6}{\sqrt{70}} & \frac{2}{\sqrt{14}}\\ 0 & \frac{-5}{\sqrt{70}} & \frac{3}{\sqrt{14}}\end{pmatrix}\cdot\begin{pmatrix}\sqrt{5} & \frac{-4}{\sqrt{5}} & \frac{1}{\sqrt{5}}\\ 0 & \frac{\sqrt{70}}{5} & \frac{-16}{\sqrt{70}}\\ 0 & 0 & \frac{2\sqrt{40}}{7}\end{pmatrix}$$

基本 QR 方法每次迭代都需要作一次 QR 分解与矩阵乘法，计算量大，而且收敛速度慢，因此实际使用的 QR 方法是先利用一系列相似变换将 A 化为拟上三角矩阵（称为上 Hessenberg 矩阵），然后对此矩阵用基本 QR 方法。

4.4.1 化一般矩阵为拟上三角矩阵

首先介绍 Householder 变换。设向量 $w=(w_1,w_2,\cdots,w_n)^T$ 是单位向量，即满足
$$\|w\|_2=w^Tw=\sqrt{w_1^2+w_2^2+\cdots+w_n^2}=1$$
则称
$$H=I-2ww^T=\begin{pmatrix}1-2w_1^2 & -2w_1w_2 & \cdots & -2w_1w_n\\ -2w_2w_1 & 1-2w_2^2 & \cdots & -2w_2w_n^2\\ \vdots & \vdots & & \vdots\\ -2w_nw_1 & -2w_nw_2 & \cdots & 1-w_n^2\end{pmatrix} \tag{4.17}$$
为 Householder 矩阵或反射矩阵。容易证明，Householder 矩阵具有以下性质：

①矩阵 H 是实对称的正交矩阵。事实上，$H^T=H$，
$HH^T=(I-2ww^T)(I-2ww^T)=I-4ww^T+4w(w^Tw)w^T=I$。

②$\det(H)=-1$。

③矩阵 H 仅有两个不等的特征值±1，其中 1 是 $n-1$ 重特征值，-1 是单特征值，w 为其相应的特征向量。

④对任意的 $x\in(\text{span}\{w\})^\perp$，$\alpha\in\mathbf{R}$，有 $H(x+\alpha w)=x-\alpha w$。

定理 4.3 设 $\boldsymbol{x},\boldsymbol{y}$ 为 $\boldsymbol{R}^n$ 中的任意非零向量，且 $\|\boldsymbol{y}\|_2=1$，则存在 Householder 矩阵 $\boldsymbol{H}$，使得

$$\boldsymbol{Hx}=\pm\|\boldsymbol{x}\|_2\boldsymbol{y} \tag{4.18}$$

证明略。

该定理表明，对任意非零向量 $\boldsymbol{x}$，都可以构造一个 Householder 变换，它将 $\boldsymbol{x}$ 变成事先给定的单位向量的倍数。特别地，若取 $\boldsymbol{y}=\boldsymbol{e}_i$，则 $\boldsymbol{x}$ 经过 Householder 变换后可变成只有一个分量不为零。实际计算时，若 $\boldsymbol{x}=(x_1,x_2,\cdots,x_n)^{\mathrm{T}}\approx\boldsymbol{e}_i$，则 $\boldsymbol{x}-\|\boldsymbol{x}\|_2\boldsymbol{e}_i\mathrm{sign}(x_i)\approx\boldsymbol{\theta}$，即 $\|\boldsymbol{x}-\|\boldsymbol{x}_2\|\boldsymbol{e}_i\mathrm{sign}(x_i)\|\ll 1$，从而在计算 $\boldsymbol{w}$ 时会产生较大的误差，为此取

$$\boldsymbol{w}=\frac{\boldsymbol{x}+\|\boldsymbol{x}\|_2\boldsymbol{e}_i\mathrm{sign}(x_i)}{\|\boldsymbol{x}+\|\boldsymbol{x}\|_2\boldsymbol{e}_i\mathrm{sign}(x_i)_2\|} \tag{4.19}$$

使得 Householder 矩阵 $\boldsymbol{H}=\boldsymbol{I}-2\boldsymbol{w}\boldsymbol{w}^{\mathrm{T}}$ 将 $\boldsymbol{x}$ 变成与 $\boldsymbol{e}_i$ 共线的向量，即有 $\boldsymbol{Hx}=-\mathrm{sign}(x_i)\|\boldsymbol{x}\|_2\boldsymbol{e}_i$。

接下来可以利用 Householder 变换将一个一般矩阵 $\boldsymbol{A}$ 相似变换成拟上三角矩阵：

首先，选取 Householder 矩阵 $\boldsymbol{H}_1$，使得经 $\boldsymbol{H}_1$ 相似变换后的矩阵 $\boldsymbol{H}_1\boldsymbol{A}\boldsymbol{H}_1$ 的第一列中有尽可能多的零元素。为此取 $\boldsymbol{H}_1$ 如下形式：

$$\boldsymbol{H}_1=\begin{pmatrix}1 & 0 & \cdots & 0\\ 0 & & & \\ \vdots & \widetilde{\boldsymbol{H}}_1 & & \\ 0 & & & \end{pmatrix}$$

其中，$\widetilde{\boldsymbol{H}}_1$ 为 $n-1$ 阶的 Householder 矩阵。于是有

$$\boldsymbol{H}_1\boldsymbol{A}\boldsymbol{H}_1=\begin{pmatrix}a_{11} & \boldsymbol{a}_2^{\mathrm{T}}\widetilde{H}_1\\ \widetilde{\boldsymbol{H}}_1\boldsymbol{a}_1 & \widetilde{\boldsymbol{H}}_1\boldsymbol{A}_{22}\widetilde{\boldsymbol{H}}_1\end{pmatrix}$$

其中，$\boldsymbol{a}_1=(a_{21},a_{31},\cdots,a_{n1})^{\mathrm{T}}$，$\boldsymbol{a}_2=(a_{12},a_{13},\cdots,a_{1n})^{\mathrm{T}}$，$\boldsymbol{A}_{22}=\begin{pmatrix}a_{22} & a_{23} & \cdots & a_{2n}\\ a_{32} & a_{33} & \cdots & a_{3n}\\ \vdots & \vdots & & \vdots\\ a_{n2} & a_{n3} & \cdots & a_{nn}\end{pmatrix}$。

由定理知，只要取 $\widetilde{\boldsymbol{H}}_1$ 使得

$$\widetilde{\boldsymbol{H}}_1\boldsymbol{a}_1=\alpha\underbrace{(1,0,\cdots,0)^{\mathrm{T}}}_{n-1\text{个元}} \tag{4.20}$$

就会使得变换后的矩阵 $\boldsymbol{H}_1\boldsymbol{A}\boldsymbol{H}_1$ 的第一列出现 $n-2$ 个零元。类似地可以构造如下形式的 Householder 矩阵：

$$\boldsymbol{H}_2=\begin{pmatrix}1 & 0 & 0 & \cdots & 0\\ 0 & 1 & 0 & \cdots & 0\\ 0 & 0 & & & \\ \vdots & \vdots & & \widetilde{\boldsymbol{H}}_2 & \\ 0 & 0 & & & \end{pmatrix}$$

使得

$$\boldsymbol{H}_2\boldsymbol{H}_1\boldsymbol{A}\boldsymbol{H}_1\boldsymbol{H}_2=\begin{pmatrix} * & * & * & \cdots & * \\ * & * & * & \cdots & * \\ 0 & * & * & \cdots & * \\ 0 & 0 & * & \cdots & * \\ \vdots & \vdots & \vdots & & \vdots \\ 0 & 0 & 0 & * & * \end{pmatrix}$$

如此进行 $n-2$ 次后,可以构造 $n-2$ 个 Householder 矩阵 $\boldsymbol{H}_1,\boldsymbol{H}_2,\cdots,\boldsymbol{H}_{n-2}$,使得

$$\boldsymbol{H}_{n-2}\boldsymbol{H}_{n-3}\cdots H_2H_1AH_1H_2\cdots\boldsymbol{H}_{n-3}\boldsymbol{H}_{n-2}=\boldsymbol{H}$$

其中 $\boldsymbol{H}$ 是拟上三角矩阵。特别地,如果 $\boldsymbol{A}$ 为实对称矩阵,则经过上述正交相似变换后得到的矩阵 $\boldsymbol{H}$ 是三对角阵。

例 4.8 用 Householder 变换将矩阵

$$\boldsymbol{A}=\begin{pmatrix} 1.0 & 1.0 & 0.5 \\ 1.0 & 1.0 & 0.25 \\ 0.5 & 0.25 & 2.0 \end{pmatrix}$$

化为拟上三角矩阵。

解 由于 $\boldsymbol{a}_1=(1.0,0.5)^{\mathrm{T}}$,为了使 Householder 矩阵 $\widetilde{\boldsymbol{H}}_1$ 满足 $\widetilde{\boldsymbol{H}}_1\begin{pmatrix}1.0\\0.5\end{pmatrix}=\alpha\begin{pmatrix}1\\0\end{pmatrix}$,由式(4.19),取 $\boldsymbol{w}'=(1.0,0.5)^{\mathrm{T}}+\dfrac{\sqrt{5}}{2}(1,0)^{\mathrm{T}}=\left(1.0+\dfrac{\sqrt{5}}{2},0.5\right)^{\mathrm{T}}$,从而

$$\boldsymbol{w}=\frac{\boldsymbol{w}'}{\|\boldsymbol{w}'\|_2}=(0.973\ 25,0.229\ 75)^{\mathrm{T}}$$

所以

$$\widetilde{\boldsymbol{H}}_1=\boldsymbol{I}-2\boldsymbol{w}\boldsymbol{w}^{\mathrm{T}}=\begin{pmatrix}1&0\\0&1\end{pmatrix}-2\begin{pmatrix}0.973\ 25\\0.229\ 75\end{pmatrix}(0.973\ 25\quad 0.229\ 75)=$$

$$\begin{pmatrix}1&0\\0&1\end{pmatrix}-2\begin{pmatrix}0.947\ 216 & 0.223\ 604\\0.223\ 604 & 0.052\ 785\end{pmatrix}=\begin{pmatrix}-0.894\ 43 & -0.447\ 21\\-0.447\ 21 & 0.894\ 43\end{pmatrix}$$

于是

$$H_1=\begin{pmatrix}1 & 0 & 0\\ 0 & \multicolumn{2}{c}{\widetilde{\boldsymbol{H}}_1} \\ 0 & & \end{pmatrix}=\begin{pmatrix}1 & 0 & 0\\0 & -0.894\ 43 & -0.447\ 21\\0 & -0.447\ 21 & 0.894\ 43\end{pmatrix}$$

计算得拟上三角矩阵 $\boldsymbol{H}$ 为

$$\boldsymbol{H}=\boldsymbol{H}_1\boldsymbol{A}\boldsymbol{H}_1=$$

$$\begin{pmatrix}1 & 0 & 0\\0 & -0.894\ 43 & -0.447\ 21\\0 & -0.447\ 21 & 0.894\ 43\end{pmatrix}\begin{pmatrix}1.0 & 1.0 & 0.5\\1.0 & 1.0 & 0.25\\0.5 & 0.25 & 2.0\end{pmatrix}\begin{pmatrix}1 & 0 & 0\\0 & -0.894\ 43 & -0.447\ 21\\0 & -0.447\ 21 & 0.894\ 43\end{pmatrix}=$$

$$\begin{pmatrix}1 & -1.118\ 03 & 0\\-1.118\ 03 & -1.400\ 00 & -0.550\ 00\\0 & -0.550\ 00 & 1.600\ 00\end{pmatrix}$$

4.4.2　拟上三角矩阵的 QR 分解

前面将一般矩阵化为了拟上三角矩阵，根据拟上三角矩阵的特殊形状，通常用 $n-1$ 个旋转变换（又称 Givens 变换）可以将它化成上三角矩阵，从而得到 $\boldsymbol{H}$ 的 QR 分解式。具体步骤为：

设 $h_{21} \neq 0$（否则进行下一步），取旋转矩阵

$$\boldsymbol{V}_{21} = \begin{pmatrix} \cos\varphi_1 & \sin\varphi_1 & 0 & \cdots & 0 \\ -\sin\varphi_1 & \cos\varphi_1 & 0 & \cdots & 0 \\ & & 1 & & 0 \\ & 0 & & \ddots & \\ & & & & 1 \end{pmatrix}$$

其中，$\cos\varphi_1 = \dfrac{h_{11}}{r_1}$，$\sin\varphi_1 = \dfrac{h_{21}}{r_1}$，$r_1 = \sqrt{h_{11}^2 + h_{21}^2}$，则必有

$$\boldsymbol{V}_{21}\boldsymbol{H} = \begin{pmatrix} r_1 & h_{12}^{(2)} & h_{13}^{(2)} & \cdots & h_{1n-1}^{(2)} & h_{1n}^{(2)} \\ 0 & h_{22}^{(2)} & h_{23}^{(2)} & \cdots & h_{2n-1}^{(2)} & h_{2n}^{(2)} \\ & h_{32}^{(2)} & h_{33}^{(2)} & \cdots & h_{3n-1}^{(2)} & h_{3n}^{(2)} \\ & & & & \vdots & \vdots \\ & 0 & & & h_{nn-1}^{(2)} & h_{nn}^{(2)} \end{pmatrix} = \boldsymbol{H}^{(2)}$$

设 $h_{32}^{(2)} \neq 0$（否则进行下一步），再取

$$\boldsymbol{V}_{32} = \begin{pmatrix} 1 & 0 & 0 & & & \\ 0 & \cos\varphi_2 & \sin\varphi_2 & & 0 & \\ 0 & -\sin\varphi_2 & \cos\varphi_2 & & & \\ & & & 1 & & \\ & 0 & & & \ddots & \\ & & & & & 1 \end{pmatrix}$$

其中，$\cos\varphi_2 = \dfrac{h_{22}^{(2)}}{r_2}$，$\sin\varphi_2 = \dfrac{h_{32}^{(2)}}{r_2}$，$r_2 = \sqrt{(h_{22}^{(2)})^2 + (h_{32}^{(2)})^2}$，则

$$\boldsymbol{V}_{32}\boldsymbol{H}^{(2)} = \begin{pmatrix} r_1 & h_{12}^{(3)} & h_{13}^{(3)} & \cdots & h_{1n-1}^{(3)} & h_{1n}^{(3)} \\ & r_2 & h_{23}^{(3)} & \cdots & h_{2n-1}^{(3)} & h_{2n}^{(3)} \\ & & h_{33}^{(3)} & \cdots & h_{3n-1}^{(3)} & h_{3n}^{(3)} \\ & & h_{43}^{(3)} & \cdots & h_{4n-1}^{(3)} & h_{4n}^{(3)} \\ & 0 & & & \vdots & \vdots \\ & & & & h_{nn-1}^{(3)} & h_{nn}^{(3)} \end{pmatrix} = \boldsymbol{H}^{(3)}$$

假设上述过程已经进行了 $k-1$ 步，有

$$
\boldsymbol{H}^{(k)}=\boldsymbol{V}_{kk-1}\boldsymbol{H}^{(k-1)}=\left(\begin{array}{ccc:cccc}
r_1 & \cdots & h_{1k-1}^{(k)} & h_{1k}^{(k)} & \cdots & h_{1n-1}^{(k)} & h_{1n}^{(k)} \\
 & \ddots & & \vdots & & \vdots & \\
 & & r_{k-1} & h_{k-1k}^{(k)} & \cdots & h_{k-1n-1}^{(k)} & h_{k-1n}^{(k)} \\
\hdashline
 & & & h_{kk}^{(k)} & \cdots & h_{kn-1}^{(k)} & h_{kn}^{(k)} \\
 & & & h_{k+1\,k}^{(k)} & \cdots & h_{k+1\,n-1}^{(k)} & h_{k+1\,n}^{(k)} \\
 & 0 & & & \ddots & \vdots & \vdots \\
 & & & 0 & & h_{nn-1}^{(k)} & h_{nn}^{(k)}
\end{array}\right)
$$

设 $h_{k+1\,k}^{(k)} \neq 0$，取

$$
\boldsymbol{V}_{k+1\,k}=\begin{pmatrix}
1 & & & & & & \\
 & \ddots & & & & 0 & \\
 & & 1 & & & & \\
 & & & \cos\varphi_k & \sin\varphi_k & & \\
 & & & -\sin\varphi_k & \cos\varphi_k & & \\
 & & & & & 1 & \\
 & 0 & & & & & \ddots \\
 & & & & & & & 1
\end{pmatrix}\begin{matrix} \\ \\ \\ k \\ k+1 \\ \\ \\ \\ \end{matrix} \tag{4.21}
$$

其中，$\cos\varphi_k=\dfrac{h_{kk}^{(k)}}{r_k}$，$\sin\varphi_k=\dfrac{h_{k+1\,k}^{(k)}}{r_k}$，$r_k=\sqrt{(h_{kk}^{(k)})^2+(h_{k+1\,k}^{(k)})^2}$，于是

$$
\boldsymbol{V}_{k+1\,k}\boldsymbol{H}^{(k)}=\left(\begin{array}{ccc:cccc}
r_1 & \cdots & h_{1k}^{(k+1)} & h_{1k+1}^{(k+1)} & \cdots & h_{1n-1}^{(k+1)} & h_{1n}^{(k+1)} \\
 & \ddots & & \vdots & & \vdots & \\
 & & r_k & h_{kk+1}^{(k+1)} & \cdots & h_{kn-1}^{(k+1)} & h_{kn}^{(k+1)} \\
\hdashline
 & & & h_{k+1\,k+1}^{(k+1)} & \cdots & h_{k+1\,n-1}^{(k+1)} & h_{k+1\,n}^{(k+1)} \\
 & & & h_{k+2\,k+1}^{(k+1)} & \cdots & h_{k+2\,n-1}^{(k+1)} & h_{k+2\,n}^{(k+1)} \\
 & 0 & & & \ddots & \vdots & \vdots \\
 & & & 0 & & h_{nn-1}^{(k+1)} & h_{nn}^{(k+1)}
\end{array}\right)=\boldsymbol{H}^{(k+1)}
$$

因此，最多作 $n-1$ 次旋转变换，即得

$$
\boldsymbol{H}^{(n)}=\boldsymbol{V}_{n\,n-1}\boldsymbol{V}_{n-1\,n-2}\cdots\boldsymbol{V}_{21}\boldsymbol{H}=\begin{pmatrix}
r_1 & h_{12}^{(n)} & h_{12}^{(n)} & \cdots & h_{1n}^{(n)} \\
 & r_2 & h_{23}^{(n)} & \cdots & h_{2n}^{(n)} \\
 & 0 & \ddots & & \vdots \\
 & & & & r_n
\end{pmatrix}=\boldsymbol{R}
$$

因为 $\boldsymbol{V}_{i\,i-1}(i=2,3,\cdots,n)$ 均为正交矩阵，故

$$
\boldsymbol{H}=\boldsymbol{V}_{21}^{\mathrm{T}}\boldsymbol{V}_{32}^{\mathrm{T}}\cdots\boldsymbol{V}_{n\,n-1}^{\mathrm{T}}\boldsymbol{R}=\boldsymbol{QR}
$$

其中，$\boldsymbol{Q}=\boldsymbol{V}_{21}^{\mathrm{T}}\boldsymbol{V}_{32}^{\mathrm{T}}\cdots\boldsymbol{V}_{n\,n-1}^{\mathrm{T}}$ 仍为正交矩阵。容易算出完成这一过程的运算量约为 $4n^2$，比一般矩阵的 QR 分解的运算量 $O(n^3)$ 少了一个数量级。

不难证明，$\widetilde{\boldsymbol{H}}=\boldsymbol{RQ}$ 仍是拟上三角矩阵，于是可以按上述步骤一直迭代下去，这样得到的

QR 方法的运算量比基本 QR 方法大为减少。需要说明的是,通常用 QR 方法计算特征值,然后用反幂法求其相应的特征向量。

例 4.9　用 QR 方法求解矩阵

$$A=\begin{pmatrix}5 & -3 & 2\\ 6 & -4 & 4\\ 4 & -4 & 5\end{pmatrix}$$

的全部特征值。

解　首先将 A 化成拟上三角阵。取

$$w'=(6,4)^{T}+\sqrt{6^{2}+4^{2}}(1,0)^{T}=(6+\sqrt{52},4)^{T}$$

$$w=\frac{w'}{\|w'\|_{2}}=(0.957\ 092,0.289\ 784)^{T}$$

$$I-2ww^{T}=\begin{pmatrix}1 & 0\\ 0 & 1\end{pmatrix}-2\begin{pmatrix}0.916\ 025 & 0.277\ 350\\ 0.277\ 350 & 0.083\ 974\ 7\end{pmatrix}=\begin{pmatrix}-0.832\ 050 & -0.554\ 700\\ -0.554\ 700 & 0.832\ 050\end{pmatrix}$$

于是

$$H_{1}=\begin{pmatrix}1 & 0 & 0\\ 0 & -0.832\ 050 & -0.554\ 700\\ 0 & -0.554\ 700 & 0.832\ 050\end{pmatrix}$$

$$H=H_{1}AH_{1}=\begin{pmatrix}5 & 1.386\ 750 & 3.328\ 200\\ -7.211\ 102 & -1.230\ 768 & -8.153\ 840\\ 0 & -0.153\ 846 & 2.230\ 767\end{pmatrix}$$

H 即为与 A 相似的拟上三角矩阵。下面将 H 进行 QR 分解,记 $H^{(1)}=H$,

$$r_{1}=\sqrt{5^{2}+(-7.211\ 102)^{2}}=8.774\ 964$$

$$\cos\varphi_{1}=\frac{5}{r_{1}}=0.569\ 803\quad \sin\varphi_{1}=-0.821\ 781$$

取

$$V_{21}=\begin{pmatrix}0.569\ 803 & -0.821\ 781 & 0\\ 0.821\ 781 & 0.569\ 803 & 0\\ 0 & 0 & 1\end{pmatrix}$$

于是

$$V_{21}H^{(1)}=\begin{pmatrix}8.774\ 964 & 1.801\ 596 & 8.597\ 089\\ 0 & 0.438\ 310 & -1.911\ 030\\ 0 & -0.153\ 846 & 2.230\ 767\end{pmatrix}$$

再取

$$r_{2}=\sqrt{(0.438\ 310)^{2}+(-0.153\ 846)^{2}}=0.464\ 526$$

$$\cos\varphi_{2}=\frac{0.438\ 310}{r_{2}}=0.943\ 564\quad \sin\varphi_{2}=\frac{-0.153\ 846}{r_{2}}=-0.331\ 189$$

$$V_{32}=\begin{pmatrix}1 & 0 & 0\\ 0 & 0.943\ 564 & -0.331\ 189\\ 0 & 0.331\ 189 & 0.943\ 564\end{pmatrix}$$

于是

$$V_{32}V_{21}H^{(1)}=\begin{pmatrix}8.774\ 964 & 1.801\ 596 & 8.597\ 089\\ 0 & 0.464\ 526 & -2.541\ 982\\ 0 & 0 & 1.471\ 953\end{pmatrix}=R_1$$

$$Q_1=V_{21}^{\mathrm{T}}V_{32}^{\mathrm{T}}=\begin{pmatrix}0.569\ 803 & 0.775\ 403 & 0.272\ 165\\ -0.821\ 781 & 0.537\ 643 & 0.188\ 712\\ 0 & -0.331\ 189 & 0.943\ 564\end{pmatrix}$$

第一次迭代得

$$H^{(2)}=R_1Q_1=\begin{pmatrix}3.519\ 482 & 4.925\ 491 & 10.840\ 117\\ -0.381\ 739 & 1.091\ 627 & -2.310\ 653\\ 0 & -0.487\ 495 & 1.388\ 883\end{pmatrix}$$

重复上述过程,迭代11次得

$$H^{(12)}=\begin{pmatrix}2.992\ 032 & -1.003\ 853 & 12.013\ 392\\ -0.007\ 496 & 2.004\ 695 & 1.941\ 971\\ 0 & -0.000\ 325 & 0.999\ 895\end{pmatrix}$$

所以 $\boldsymbol{A}$ 的特征值为

$$\lambda_1\approx 2.992\ 032,\lambda_2\approx 2.004\ 695,\lambda_3\approx 0.999\ 895$$

(准确值为 $\lambda_1=3,\lambda_2=2,\lambda_3=1$)此时,$H^{(12)}$ 的下三角非对角元的最大模为0.007 496,故QR方法“基本”收敛速度较慢。

4.5 应用程序举例

MATLAB软件提供了直接计算特征值与特征向量,以及作正交三角分解的函数,其使用方法见表4.5。

表4.5 MATLAB命令

命 令	功 能
[V, D]=eig(A)	返回矩阵 **A** 的特征值和特征向量。其中 **D** 为 **A** 的特征值构成的对角阵,每个特征值对应的 **V** 的列为属于该特征值的一个特征向量
[Q,R]	返回上三角形矩阵 **R** 和正交矩阵 **Q**

例4.10 设矩阵

$$A=\begin{pmatrix}5 & -3 & 2\\ 6 & -4 & 4\\ 4 & -4 & 5\end{pmatrix}$$

(1)求解 $\boldsymbol{A}$ 的全部特征值和相应的特征向量;

(2)将矩阵 $\boldsymbol{A}$ 进行正交三角分解。

解 (1)在命令窗口输入

```
>> A=[5 -3 2;6 -4 4;4 -4 5];
>> [V,D]=eig(A)

V =

   -0.4082   -0.7071    0.3333
   -0.8165   -0.7071    0.6667
   -0.4082   -0.0000    0.6667

D =

    1.0000         0         0
         0    2.0000         0
         0         0    3.0000
```

所以 $\boldsymbol{A}$ 的特征值分别为 $\lambda_1=3,\lambda_2=2,\lambda_3=1$，分别对应的一个特征向量为 $\boldsymbol{\alpha}_1=(0.333\ 3,0.666\ 7,0.666\ 7)^{\mathrm{T}}$，$\boldsymbol{\alpha}_2=(-0.707\ 1,-0.707\ 1,-0.000\ 0)^{\mathrm{T}}$，$\boldsymbol{\alpha}_3=(-0.408\ 2,-0.816\ 5,-0.408\ 2)^{\mathrm{T}}$。

(2)在命令窗口输入

```
>> A=[5-3 2;6-4 4;4-4 5];
>> [Q,R]=qr(A)

Q=

   -0.5698   -0.4364   -0.6963
   -0.6838   -0.2182    0.6963
   -0.4558    0.8729   -0.1741

R=

   -8.7750    6.2678   -6.1539
         0   -1.3093    2.6186
         0         0    0.5222
```

例 4.11　用乘幂法计算矩阵 $\boldsymbol{A}=\begin{pmatrix}5&-3&2\\6&-4&4\\4&-4&5\end{pmatrix}$ 的主特征值与特征向量。取 $\boldsymbol{v}_0=(0,0,1)^{\mathrm{T}}$。

解　①编写主程序 mifa

```
function[k,lambda,vk,err]=mifa(A,v0,eps,N)
% v0 is the n×1 starting vector;eps is the tolerance
```

```
% N is the maximum number of iterations
lambda=0;k=1;err=1;eps=eps*0.1;state=1;v=v0;
while((k<=N)&(state==1))
    vk=A*v;
    [mj]=max(abs(vk));
    mk=mj;
    tzw=abs(lambda-mk);vk=(1/mk)*vk;
    TXW=norm(v-vk);
    err=max(TXW,tzw);
    v=vk;
    lambda=mk;
    state=0;
    if(err>eps)
        state=1;
    end
        k=k+1;err=err;
end
if(err<=eps)
    disp('The Result')
else
    disp('The Max Number of Iterations')
end
    vk=v;k=k-1;err;
```

②在命令窗口输入

```
>>A=[5-3 2;6-4 4;4-4 5];v0=[0; 0; 1];
>>[k,lambda,vk,err]=mifa(A,v0,0.0001,100)
```

③显示结果为

```
The Result
k =
    13

lambda=
    3.0000

vk=
    0.5000
    1.0000
    1.0000
```

err =

    3.7634e-006

习题 4

1. 用乘幂法计算下列矩阵的按模最大的特征值及相应的特征向量。

(1) $\begin{pmatrix} 3 & 2 \\ 4 & 5 \end{pmatrix}$　$\boldsymbol{v}_0=(1,1)^{\mathrm{T}}$　　(2) $\begin{pmatrix} 7 & 3 & -2 \\ 3 & 4 & -1 \\ -2 & -1 & 3 \end{pmatrix}$　$\boldsymbol{v}_0=(1,0,0)^{\mathrm{T}}$

(3) $\begin{pmatrix} -4 & 14 & 0 \\ -5 & 13 & 0 \\ -1 & 0 & 2 \end{pmatrix}$　$\boldsymbol{v}_0=(1,0,0)^{\mathrm{T}}$

2. 取 $\boldsymbol{v}_0=(-1,1,-1)^{\mathrm{T}}$，用反幂法计算矩阵 $\boldsymbol{A}=\begin{pmatrix} 2 & 3 & 8 \\ 3 & 9 & 4 \\ 8 & 4 & 1 \end{pmatrix}$ 按模最小的特征值。

3. 用反幂法计算矩阵 $\boldsymbol{A}=\begin{pmatrix} 2 & 1 & 0 \\ 1 & 3 & 1 \\ 0 & 1 & 4 \end{pmatrix}$ 的对应于特征值 $\lambda^*=1.267\ 9$（精确特征值为 $\lambda=3-\sqrt{3}$）的特征向量。

4. 用原点平移法计算矩阵 $\boldsymbol{A}=\begin{pmatrix} 1.0 & 1.0 & 0.5 \\ 1.0 & 1.0 & 0.25 \\ 0.5 & 0.25 & 2.0 \end{pmatrix}$ 的主特征值，取 $p=0.75$。

5. 用 Jacobi 方法求矩阵 $\boldsymbol{A}=\begin{pmatrix} 2 & 1 & 1 \\ 1 & 2 & 1 \\ 1 & 1 & 2 \end{pmatrix}$ 的全部特征值。

6. 用 Householder 变换将矩阵 $\boldsymbol{A}=\begin{pmatrix} 4 & -1 & -1 & 0 \\ -1 & 4 & 0 & -1 \\ -1 & 0 & 4 & -1 \\ 0 & -1 & -1 & 4 \end{pmatrix}$ 化成三对角阵。

7. 用 QR 方法求矩阵 $\boldsymbol{A}=\begin{pmatrix} 2 & 1 & 0 \\ 1 & 3 & 1 \\ 0 & 1 & 4 \end{pmatrix}$ 的全部特征值。

8. 设矩阵 $\boldsymbol{H}=\boldsymbol{I}-2\boldsymbol{x}\boldsymbol{x}^{\mathrm{T}}$，向量 $\boldsymbol{x}$ 满足 $\boldsymbol{x}\boldsymbol{x}^{\mathrm{T}}=1$，证明：

(1) $\boldsymbol{H}$ 是对称的：$\boldsymbol{H}^{\mathrm{T}}=\boldsymbol{H}$；

(2) $\boldsymbol{H}$ 是正交的：$\boldsymbol{H}^{\mathrm{T}}\boldsymbol{H}=\boldsymbol{I}$。

第 5 章

数值积分与数值微分

假设$f(x)$为定义在有限区间$[a,b]$上的可积函数,我们要计算定积分

$$\int_a^b f(x)\,\mathrm{d}x$$

如果$F(x)$是$f(x)$的一个原函数,则可用牛顿-莱布尼兹公式

$$I = \int_a^b f(x)\,\mathrm{d}x = F(b) - F(a)$$

来计算该定积分。但在实际计算中常常会碰到一些困难:①从理论上说,任何可积函数$f(x)$都有原函数,但是即使形式上较简单的函数,例如$\frac{\sin x}{x}$,$\frac{1}{\ln x}$,e^{-x^2},$\sin x^2$等,其原函数均不能用初等函数表达;②$f(x)$的原函数虽然存在,但其表达式太复杂,计算量太大;③$f(x)$没有解析表达式,其函数关系由表格或图形表示,仅知道$f(x)$在某些离散点处的值。

因为用牛顿-莱布尼兹公式不能解决上述函数的积分,所以有必要研究定积分的数值计算问题。本章最后还要讨论数值微分问题。

5.1 数值积分公式

5.1.1 构造数值积分公式的基本方法

可以从不同角度出发通过各种途径来构造数值求积公式,但常用的一个方法是,利用插值多项式来构造数值求积公式。具体过程如下:

在积分区间$[a,b]$上取有限个点

$$a \leqslant x_0 < x_1 < \cdots < x_n \leqslant b$$

作$f(x)$的n次插值多项式

$$L_n(x) = \sum_{k=0}^{n} f(x_k)\, l_k(x)$$

其中,$l_k(x)\,(k=0,1,\cdots,n)$为n次插值基函数。用$L_n(x)$近似代替被积函数$f(x)$,则得

$$\int_a^b f(x)\,\mathrm{d}x \approx \int_a^b L_n(x)\,\mathrm{d}x = \sum_{k=0}^{n} f(x_k)\int_a^b l_k(x)\,\mathrm{d}x \tag{5.1}$$

若记

$$A_k = \int_a^b l_k(x)\,\mathrm{d}x = \int_a^b \frac{(x-x_0)\cdots(x-x_{k-1})(x-x_{k+1})\cdots(x-x_n)}{(x_k-x_0)\cdots(x_k-x_{k-1})(x_k-x_{k+1})\cdots(x_k-x_n)}\mathrm{d}x \tag{5.2}$$

则得数值求积公式

$$\int_a^b f(x)\,\mathrm{d}x \approx \sum_{k=0}^{n} A_k f(x_k) \tag{5.3}$$

数值积分是一种利用被积函数在有限个点上函数值推算积分近似值的有效方法,其基本形式如式(5.3)。其中,x_k 称为求积节点,A_k 称为求积系数。若求积公式(5.3) 中的求积系数 A_k 是由式(5.2) 确定的,则称该求积公式为插值型求积公式。

积分的真值 $I(f)=\int_a^b f(x)\,\mathrm{d}x$ 与由某数值积分公式给出的近似值之差,称为该数值积分的余项,记为 $R[f]$, 即

$$R[f] = \int_a^b f(x)\,\mathrm{d}x - \sum_{k=0}^{n} A_k f(x_k) \tag{5.4}$$

如果数值积分公式(5.3)是插值型的,则余项为

$$\begin{aligned} R_n[f] &= \int_a^b f(x)\,\mathrm{d}x - \int_a^b L_n(x)\,\mathrm{d}x = \int_a^b [f(x) - L_n(x)]\,\mathrm{d}x \\ &= \int_a^b \frac{f^{(n+1)}(\xi)}{(n+1)!}\omega_{n+1}(x)\,\mathrm{d}x \end{aligned} \tag{5.5}$$

其中, $\omega_{n+1}(x) = \prod_{0\leqslant i\leqslant n}(x-x_i)$,$\xi \in (a,b)$。

5.1.2　牛顿 - 科特斯求积公式

前面介绍了插值型求积公式及其构造方法。为了便于计算与应用,常将积分区间的等分点作为求积节点,这样构造出来的插值型求积公式就称为牛顿 - 科特斯(Newton-Cotes) 公式。其具体推导如下。

在积分区间 $[a,b]$ 上取 $n+1$ 个等距节点 $x_k=a+kh(k=0,1,\cdots,n)$,其中 $h=\dfrac{b-a}{n}$,做 n 次拉格朗日插值多项式 $L_n(x)$,因为 $f(x)=L_n(x)+R_n(x)$, 所以

$$\begin{aligned} \int_a^b f(x)\,\mathrm{d}x &= \int_a^b L_n(x)\,\mathrm{d}x + \int_a^b R_n(x)\,\mathrm{d}x \\ &= \sum_{k=0}^{n}\left[f(x_k)\int_a^b l_k(x)\,\mathrm{d}x\right] + \frac{1}{(n+1)!}\int_a^b f^{(n+1)}(\xi)\omega_{n+1}(x)\,\mathrm{d}x \end{aligned}$$

记

$$A_k = \int_a^b l_k(x)\,\mathrm{d}x = \int_a^b \frac{\omega_{n+1}(x)}{(x-x_k)\omega'_{n+1}(x_k)}\mathrm{d}x \tag{5.6}$$

$$R_n[f] = \frac{1}{(n+1)!}\int_a^b f^{(n+1)}(\xi)\omega_{n+1}(x)\,\mathrm{d}x \tag{5.7}$$

截去第二项得
$$\int_a^b f(x)\mathrm{d}x \approx \sum_{k=0}^{n} A_k f(x_k)$$
显然 A_k 与 $f(x)$ 无关,只与节点 $x_k(k=0,1,\cdots,n)$ 有关。令 $x=a+th$,则当 $x\in[a,b]$ 时,$t\in[0,n]$, 于是
$$\omega_{n+1}(x)=\omega_{n+1}(a+th)=h^{n+1}t(t-1)(t-2)\cdots(t-n) \tag{5.8}$$
而
$$\begin{aligned}\omega'_{n+1}(x_k) &= (x_k-x_0)(x_k-x_1)\cdots(x_k-x_{k-1})(x_k-x_{k+1})\cdots(x_k-x_n)\\ &= h^n k!\ (-1)^{n-k}(n-k)!\end{aligned}$$
从而得
$$A_k=\frac{(-1)^{n-k}h}{k!\ (n-k)!}\int_0^n t(t-1)\cdots[t-(k-1)]\times[t-(k+1)]\cdots(t-n)\mathrm{d}t$$
记
$$C_k^{(n)}=\frac{(-1)^{n-k}}{k!\ (n-k)!\ n}\int_0^n t(t-1)\cdots[t-(k-1)]\times[t-(k+1)]\cdots(t-n)\mathrm{d}t \tag{5.9}$$
则
$$A_k=(b-a)C_k^{(n)}$$
故求积公式(5.3)可写成
$$\int_a^b f(x)\mathrm{d}x \approx (b-a)\sum_{k=0}^{n} C_k^{(n)} f(x_k) \tag{5.10}$$
这就是牛顿-科特斯公式,其中 $C_k^{(n)}$ 称为科特斯系数。

当 $n=1$ 时,科特斯系数为 $C_0^{(1)}=-\int_0^1(t-1)\mathrm{d}t=\frac{1}{2}, C_1^{(1)}=\int_0^1 t\mathrm{d}t=\frac{1}{2}$

牛顿-科特斯公式为
$$\int_a^b f(x)\mathrm{d}x \approx \frac{b-a}{2}[f(a)+f(b)] \tag{5.11}$$
式(5.11)称为梯形公式。

当 $n=2$ 时,科特斯系数为
$$C_0^{(2)}=\frac{1}{4}\int_0^2(t-1)(t-2)\mathrm{d}t=\frac{1}{6}$$
$$C_1^{(2)}=-\frac{1}{2}\int_0^2 t(t-2)\mathrm{d}t=\frac{4}{6}$$
$$C_2^{(2)}=\frac{1}{4}\int_0^2 t(t-1)\mathrm{d}t=\frac{1}{6}$$

牛顿-科特斯公式为
$$\int_a^b f(x)\mathrm{d}x \approx \frac{b-a}{6}\left[f(a)+4f\left(\frac{a+b}{2}\right)+f(b)\right] \tag{5.12}$$
式(5.12)称为辛浦生(Simpson)公式。

当 $n=4$ 时,牛顿-科特斯公式为
$$\int_a^b f(x)\mathrm{d}x \approx \frac{b-a}{90}[7f(x_0)+32f(x_1)+12f(x_2)+32f(x_3)+7f(x_4)] \tag{5.13}$$

式(5.13)称为科特斯公式。

类似可求出 $n=5,6,\cdots$ 时的科特斯系数，从而建立相应的求积公式。部分科特斯系数 $C_k^{(n)}$ 见表 5.1。

表 5.1　科特斯系数

n	$C_k^{(n)}$								
1	$\frac{1}{2}$	$\frac{1}{2}$							
2	$\frac{1}{6}$	$\frac{4}{6}$	$\frac{1}{6}$						
3	$\frac{1}{8}$	$\frac{3}{8}$	$\frac{3}{8}$	$\frac{1}{8}$					
4	$\frac{7}{90}$	$\frac{16}{45}$	$\frac{2}{15}$	$\frac{16}{45}$	$\frac{7}{90}$				
5	$\frac{19}{288}$	$\frac{25}{96}$	$\frac{25}{144}$	$\frac{25}{144}$	$\frac{25}{96}$	$\frac{19}{288}$			
6	$\frac{41}{840}$	$\frac{9}{35}$	$\frac{9}{280}$	$\frac{34}{105}$	$\frac{9}{280}$	$\frac{9}{35}$	$\frac{41}{840}$		
7	$\frac{751}{17\ 280}$	$\frac{3\ 577}{17\ 280}$	$\frac{1\ 323}{17\ 280}$	$\frac{2\ 989}{17\ 280}$	$\frac{2\ 989}{17\ 280}$	$\frac{1\ 323}{17\ 280}$	$\frac{3\ 577}{17\ 280}$	$\frac{751}{17\ 280}$	
8	$\frac{989}{28\ 350}$	$\frac{5\ 888}{28\ 350}$	$\frac{-928}{28\ 350}$	$\frac{10\ 496}{28\ 350}$	$\frac{-4540}{28\ 350}$	$\frac{10\ 496}{28\ 350}$	$\frac{-928}{28\ 350}$	$\frac{5\ 888}{28\ 350}$	$\frac{989}{28\ 350}$

科特斯系数 $C_k^{(n)}$ 与积分区间 $[a,b]$ 及被积函数 $f(x)$ 无关，仅与积分区间 $[a,b]$ 的等分数 n 有关。从表 5.1 易见，当 n 固定时，科特斯系数 $C_k^{(n)}$ 之和为 1，且具有对称性，即 $C_k^{(n)}=C_{n-k}^{(n)}$。另外，当 $n=8$ 时，出现了负系数，会影响稳定性和收敛性。因此，一般使用低阶求积公式。

例 5.1　试分别用梯形公式和辛浦生公式计算积分 $\int_{0.5}^{1}\sqrt{x}\,\mathrm{d}x$。（计算取 5 位小数）

解　利用梯形公式得

$$\int_{0.5}^{1}\sqrt{x}\,\mathrm{d}x \approx \frac{1-0.5}{2}(\sqrt{0.5}+\sqrt{1}) \approx 0.426\ 78$$

利用辛浦生公式，得

$$\int_{0.5}^{1}\sqrt{x}\,\mathrm{d}x \approx \frac{1-0.5}{6}(\sqrt{0.5}+4\sqrt{0.75}+1) \approx 0.430\ 93$$

原积分的准确值为

$$\int_{0.5}^{1}\sqrt{x}\,\mathrm{d}x = \frac{2}{3}x^{\frac{3}{2}}\Big|_{0.5}^{1} \approx 0.430\ 96$$

5.1.3　求积公式的代数精确度

如果某个求积公式对尽可能多的被积函数 $f(x)$ 都准确成立，那么这个公式就具有比较好的使用价值。从式(5.5)知，$n+1$ 个节点的牛顿-科特斯求积公式对于任何不高于 n 次的多项式 $f(x)$ 精确成立，这是因为

$$f^{(n+1)}(x) \equiv 0$$

故
$$R_n[f] \equiv 0$$

定义 5.1　如果求积公式(5.3)对于任何不高于 m 次的代数多项式都准确成立(即 $R_n[f] \equiv 0$),而对于 x^{m+1} 却不准确成立(即 $R_n[f] \neq 0$),则称该求积公式具有 m 次代数精确度,简称代数精度。

容易证明,求积公式具有 m 次代数精确度的充分必要条件是它对于 $f(x)=1,x,x^2,\cdots,x^m$ 都准确成立,而对于 $f(x)=x^{m+1}$ 不准确成立。

利用充分必要条件,容易验证梯形公式,辛浦生公式,科特斯公式分别具有 1,3,5 次代数精度。下面以梯形公式为例进行验证。对于梯形公式

$$\int_a^b f(x)\,\mathrm{d}x \approx \frac{b-a}{2}[f(a)+f(b)]$$

令 $f(x)=1$,则

左端 $=\int_a^b \mathrm{d}x = b-a$,右端 $=\frac{b-a}{2}(1+1)=b-a$,两端相等;

令 $f(x)=x$,则

左端 $=\int_a^b x\mathrm{d}x = \frac{1}{2}(b^2-a^2)$,右端 $=\frac{b-a}{2}(a+b)=\frac{1}{2}(b^2-a^2)$,两端相等;

令 $f(x)=x^2$,则

左端 $=\int_a^b x\mathrm{d}x = \frac{1}{3}(b^3-a^3)$,右端 $=\frac{b-a}{2}(a^2+b^2)$,两端不相等。

所以梯形公式只有 1 次代数精度。

注:代数精度只是定性地描述了求积公式的精确程度,不能定量地刻画求积公式的误差的大小。

定理 5.1　含有 $n+1$ 个节点的插值型数值积分公式的代数精度至少是 n。

证　由式(5.5)知,插值型数值积分公式的余项

$$R_n[f] = \frac{1}{(n+1)!}\int_a^b f^{(n+1)}(\xi)\omega_{n+1}(x)\,\mathrm{d}x$$

所以对于次数不超过 n 的多项式,有 $R_n[f]=0$,从而其代数精度至少是 n。

可以证明,n 为偶数的牛顿-科特斯求积公式具有 $n+1$ 次代数精度,n 为奇数的牛顿-科特斯求积公式具有 n 次代数精度。

下面介绍构造具有尽可能高的代数精度的求积公式的待定系数法。

一般地,给定 $n+1$ 个节点 $x_k(k=0,1,\cdots,n)$,可以确定相应的求积系数 A_k,构造至少具有 n 次代数精度的求积公式。事实上,只要令求积公式(5.3)对 $f(x)=1,x,x^2,\cdots,x^n$ 都准确成立,则可得到含求积系数 $A_k(k=0,1,\cdots,n)$ 的代数方程组

$$\left.\begin{aligned} A_0 + A_1 + \cdots + A_n &= b-a \\ A_0x_0 + A_1x_1 + \cdots + A_nx_n &= \frac{1}{2}(b^2-a^2) \\ &\vdots \\ A_0x_0^n + A_1x_1^n + \cdots A_nx_n^n &= \frac{1}{n+1}(b^{n+1}-a^{n+1}) \end{aligned}\right\} \tag{5.14}$$

因为方程组的系数行列式是范德蒙行列式，其值不为零，因而可求得唯一解 $A_k(k=0,1,\cdots,n)$，由此可构造出至少具有 n 次代数精度的求积公式。

例 5.2　给定求积公式

$$\int_{-2h}^{2h} f(x)\mathrm{d}x \approx A_{-1}(f-h)+A_0f(0)+A_1f(h)$$

试确定 A_{-1},A_0,A_1，使求积公式的代数精度尽量高，并指出代数精度。

解　令求积公式对 $f(x)=1,x,x^2$ 准确成立，则有

$$\begin{cases} A_{-1}+A_0+A_1=4h \\ -hA_{-1}+hA_1=0 \\ h^2A_{-1}+h^2A_1=\dfrac{16}{3}h^3 \end{cases}$$

解得

$$A_0=-\frac{4}{3}h,\quad A_1=A_{-1}=\frac{8}{3}h$$

得求积公式

$$\int_{-2h}^{2h} f(x)\mathrm{d}x \approx \frac{4}{3}h[2f(-h)-f(0)+2f(h)]$$

其代数精度至少为2。

将 $f(x)=x^3$ 代入求积公式，左边=右边=0，所以公式准确成立。

将 $f(x)=x^4$ 代入求积公式，左边 $=\dfrac{16}{3}h^5$，右边 $=\dfrac{64}{5}h^5$，所以公式不准确成立。故求积公式的代数精度为3。

例 5.3　验证两点求积公式 $\int_{-1}^{1} f(x)\mathrm{d}x \approx f(-1/\sqrt{3})+f(1/\sqrt{3})$ 具有3次代数精度。

解　分别将 $f(x)=1,x,x^2,x^3$ 代入得求积公式精确成立；对于 $f(x)=x^4$，左边 $=\int_{-1}^{1} x^4\mathrm{d}x=2/5$，右边 $=(-1/\sqrt{3})^4+(1/\sqrt{3})^4=2/9$，故求积公式不能精确成立，所以该求积公式具有3次代数精度。

5.1.4　数值积分的余项

下面通过一些例子讨论常用求积公式余项的导出方法。

引理（积分第一中值定理）　如果 $f(x)$，$g(x)$ 均在区间 $[a,b]$ 连续，且 $g(x)$ 在区间 (a,b) 上不变号，则存在 $\xi\in(a,b)$，使得

$$\int_a^b f(x)g(x)\mathrm{d}x=f(\xi)\int_a^b g(x)\mathrm{d}x$$

定理 5.2　设 $f(x)$ 在区间 $[a,b]$ 上具有连续的二阶导数，则梯形公式的截断误差为

$$R_1[f]=-\frac{(b-a)^3}{12}f''(\eta)\quad(\eta\in(a,b)) \tag{5.15}$$

证　当 $n=1$ 时，式(5.5)为 $R_1[f]=\dfrac{1}{2!}\int_a^b f''(\xi)(x-a)(x-b)\mathrm{d}x$

由于$f''(\xi)$是区间$[a,b]$上依赖于x的连续函数,$(x-a)(x-b)$在区间(a,b)不变号,所以根据引理,在区间(a,b)内存在一点η,使得

$$R_1[f]=\frac{f''(\eta)}{2!}\int_a^b(x-a)(x-b)\mathrm{d}x=\frac{-(b-a)^3}{12}f''(\eta)$$

证毕

如果$\max\limits_{a\leqslant x\leqslant b}|f''(x)|\leqslant M$,则有误差估计式

$$|R_1[f]|\leqslant\frac{(b-a)^3}{12}M \tag{5.16}$$

定理 5.3　设$f(x)$在区间$[a,b]$上具有四阶连续导数,则辛浦生公式的截断误差为

$$R_2[f]=-\frac{1}{90}\left(\frac{b-a}{2}\right)^5f^{(4)}(\eta)\quad(\eta\in(a,b)) \tag{5.17}$$

证　当$n=2$时,辛浦生公式为$I(f)=\int_a^bf(x)\mathrm{d}x\approx\frac{b-a}{6}\left[f(a)+4f\left(\frac{a+b}{2}\right)+f(b)\right]=S(f)$,从而式(5.5)为

$$\begin{aligned}R_2[f]&=\int_a^b[f(x)-L_2(x)]\mathrm{d}x\\&=\frac{1}{3!}\int_a^bf'''(\xi)(x-a)(x-b)(x-c)\mathrm{d}x\end{aligned}$$

其中,$L_2(x)$为$f(x)$以$a,b,c=\frac{a+b}{2}$为节点的抛物插值。由于$(x-a)(x-b)(x-c)$在$[a,b]$上变号,无法直接应用引理。

取$H(x)$为满足$H(a)=f(a),H(b)=f(b),H(c)=f(c)$及$H'(c)=f(c)$的不超过3次的埃米尔特插值多项式。由于辛浦生公式具有3次代数精度,

$$I(H)=S(H)=\frac{b-a}{6}[f(a)+4f(c)+f(b)]$$

所以

$$\begin{aligned}R_2[f]&=\int_a^b[f(x)-H(x)]\mathrm{d}x\\&=\frac{1}{4!}\int_a^bf^{(4)}(\xi)(x-a)(x-b)(x-c)^2\mathrm{d}x\\&=\frac{f^{(4)}(\eta)}{4!}\int_a^b(x-a)(x-b)(x-c)^2\mathrm{d}x\\&=-\frac{(b-a)^5}{2\ 880}f^{(4)}(\eta)\end{aligned}$$

即　$R_2[f]=-\frac{1}{90}\left(\frac{b-a}{2}\right)^5f^{(4)}(\eta)$。

可以证明,一般牛顿-科特斯求积公式的余项。

定理 5.4　设$f(x)$在区间$[a,b]$上具有$n+2$阶连续导数,则n阶牛顿-科特斯求积公式的余项为

$$R_n[f]=\begin{cases}\dfrac{f^{(n+1)}(\eta)}{(n+1)!}\displaystyle\int_a^b\omega_{n+1}(x)\mathrm{d}x, n\text{ 为奇数}\\ \dfrac{f^{(n+2)}(\eta)}{(n+2)!}\displaystyle\int_a^b(x-c)\omega_{n+1}(x)\mathrm{d}x, n\text{ 为偶数}\end{cases}\quad(\eta\in(a,b))\tag{5.18}$$

其中，$\omega_{n+1}(x)=\prod\limits_{j=0}^{n}(x-x_j)$，$x_j=a+jh$，$h=\dfrac{b-a}{n}$，$c=\dfrac{a+b}{2}$。

例 5.4　设 $f(x)$ 具有二阶连续导数，证明求积公式 $I(f)=\int_a^b f(x)\mathrm{d}x\approx(b-a)f(c)$ 的余项 $R(f)=\dfrac{(b-a)^3}{24}f''(\eta)$，其中 $c=\dfrac{a+b}{2}$，$\eta\in(a,b)$。

证　由拉格朗日中值定理得

$R(f)=\int_a^b f(x)\mathrm{d}x-(b-a)f(c)=\int_a^b[f(x)-f(c)]\mathrm{d}x=\int_a^b f'(\xi)(x-c)\mathrm{d}x$，其中 ξ 在 x 与 c 之间。

由于 $x-c$ 在 $[a,b]$ 上变号，不能直接用引理。下面用泰勒公式推导。

$$\begin{aligned}R(f)&=\int_a^b f(x)\mathrm{d}x-(b-a)f(c)=\int_a^b[f(x)-f(c)]\mathrm{d}x\\&=\int_a^b\left[f'(c)(x-c)+\frac{f''(\xi)}{2}(x-c)^2\right]\mathrm{d}x\\&=f'(c)\int_a^b(x-c)\mathrm{d}x+\int_a^b\frac{f''(\xi)}{2}(x-c)^2\mathrm{d}x\\&=0+\int_a^b\frac{f''(\xi)}{2}(x-c)^2\mathrm{d}x\\&=\frac{f''(\eta)}{2}\int_a^b(x-c)^2\mathrm{d}x\\&=\frac{(b-a)^3}{24}f''(\eta)\qquad(\eta\in(a,b))\end{aligned}$$

5.1.5　牛顿-科特斯公式的稳定性

由前面的牛顿-科特斯公式的代数精度及余项的结果看，似乎是求积公式的 n 越大越好，然而事实上并非如此。因为 n 越大，计算量也越大，误差积累越严重；另一方面，求积公式的稳定性及收敛性也没有保证。

因为牛顿 - 科特斯公式(5.10) 对于 $f(x)=1$ 必然准确成立，因而有 $\sum\limits_{k=0}^{n}C_k^{(n)}\equiv1$。假设计算 $f(x_k)$ 时有误差 ε_k，即

$$\varepsilon_k=f(x_k)-\bar{f}(x_k)$$

则在实际中用 $(b-a)\sum\limits_{k=0}^{n}C_k^{(n)}\bar{f}(x_k)$ 代替 $(b-a)\sum\limits_{k=0}^{n}C_k^{(n)}f(x_k)$ 所产生的误差为

$$(b-a)\sum_{k=0}^{n}C_k^{(n)}\varepsilon_k$$

如果 $C_k^{(n)}$ 均为正数,令 $\varepsilon=\max\limits_{0\le k\le n}|\varepsilon_k|$,则有

$$|(b-a)\sum_{k=0}^{n}C_k^{(n)}\varepsilon_k|\le(b-a)\sum_{k=0}^{n}|C_k^{(n)}||\varepsilon_k|\le(b-a)\varepsilon\sum_{k=0}^{n}C_k^{(n)}=(b-a)\varepsilon$$

此计算过程是稳定的。如果 $C_k^{(n)}$ 有正有负,则

$$(b-a)\varepsilon\sum_{k=0}^{n}|C_k^{(n)}|>(b-a)\varepsilon\sum_{k=0}^{n}C_k^{(n)}=(b-a)\varepsilon$$

这时误差得不到控制,因而计算过程中稳定性没有保证,因此在实际中很少使用 n 较大的牛顿-科特斯公式。

5.2 复化求积公式

为了提高数值积分的精确度,又不能随意提高插值多项式的次数,还有一个办法就是缩小 h,即常采用将区间 $[a,b]$ 等分成 n 个子区间,其长度为 $h=\dfrac{b-a}{n}$,然后在每个子区间上用某个数值积分公式计算积分 $\int_{x_{k-1}}^{x_k}f(x)\,dx$ 的近似值,并将计算结果加起来,作为整个区间 $[a,b]$ 上积分的近似值。这样得出的公式统称为复化求积公式。

5.2.1 复化梯形公式

将区间 $[a,b]$ 分成 n 等份,每一份称为一个子区间,其长度为 $h=\dfrac{b-a}{n}$,分点为 $x_k=a+kh,k=0,1,\cdots,n$,即

$$a=x_0<x_1<\cdots<x_{n-1}<x_n=b$$

在每个子区间 $[x_k,x_{k+1}]$ 上用梯形公式得

$$I_k=\int_{x_k}^{x_{k+1}}f(x)\,dx\approx\frac{h}{2}\left[f(x_k)+f(x_{k+1})\right]$$

相加后得复化梯形公式

$$\int_a^b f(x)\,dx=\sum_{k=1}^{n}\int_{x_{k-1}}^{x_k}f(x)\,dx\approx\frac{h}{2}\left[f(a)+2\sum_{k=1}^{n-1}f(x_k)+f(b)\right]$$

若将所得近似值记为 T_n,则

$$\int_a^b f(x)\,dx\approx T_n=\frac{h}{2}\left[f(a)+2\sum_{k=1}^{n-1}f(x_k)+f(b)\right]\tag{5.19}$$

其中 $x_k=a+kh(k=1,2,\cdots,n-1)$。

当 $n\to\infty$ 时,

$$T_n=\frac{1}{2}\left[\sum_{k=0}^{n-1}f(x_k)h+\sum_{k=1}^{n}f(x_k)h\right]\to$$

$$\frac{1}{2}\left[\int_a^b f(x)\,dx+\int_a^b f(x)\,dx\right]=\int_a^b f(x)\,dx$$

即 T_n 收敛于 $\int_a^b f(x)\mathrm{d}x$。

定理 5.5　设 $f(x)$ 在区间 $[a,b]$ 上具有连续的二阶导数，则复化梯形公式的截断误差为

$$R_1^{(n)}[f]=-\frac{b-a}{12}h^2 f''(\eta)\ (\eta\in(a,b)) \tag{5.20}$$

证　由定理 5.2，在区间 $[x_k,x_{k+1}]$ 上梯形公式的截断误差为

$$R_1[f]=-\frac{h}{12}f''(\eta_k)\ (\eta_k\in(x_k,x_{k+1});k=0,1,\cdots,n-1)$$

相加得

$$R_1^{(n)}[f]=\int_a^b f(x)\mathrm{d}x-T_n=-\frac{h^3}{12}\sum_{k=0}^{n-1}f''(\eta_k)$$

因为 $f''(x)$ 在区间 $[a,b]$ 连续，所以在 $[a,b]$ 内必存在一点 η，使得

$$f''(\eta)=\frac{1}{n}\sum_{k=0}^{n-1}f''(\eta_k)$$

于是有

$$R_1^{(n)}[f]=-\frac{b-a}{12}h^2 f''(\eta)\quad(\eta\in(a,b))$$

证毕。

5.2.2　复化辛浦生公式

将区间 $[a,b]$ 分成 n 等分，每等分称为一个子区间，其长度为 $h=\frac{b-a}{n}$，分点为 $x_k=a+kh,k=0,1,\cdots,n$，即

$$a=x_0<x_1<\cdots<x_{n-1}<x_n=b$$

记子区间 $[x_k,x_{k+1}]$ 的中点为 $x_{k+\frac{1}{2}}$，即 $x_{k+\frac{1}{2}}=\frac{x_k+x_{k+1}}{2}=x_k+\frac{h}{2}\ (k=0,1,\cdots,n-1)$

在子区间 $[x_k,x_{k+1}]$ 上用辛浦生公式得

$$I_k=\int_{x_k}^{x_{k+1}}f(x)\mathrm{d}x\approx\frac{h}{6}\left[f(x_k)+4f(x_{k+\frac{1}{2}})+f(x_{k+1})\right]$$

相加后得复化辛浦生公式

$$\int_a^b f(x)\mathrm{d}x\approx\frac{h}{6}\left[f(a)+4\sum_{k=0}^{n-1}f(x_{k+\frac{1}{2}})+2\sum_{k=1}^{n-1}f(x_k)+f(b)\right]\overset{\text{记为}}{=\!=}S_n \tag{5.21}$$

注：为了便于编写程序，可将复化辛浦生公式(5.21)改写成

$$S_n=\frac{h}{6}\left[f(b)-f(a)+4\sum_{k=0}^{n-1}f(x_{k+\frac{1}{2}})+2\sum_{k=0}^{n-1}f(x_k)\right]$$

类似于复化梯形公式余项的讨论，由辛浦生公式的余项得复化辛浦生公式的截断误差：设 $f(x)$ 在区间 $[a,b]$ 上具有连续的四阶导数，则

$$R_2^{(n)}[f]=-\frac{b-a}{2\,880}h^4 f^{(4)}(\eta)\quad(\eta\in(a,b)) \tag{5.22}$$

5.2.3 复化科特斯公式

若将每个子区间$[x_k,x_{k+1}]$四等分，内分点分别记为$x_{k+\frac{1}{4}},x_{k+\frac{1}{2}},x_{k+\frac{3}{4}}$，即$x_{k+\frac{i}{4}}=x_k+i\dfrac{h}{4}(k=0,1,\cdots,n-1;i=1,2,3)$。

在子区间$[x_k,x_{k+1}]$上用科特斯公式，再相加可得复化科特斯公式

$$\int_a^b f(x)\mathrm{d}x \approx \frac{h}{90}\left[7f(a)+32\sum_{k=0}^{n-1}f(x_{k+\frac{1}{4}})+12\sum_{k=0}^{n-1}f(x_{k+\frac{1}{2}})+32\sum_{k=0}^{n-1}f(x_{k+\frac{3}{4}})+14\sum_{k=1}^{n-1}f(x_k)+7f(b)\right]\xlongequal{\text{记为}}C_n \tag{5.23}$$

相应地，若$f(x)$在区间$[a,b]$上具有连续的六阶导数，则复化科特斯公式的截断误差为

$$R_4^{(n)}[f]=-\frac{2(b-a)}{945}\left(\frac{h}{4}\right)^6 f^{(6)}(\eta)\quad(\eta\in(a,b)) \tag{5.24}$$

例 5.5 用函数$f(x)=\dfrac{\sin x}{x}$的数据表 5.2 计算积分$\displaystyle\int_0^1\frac{\sin x}{x}\mathrm{d}x$。

表 5.2 函数数据表

x	$f(x)$	x	$f(x)$
0	1.000 000 0	$\frac{5}{8}$	0.936 155 6
$\frac{1}{8}$	0.997 397 8	$\frac{3}{4}$	0.908 851 6
$\frac{1}{4}$	0.989 615 8	$\frac{7}{8}$	0.877 192 5
$\frac{3}{8}$	0.976 726 7	1	0.841 470 9
$\frac{1}{2}$	0.958 851 0		

解 方法①用复化梯形公式计算。取$n=8$，$h=0.125$

$$\begin{aligned}T_8&=\frac{h}{2}\left[\sum_{k=0}^{7}f(x_k)+\sum_{k=1}^{8}f(x_k)\right]\\&=\frac{0.125}{2}\left\{f(0)+2\left[f\left(\frac{1}{8}\right)+f\left(\frac{1}{4}\right)+f\left(\frac{3}{8}\right)+f\left(\frac{1}{2}\right)+f\left(\frac{5}{8}\right)+f\left(\frac{3}{4}\right)+f\left(\frac{7}{8}\right)\right]+f(1)\right\}=0.945\ 690\ 9\end{aligned}$$

方法②用复化辛浦生公式计算。取$n=4$，$h=0.25$

$$\begin{aligned}S_4&=\frac{0.25}{6}\left[f(0)+4\sum_{k=0}^{3}f(x_{k+\frac{1}{2}})+2\sum_{k=1}^{3}f(x_k)+f(1)\right]\\&=\frac{0.25}{6}\left\{f(0)+4\left[f\left(\frac{1}{8}\right)+f\left(\frac{3}{8}\right)+f\left(\frac{5}{8}\right)+f\left(\frac{7}{8}\right)\right]+2\left[f\left(\frac{1}{4}\right)+f\left(\frac{1}{2}\right)+f\left(\frac{3}{4}\right)\right]+f(1)\right\}=0.946\ 083\ 3\end{aligned}$$

注:用上面两个公式计算积分的近似值时,都需要提供9个点上的函数值,计算量基本相同,但精度却相差很大:同积分的准确值0.946 083 1比较,T_8只有2位有效数字,而S_4有6位有效数字。

例5.6　当用复化梯形公式与复化辛浦生公式计算积分$\int_0^1 e^x dx$的近似值时,若要求误差不超过$\frac{1}{2}\times 10^{-4}$,问至少各取多少个节点?

解　由$f(x)=e^x, f''(x)=f^{(4)}(x)=e^x$,得$\max\limits_{0\leqslant x\leqslant 1}|f''(x)|=\max\limits_{0\leqslant x\leqslant 1}|f^{(4)}(x)|=e$

由式(5.20)有$|R_1^{(n)}[f]|\leqslant\frac{e}{12n^2}\leqslant\frac{1}{2}\times 10^{-4}$

解得$n>67.3$,故n至少取68,节点至少取$n+1=69$个。

由式(5.22)有$|R_2^{(n)}[f]|\leqslant\frac{e}{2\ 880n^4}\leqslant\frac{1}{2}\times 10^{-4}$

解得$n>2.1$,故n至少取3,节点至少取$2n+1=7$个。

5.3　区间逐次分半求积法

复化求积公式是提高精确度的一种有效方法,但在使用复化求积公式之前,必须根据复化求积公式的余项进行先验估计,以确定节点数目,从而确定合适的等分步长。因为余项表达式中包含了被积函数的高阶导数,而估计各阶导数的最大值往往是很困难的,所以步长的选取是一个困难的问题。实际应用中求积主要依靠自动选择步长的方法,称为“事后估计误差”的方法。即在步长逐次半分的过程中,反复利用复化求积公式进行计算,并同时查看相继两次计算结果的误差是否达到要求,直到所求得的积分近似值满足精度要求为止。下面以变步长梯形公式为例,介绍这种求积方法。

假定区间N等分时,由式(5.19)算出的积分近似值为T_N,由式(5.20)可知,积分值为

$$I = T_N - \frac{b-a}{12}\left(\frac{b-a}{N}\right)^2 f''(\eta_1)\quad (a<\eta_1<b)$$

再将各子区间分半,使得区间成$2N$等分。此时所得积分近似值记为T_{2N},则

$$T_{2N} = \frac{h}{4}\left[f(a) + 2\sum_{k=1}^{2N-1} f\left(x_k + k\cdot\frac{h}{2}\right) + f(b)\right] = \frac{1}{2}T_N + \frac{h}{2}\sum_{k=1}^{N} f\left(a + (2k-1)\frac{h}{2}\right)$$

式中$h=\frac{b-a}{N}$。

由式(5.20)可知,积分值为

$$I = T_{2N} - \frac{b-a}{12}\left(\frac{b-a}{2N}\right)^2 f''(\eta_2)\quad (a<\eta_2<b)$$

假定$f''(x)$在$[a,b]$上变化不大,即有$f''(\eta_1)\approx f''(\eta_2)$,于是得

$$\frac{I-T_N}{I-T_{2N}}\approx 4$$

上式也可写为

$$I\approx T_{2N}+\frac{1}{3}(T_{2N}-T_N)=T_{2N}+\frac{1}{4-1}(T_{2N}-T_N) \tag{5.25}$$

这说明用 T_{2N} 作为积分 I 的近似值时,其误差近似为 $\frac{1}{3}(T_{2N}-T_N)$。计算过程中常用 $|T_{2N}-T_N|<\varepsilon$ 是否满足作为控制计算精度的条件。如果满足,则取 T_{2N} 作为 I 的近似值;如果不满足,则再将区间分半,直到满足要求为止。

实际计算中的递推公式为

$$T_1=\frac{b-a}{2}[f(a)+f(b)]$$

$$T_{2N}=\frac{1}{2}T_N+\frac{b-a}{2N}\sum_{j=1}^{N}f\left(a+(2j-1)\frac{b-a}{2N}\right)\quad(N=2^{k-1};k=1,2,\cdots) \tag{5.26}$$

在给定控制参数 ε 后,当满足 $|T_{2N}-T_N|<\varepsilon$ 时,则以 T_{2N} 作为积分 I 的近似值。

式(5.26)称为变步长梯形公式,它与定步长复化梯形公式没有本质区别,只是其步长随积分区间逐次分半而逐次缩小一半。式(5.26)的优点是上一次计算得到的积分近似值对当前的计算仍然有用。

例 5.7 用区间逐次分半的梯形公式计算 $I=\int_0^1\frac{4}{1+x^2}dx$。要求其误差不超过 $\varepsilon=\frac{1}{2}\times 10^{-5}$(其精确值为 π)。

解 设 $f(x)=\frac{4}{1+x^2}$,利用式(5.26)计算。

在[0,1]上由梯形公式,得

$$T_1=\frac{1}{2}[f(0)+f(1)]=\frac{1}{2}(4+2)=3.000\ 000$$

将区间[0,1]二等分,分点为 $x=0.5$,$f(0.5)=3.2$,则

$$T_2=\frac{1}{2}T_1+\frac{1}{2}f(0.5)=\frac{1}{2}(3.0+3.2)=3.100\ 000$$

再二等分一次,即将区间[0,1]四等分,得两个新分点 0.25 和 0.75,计算得 $f(0.25)\approx 3.764\ 706$, $f(0.75)=2.56$,则

$$T_4=\frac{1}{2}T_2+\frac{0.5}{2}[f(0.25)+f(0.75)]$$

$$=\frac{1}{2}\times 3.1+\frac{0.5}{2}(3.764\ 706+2.56)\approx 3.131\ 177$$

这样不断二等分下去,计算结果见表 5.3。

通过类似的推导,还可得到下面的结论。

对于辛浦生公式,假定 $f^{(4)}(x)$ 在 $[a,b]$ 上变化不大,则有

$$I\approx S_{2N}+\frac{1}{15}(S_{2N}-S_N)=S_{2N}+\frac{1}{4^2-1}(S_{2N}-S_N) \tag{5.27}$$

表 5.3　计算结果

$2^k=N$	T_N	$\lvert T_{2N}-T_N \rvert$
2^0	3.000 000	
2^1	3.100 000	0.1
2^2	3.131 177	0.03
2^3	3.138 989	0.007
2^4	3.140 942	0.001
2^5	3.141 430	0.000 4
2^6	3.141 553	0.000 1
2^7	3.141 583	0.000 03
2^8	3.141 590	0.000 007
2^9	3.141 592	0.000 002

对于科特斯公式，假定 $f^{(6)}(x)$ 在 $[a,b]$ 上变化不大，则有

$$I \approx C_{2N} + \frac{1}{63}(C_{2N} - C_N) = C_{2N} + \frac{1}{4^3 - 1}(C_{2N} - C_N) \tag{5.28}$$

在区间逐次分半过程中，采用事后估计误差的方法，可以确定合适的计算步长。所以，区间逐次分半求积法也称为步长自动选择的变步长求积法。类似地，我们将积分区间逐次分半，每次应用复化辛浦生公式，则可导出变步长的辛浦生公式。

5.4　龙贝格算法

由 5.3 节式(5.25)可以看出，将积分区间等分时，用复化梯形公式计算的结果 T_{2N} 作为积分 I 的近似值，其误差近似为 $\frac{1}{3}(T_{2N}-T_N)$。可以设想，如果用这个误差作为 T_{2N} 的一种补偿，即将

$$T_{2N} + \frac{1}{3}(T_{2N} - T_N) = \frac{4T_{2N} - T_N}{4 - 1}$$

作为积分的近似值，可望提高其精确程度。

直接根据复化求积公式，不难验证

$$S_N = T_{2N} + \frac{1}{3}(T_{2N} - T_N) = \frac{4T_{2N} - T_N}{4 - 1} \tag{5.29}$$

这说明，将区间对分前后两次复化梯形公式的值，按式(5.25)作线性组合恰好等于复化辛浦生公式的值 S_N，它比 T_{2N} 更接近于近似值。

同样，根据式(5.27) 用 S_{2N} 与 S_N 作线性组合会得到比 S_{2N} 更精确的值，且通过直接验证可得

$$C_N = S_{2N} + \frac{1}{15}(S_{2N} - S_N) = \frac{4^2 S_{2N} - S_N}{4^2 - 1} \tag{5.30}$$

再由式(5.28)用 C_{2N} 与 C_N 作线性组合,又可得到比 C_{2N} 更精确的值,通常记为 R_N,即

$$R_N = C_{2N} + \frac{1}{63}(C_{2N} - C_N) = \frac{4^3 C_{2N} - C_N}{4^3 - 1} \tag{5.31}$$

式(5.31)称为龙贝格求积公式。

上述用若干个积分近似值推算出更为精确的积分近似值的方法,称为外推方法。将序列 $\{T_N\}$,$\{S_N\}$,$\{C_N\}$ 和 $\{R_N\}$ 分别称为梯形序列、辛浦生序列、科特斯序列和龙贝格序列。由龙贝格序列当然还可以继续进行外推,得到新的求积序列。由于在新的求积序列中,其线性组合的系数分别为 $\frac{4^m}{4^m - 1} \approx 1$ 与 $\frac{1}{4^m - 1} \approx 0 (m \geqslant 4)$。因此,新的求积序列与前一个序列结果相差不大。故通常外推到龙贝格序列为止。

可以证明,由梯形序列外推得到辛浦生序列、由辛浦生序列外推得到科特斯序列以及由科特斯序列外推得到龙贝格序列,每次外推都可以使误差阶提高二阶。

利用龙贝格序列求积的算法称为龙贝格算法。这种算法具有占用内存少、精确度高的优点。因此,它成为实际中常用的求积算法。下面给出龙贝格求积算法的计算步骤:

第 1 步:算出 $f(a)$ 和 $f(b)$,计算 T_1;

第 2 步:将 $[a,b]$ 分半,算出 $f\left(\frac{a+b}{2}\right)$ 后,根据式(5.26)计算 T_2,再根据式(5.29)计算 S_1;

第 3 步:再将区间分半,算出 $f\left(a+\frac{b-a}{4}\right)$ 及 $f\left(a+3\times\frac{b-a}{4}\right)$,并根据式(5.26)和式(5.29)计算 T_4 及 S_2,再由式(5.30)计算 C_1;

第 4 步:将区间再次分半,计算 T_8,S_4,C_2,并由式(5.31)计算 R_1;

第 5 步:将区间再次分半,类似上述过程计算 T_{16},S_8,C_4,R_2。

重复上述过程可计算得到 R_1,R_2,R_4,…,一直算到龙贝格序列中前后两项之差的绝对值不超过给定的误差限为止。

上述计算步骤也可用表 5.4 表示。

表 5.4 计算步骤

k	梯形序列 T_{2^k}	辛浦生序列 $S_{2^{k-1}}$	科特斯序列 $C_{2^{k-2}}$	龙贝格序列 $R_{2^{k-3}}$
0	T_1			
1	T_2	S_1		
2	T_4	S_2	C_1	
3	T_8	S_4	C_2	R_1
4	T_{16}	S_8	C_4	R_2
5	T_{32}	S_{16}	C_8	R_4
⋮	⋮	⋮	⋮	⋮

可以证明:如果 $f(x)$ 充分光滑,那么梯形序列、辛浦生序列、科特斯序列与龙贝格序列均收敛到所求的积分值。

例 5.8　用龙贝格算法计算积分

$$\int_0^1 \frac{4}{1+x^2}\mathrm{d}x$$

要求误差不超过 $\varepsilon=\frac{1}{2}\times10^{-5}$(其精确值为 π)。

解　设 $f(x)=\frac{4}{1+x^2}$,则

第 1 步:计算 T_1

$$T_1=\frac{1}{2}[f(0)+f(1)]=\frac{1}{2}(4+2)=3.000\ 000$$

第 2 步:计算 T_2 和 S_1

将区间[0,1]二等分,分点为 $x=0.5$,$f(0.5)=3.2$,则

$$T_2=\frac{1}{2}T_1+\frac{1}{2}f(0.5)=\frac{1}{2}(3.0+3.2)=3.100\ 000$$

根据式(5.29)得

$$S_1=\frac{4}{3}T_2-\frac{1}{3}T_1=\frac{4}{3}\times3.1-\frac{1}{3}\times3\approx3.133\ 333$$

第 3 步:计算 T_4,S_2 和 C_1

再二等分一次,即将区间[0,1]四等分,计算得

$$T_4=\frac{1}{2}T_2+\frac{0.5}{2}[f(0.25)+f(0.75)]$$
$$=\frac{1}{2}\times3.1+\frac{0.5}{2}(3.764\ 706+2.56)\approx3.131\ 177$$

再根据式(5.29)得

$$S_2=\frac{4}{3}T_4-\frac{1}{3}T_2=\frac{4}{3}\times3.131\ 177-\frac{1}{3}\times3.1\approx3.141\ 569$$

$$C_1=\frac{4}{15}S_2-\frac{1}{15}S_1=\frac{4}{15}\times3.141\ 569-\frac{1}{15}\times3.133\ 333\approx3.142\ 118$$

第 4 步:计算 T_8,S_4,C_2 和 R_1

再二等分一次,即将区间[0,1]八等分,计算得 $T_8\approx3.138\ 989$,$S_4\approx3.141\ 593$,$C_2\approx3.141\ 595$。

再根据式(5.29)得

$$R_1=\frac{64}{63}C_2-\frac{1}{63}C_1=\frac{64}{63}\times3.141\ 595-\frac{1}{63}\times3.142\ 118\approx3.141\ 587$$

第 5 步:将区间再次分半,重复第 2—4 步,继续计算。

具体计算结果见表 5.5。

表 5.5 计算结果

k	T_{2^k}	$S_{2^{k-1}}$	$C_{2^{k-2}}$	$R_{2^{k-3}}$
0	3			
1	3.1	3.133 333		
2	3.131 177	3.141 569	3.142 118	
3	3.138 989	3.141 593	3.141 595	3.141 587
4	3.140 942	3.141 593	3.141 593	3.141 593
5	3.141 430	3.141 593	3.141 593	3.141 593

故 $\int_0^1 \frac{4}{1+x^2}\mathrm{d}x \approx 3.141\ 593$。

5.5 数值微分

5.5.1 差商代替微商

利用差商代替微商的求导公式通常有

向前差商公式 $f'(x) \approx \frac{f(x+h)-f(x)}{h}$

向后差商公式 $f'(x) \approx \frac{f(x)-f(x-h)}{h}$

中心差商公式 $f'(x) \approx \frac{f(x+h)-f(x-h)}{2h}$

由泰勒公式很容易得到它们的余项分别为 $O(h),O(h),O(h^2)$,h 越小近似程度越高,但是又会因有效数字损失而导致误差增大。

5.5.2 插值型数值微分公式

设给定函数$f(x)$在$[a,b]$中互异 $n+1$ 个点 $x_0,x_1,x_2,\cdots,x_n$ 的函数值 $y_i=f(x_i)\,(i=0,1,\cdots,n)$,其插值多项式为 $p_n(x)$,用插值多项式为 $p_n(x)$ 的导数近似代替 $f(x)$ 的导数,即$f^{(k)}(x) \approx P_n^{(k)}(x) \quad (k=1,2,\cdots)$。

由插值定理可知,$f(x)$在$[a,b]$内有 $n+1$ 阶导数时,插值余项为

$$R_n(x) = f(x) - p_n(x) = \frac{f^{(n+1)}(\xi)}{(n+1)!}\omega_{n+1}(x) \qquad \xi \in (a,b)$$

两端对 x 求导得

$$R'_n(x) = \frac{\mathrm{d}}{\mathrm{d}x}\left[\frac{f^{(n+1)}(\xi)}{(n+1)!}\omega_{n+1}(x)\right] = \frac{\omega_{n+1}(x)}{(n+1)!}\ \frac{\mathrm{d}}{\mathrm{d}x}[f^{(n+1)}(\xi)] + \frac{f^{(n+1)}(\xi)}{(n+1)!}\omega'_{n+1}(x)$$

为 $k=1$ 时插值型数值微分公式的截断误差。

①两点公式 $n=1$，过两节点 $x_0, x_1=x_0+h$ 的拉格朗日插值多项式为

$$L_1(x)=\frac{x-x_1}{x_0-x_1}y_0+\frac{x-x_0}{x_1-x_0}y_1$$

则

$$\begin{cases} f'(x_0)\approx L_1'(x_0)=\dfrac{y_1-y_0}{h} \\ f'(x_1)\approx L_1'(x_1)=\dfrac{y_1-y_0}{h} \end{cases}$$

截断误差为

$$\begin{cases} R_1'(x_0)=-\dfrac{h}{2}f''(\xi_0) \\ R_1'(x_1)=\dfrac{h}{2}f''(\xi_1) \end{cases} \quad \xi_0,\xi_1\in(a,b)$$

②三点公式 $n=2$，$x_i=x_0+ih$，$f(x_i)=y_i i=0,1,2$，拉格朗日插值多项式为

$$L_2(x)=y_0\frac{(x-x_1)(x-x_2)}{2h^2}+y_1\frac{(x-x_0)(x-x_2)}{-h^2}+y_2\frac{(x-x_0)(x-x_1)}{2h^2}$$

两端求导得 $L_2'(x)=\dfrac{2x-x_1-x_2}{2h^2}y_0-\dfrac{2x-x_0-x_2}{h^2}y_1+\dfrac{2x-x_0-x_1}{2h^2}y_2$

分别代入 x_i，$(i=0,1,2)$ 得三点公式

$$\begin{cases} f'(x_0)\approx\dfrac{1}{2h}(-3y_0+4y_1-y_2) \\ f'(x_1)\approx\dfrac{1}{2h}(-y_0+y_2) \\ f'(x_2)\approx\dfrac{1}{2h}(y_0-4y_1+3y_2) \end{cases}$$

截断误差为

$$\begin{cases} R_2'(x_0)=\dfrac{h^2}{3}f'''(\xi_0) \\ R_2'(x_1)=-\dfrac{h^2}{6}f'''(\xi_1) \quad \xi_i\in(a,b)\quad(i=0,1,2) \\ R_2'(x_2)=\dfrac{h^2}{3}f'''(\xi_2) \end{cases}$$

用插值多项式 $p_n(x)$ 作为 $f(x)$ 的近似函数，还可用来建立计算高阶导数近似值的数值微分公式：

$$f^{(k)}(x)\approx p_n^{(k)}(x)\quad(k=1,2,\cdots)$$

例如，当 $n=2$ 时，带余项的二阶三点公式为：

$$f''(x_1)=\frac{1}{h^2}[f(x_1-h)-2f(x_1)+f(x_1+h)]-\frac{h^2}{12}f^{(4)}(\xi)。$$

5.5.3　利用样条函数求数值微分

由于三次样条函数具有很好的性质，因此用三次样条插值函数 $S(x)$ 的导数近似函数的导

数不仅可靠性好,而且可计算非节点处导数的近似值。即

$$f^{(k)}(x) \approx S^{(k)}(x) \quad (k=1,2,3,\cdots)$$

其截断误差为

$$f^{(k)}(x)-S^{(k)}(x)=O(h^{4-k})$$

如以二阶导数为参数的三次样条插值函数可得数值微分公式

$$f'(x) \approx S_i'(x) = -M_{i-1}\frac{(x_i-x)^2}{2h_i}+M_i\frac{(x-x_{i-1})^2}{2h_i}+\frac{y_i-y_{i-1}}{h_i}-\frac{h_i}{6}(M_i-M_{i-1})$$

$$f''(x) \approx S''(x) = S_i''(x) = -M_{i-1}\frac{x-x_i}{h_i}+M_i\frac{x-x_{i-1}}{h_i}$$

其中,$x \in (x_{i-1},x_i)$,$M_{i-1}=s''(x_{i-1})$,$M_i=s''(x_i)$　$i=1,2,\cdots,n$。

例 5.9　已知函数 $y=f(x)$ 的函数值如下:

x	1.8	1.9	2.0	2.1	2.2
y	10.889 365	12.703 199	14.778 112	17.148 957	19.855 030

取 $h=0.1$,用三点公式计算 $f'(2.0)$。

解　取后 3 点得

$$f'(2.0) \approx \frac{1}{2\times 0.1}[-3f(2.0)+4f(2.1)-f(2.2)] = 22.032\ 310$$

取前 3 点得

$$f'(2.0) \approx \frac{1}{2\times 0.1}[f(1.8)-4f(1.9)+3f(2.0)] = 22.054\ 525$$

取中间 3 点得

$$f'(2.0) \approx \frac{1}{2\times 0.1}[f(2.1)-f(1.9)] = 22.228\ 790$$

5.6　应用程序举例

例 5.10　用 MATLAB 软件计算积分 $\int_{0.5}^{1}\sqrt{x}\,dx$。

解　将区间 10 等分,步长为 0.05,用定步长复化梯形公式,输入程序及结果如下:

```
>>format long
>>h=0.05;x=0.5:h:1;y=sqrt(x);
>>z=trapz(y)*h


z=
   0.430921274147665
```

例 5.11　用龙贝格算法计算积分 $\int_0^1 \frac{\sin x}{x}dx$。

解　编写程序 romber.m

```
function [R,quad,err,h]=romber(f,a,b,n,e)
```

```
% romberg method
M=1;h=b-a;err=1;
j=0;
R=zeros(4,4);
R(1,1)=h*(feval(f,a)+feval(f,b))/2;
while ((err>e)&(j<n))|(j<4)
    j=j+1;
    h=h/2;
    s=0;
    for p=1:M
        x=a+h*(2*p-1);
        s=s+feval(f,x);
    end
    R(j+1,1)=R(j,1)/2+h*s;
    M=2*M;
    for k=1:j
        R(j+1,k+1)=R(j+1,k)+(R(j+1,k)-R(j,k))/(4^k-1);
    end
    err=abs(R(j,j)-R(j+1,k+1));
end
quad=R(j+1,k+1);
```

在命令窗口输入

```
>>romber(inline('sin(x)/x'),eps,1,50,0.5e-6)
```

得计算结果

```
ans =

    0.9207         0         0         0         0
    0.9398    0.9461         0         0         0
    0.9445    0.9461    0.9461         0         0
    0.9457    0.9461    0.9461    0.9461         0
    0.9460    0.9461    0.9461    0.9461    0.9461
```

习题 5

1.用梯形公式和辛浦生公式计算下列积分,并估计误差。(计算取 4 位小数,其中 $e^{-0.5} \approx 0.606\,5$, $e^{-1} \approx 0.367\,9$, $\ln 1.5 \approx 0.405\,5$, $\ln 2 \approx 0.693\,1$。)

(1) $\int_0^1 e^{-x}dx$　　(2) $\int_1^2 \ln x dx$

2. 求 3 个不同的求积节点 x_0, x_1, x_2，使求积公式：

$$\int_{-1}^1 f(x)dx \approx C[f(x_0) + f(x_1) + f(x_2)]$$

具有 3 次代数精度。

3. 推导下列矩形求积公式及截断误差，并说明它们的几何意义。

(1) 左矩形公式

$$\int_a^b f(x)dx \approx (b-a)f(a), R[f] = \frac{f'(\eta)}{2}(b-a)^2 \quad (\eta \in (a,b))$$

(2) 右矩形公式

$$\int_a^b f(x)dx \approx (b-a)f(b), \ R[f] = -\frac{f'(\eta)}{2}(b-a)^2 \quad (\eta \in (a,b))$$

4. 确定下列数值积分公式中的参数，使其代数精度尽量高，并指明所得求积公式的代数精度。（计算取 4 位小数）

(1) $\int_{-h}^{h} f(x)dx \approx A_{-1}f(-h) + A_0 f(0) + A_1 f(h)$

(2) $\int_{-1}^{1} f(x)dx \approx \frac{1}{3}[2f(x_1) + 3f(x_2) + f(1)]$

(3) $\int_0^h f(x)dx \approx \frac{h}{2}[f(0) + f(h)] + ah^2[f'(0) - f'(h)]$

(4) $\int_0^1 f(x)dx \approx A_0 f\left(\frac{1}{4}\right) + A_1 f\left(\frac{1}{2}\right) + A_2 f\left(\frac{3}{4}\right)$

5. 验证辛浦生求积公式具有 3 次代数精度。

6. 将积分区间 8 等分，分别用复化梯形公式和复化辛浦生公式计算下列积分。

(1) $\int_0^1 \sqrt{x}dx$　　(2) $\int_0^1 \frac{x}{4+x^2}dx$

（计算取 6 位小数）

7. 积分 $\int_2^8 \frac{1}{x}dx = 2\ln 2$，为计算 ln 2，要使误差不超过 $\frac{1}{2} \times 10^{-5}$，问用复化梯形公式时至少取多少个节点？

8. 假定函数 $f(x)$ 在区间 $[a,b]$ 可积，证明复化辛浦生公式收敛于积分 $\int_a^b f(x)dx$。

9. 用龙贝格算法求积分 $I = \frac{2}{\sqrt{\pi}}\int_0^1 e^{-x}dx$，要求误差不超过 10^{-5}。（计算取 6 位小数）

10. 用龙贝格算法计算椭圆 $\frac{x^2}{4} + y^2 = 1$ 的周长，使结果有 5 位有效数字。（计算取 6 位小数）

11. 用龙贝格算法计算积分 $I = \int_0^{1.5} \frac{1}{1+x}dx$。（计算取 9 位小数）

12. 已知函数在 $x_0 = 1.0, x_1 = 1.1, x_2 = 1.2$ 的函数值分别为 $y_0 = 0.250\ 0, y_1 = 0.226\ 8, y_2 =$

0.206 6，试用三点公式计算 $f(x)=\dfrac{1}{(1+x)^2}$ 在各节点处的导数值，并估计截断误差。

13.已知函数 $y=e^x$ 的函数值如下：

x	2.5	2.6	2.7	2.8	2.9
y	12.182 5	13.463 7	14.879 7	16.444 6	18.174 1

取 $h=0.1$，分别用两点、三点公式计算 $x=2.7$ 处的一、二阶导数。

第 6 章

非线性方程及非线性方程组的数值解法

求方程$f(x)=0$的根是常见的数学问题之一。当$f(x)$是一次多项式时,称$f(x)=0$为线性方程,否则称为非线性方程。例如,求n次代数方程

$$a_n x^n + a_{n-1}x^{n-1} + \cdots + a_1 x + a_0 = 0$$

的根;或者求方程$x^2-4\sin x=0$的解。这些都可表示为求非线性方程$f(x)=0$的根,即求函数$f(x)$的零点。又如求非线性方程组$\begin{pmatrix} x_1^2-x_2+0.25 \\ -x_1+x_2^2+0.25 \end{pmatrix}=\begin{pmatrix} 0 \\ 0 \end{pmatrix}$的根可表示为求向量值函数$\boldsymbol{F}(\boldsymbol{x})=\begin{pmatrix} f_1(\boldsymbol{x}) \\ f_2(\boldsymbol{x}) \end{pmatrix}=\begin{pmatrix} 0 \\ 0 \end{pmatrix}$的零点。

方程$f(x)=0$的根可以是实数或复数。如果对于数ξ有$f(\xi)=0$,但$f'(\xi)\neq 0$,则称ξ为方程$f(x)=0$的单根;如果$f(\xi)=f'(\xi)=\cdots=f^{(k-1)}(\xi)=0$,但$f^{(k)}(\xi)\neq 0$,则称$\xi$为方程$f(x)=0$的$k$重根。

众所周知,五次及五次以上的一般代数方程式都不能用代数公式求解;一般的非线性方程$f(x)=0$和非线性方程组$f_i(x_1,x_2,\cdots,x_n)=0\quad(i=1,2,\cdots,n)$,其解更不能用解析式表示。因此需要研究用数值方法求得满足一定精度的方程的近似解。

本章将介绍非线性方程求根的数值方法。最后一节简单介绍求解非线性方程组的数值方法。

6.1 二分法

设有非线性方程

$$f(x)=0 \tag{6.1}$$

其中,$f(x)$为区间$[a,b]$上的连续函数,且设$f(a)f(b)<0$。

利用数学分析中的介值定理可以最简单地确定方程根的存在区间。假设函数$f(x)$满足上面的条件,则根据闭区间上连续函数的介值定理,在区间(a,b)内至少存在一点ξ,使$f(\xi)=0$。我们称ξ为函数$f(x)$的零点或式(6.1)的根,并称$[a,b]$为式(6.1)的含根区间。

不妨设式(6.1)在$[a,b]$内仅有一个实根,求式(6.1)实根ξ的二分法过程,就是将含根区间$[a,b]$逐步分半,检查函数值符号的变化,以便确定出含根的充分小区间。

二分法简述如下:设ε为预先给定的精度要求。

①令$x_0=\frac{a+b}{2}$,计算$f(x_0)$;

②如果$f(x_0)=0$,则x_0是$f(x)=0$的根,停止计算,输出结果$\xi=x_0$;如果$f(a)f(x_0)<0$,令$a_1=a,b_1=x_0$,否则令$a_1=x_0,b_1=b$;

③如果$b_k-a_k\leqslant\varepsilon$,则输出结果$\xi\approx\frac{a_k+b_k}{2}$,停机;否则,返回①,并重复①、②、③步。

以上方法可得到每次缩小一半的含根区间序列:

$$[a,b]\supset[a_1,b_1]\supset[a_2,b_2]\supset\cdots\supset[a_k,b_k]\supset\cdots$$

且满足

① $f(a_k)f(b_k)<0$, 即$\xi\in[a_k,b_k]$;

② $b_k-a_k=\frac{1}{2^k}(b-a)$。

当区间长度很小时,取其中点$x_k=(a_k+b_k)/2$为根的近似值,显然有

$$|x_k-\xi|\leqslant\frac{b_k-a_k}{2}=\frac{1}{2^k}(b-a) \tag{6.2}$$

总之,由上述二分法得到一个序列$\{x_k\}$,由式(6.2),则有

$$\lim_{k\to\infty}x_k=\xi$$

可用二分法求方程$f(x)=0$实根的近似值到任意指定的精度。事实上,设$\varepsilon>0$为给定精度要求,为了确定分半次数k使

$$|\xi-x_k|\leqslant\frac{b-a}{2^k}<\varepsilon$$

只要由$2^{-k}<\frac{\varepsilon}{b-a}$,两边取对数,即得

$$k>\frac{\ln(b-a)-\ln\varepsilon}{\ln 2} \tag{6.3}$$

于是,可取k为大于$\frac{\ln(b-a)-\ln\varepsilon}{\ln 2}$的最小整数。这也给我们提供了一个迭代终止准则。二分法可在第k步终止迭代。

例 6.1　用二分法求$f(x)=x^6-x-1=0$在$[1,2]$内的一个实根,且要求精确到小数点后第 3 位(即要求$|x^*-x_k|<\frac{1}{2}\times10^{-3}$)。

解　由$\varepsilon=0.5\times10^{-3}$和式(6.3)可确定所需分半次数$k=11$。计算结果见表 6.1。该方程的一个实根为$x^*\approx x_{11}\approx1.134$。

二分法优点是方法简单,且对$f(x)$只要求连续即可。可用二分法求出$f(x)=0$在$[a,b]$内的全部实根。但二分法不能求复根及偶数重根。在实际应用中,这个方法可以用来求根的初始近似值。

表 6.1 计算结果

k	a_k	b_k	x_k	$f(x_k)$
1	1.0	2.0	1.5	8.890 625
2	1.0	1.5	1.25	1.564 697
3	1.0	1.25	1.125	−0.097 713
4	1.125	1.25	1.187 5	0.616 653
5	1.125	1.187 5	1.156 25	0.233 269
6	1.125	1.156 25	1.140 625	0.061 577 8
7	1.125	1.140 625	1.132 813	−0.019 575 6
8	1.132 813	1.140 625	1.136 719	0.020 619 0
9	1.132 813	1.136 719	1.134 766	4.307×10^{-4}
10	1.132 813	1.134 766	1.133 789	−0.009 597 99
11	1.133 789	1.134 766	1.134 277	−0.004 591 5

6.2 迭代法

迭代法是一种逐次逼近法。它是求解代数方程,超越方程及方程组的一种基本方法,但存在收敛性及收敛快慢问题。

6.2.1 简单迭代法

为了用迭代法求非线性方程 $f(x)=0$ 的近似根,首先需要将此方程转化为等价的方程

$$x=g(x) \tag{6.4}$$

若要求 x^* 满足 $f(x^*)=0$,则 $x^*=g(x^*)$;反之亦然。我们称 x^* 为函数 $g(x)$ 的一个不动点。求 $f(x)$ 的零点就等价于求 $g(x)$ 的不动点。显然,将 $f(x)=0$ 转化为等价方程(6.4) 的方法是很多的。

例 6.2 方程 $f(x)=x-\sin x-0.5=0$ 可用不同方法转化为等价方程

① $x=\sin x+0.5\equiv g_1(x)$

② $x=\arcsin(x-0.5)\equiv g_2(x)$

对等价方程 $x=g(x)$,从方程根的一个初始近似值 x_0 出发,通过计算

$$x_{k+1}=g(x_k)\quad(k=0,1,2,\cdots) \tag{6.5}$$

构造序列 $\{x_k\}$。如果 $g(x)$ 连续且序列 $\{x_k\}$ 收敛于 x^*,则由式(6.5) 可知 x^* 为等价方程的根。事实上,由迭代公式(6.5)两边取极限,则有

$$x^*=\lim_{k\to\infty}x_{k+1}=\lim_{k\to\infty}g(x_k)=g(\lim_{k\to\infty}x_k)=g(x^*)$$

因此,对于给定的精度要求,只要 k 适当大,x_k 就可以作为方程根 x^* 的近似值。这种求方程近似根的方法称为简单迭代法或不动点迭代法,其中 $g(x)$ 称为迭代函数,式(6.5)称为迭代公式

或迭代过程。如果由迭代法产生的序列$\{x_k\}$有极限存在，即$\lim\limits_{k\to\infty} x_k=x^*$，则称序列$\{x_k\}$收敛或称迭代过程式(6.5)收敛。否则称$\{x_k\}$不收敛。

显然，在由方程$f(x)=0$转化为等价的方程$x=g(x)$时，选择不同的迭代函数$g(x)$，就会产生不同的序列$\{x_k\}$（即使初始值x_0选择一样），且这些序列的收敛情况也不会相同。

例 6.3　对例 6.2 中方程，考察用迭代法求根。

①$x_{k+1}=\sin x_k+0.5,(k=0,1,\cdots)$

②$x_{k+1}=\arcsin(x_k-0.5),(k=0,1,\cdots)$

由表 6.2 看出，选取的两个迭代函数$g_1(x)$和$g_2(x)$，分别构造的序列$\{x_k\}$收敛情况不一样（初始值都取为 1.0）。在①种情况下$\{x_k\}$收敛且$x^*\approx 1.497\ 300$；在②种情况下出现计算$\arcsin(x_k-0.5)=\arcsin(-1.487\ 761)$，无定义。

表 6.2　迭代法比较

k	①x_k	②x_k	①$f(x_k)$
0	1.0	1.0	
1	1.341 471	0.523 599	
2	1.473 820	0.023 601	
3	1.495 301	−0.496 555	
4	1.497 152	−1.487 761	
5	1.497 289		
6	1.497 300		
7	1.497 300		-3.6×10^{-7}

因此，对于用迭代法求方程$f(x)=0$近似根需要研究下述问题：

①如何选取迭代函数$g(x)$使迭代过程$x_{k+1}=g(x_k)$收敛。

②若$\{x_k\}$收敛较慢时，怎样加速$\{x_k\}$收敛。

6.2.2　迭代法的几何意义

方程$x=g(x)$的根x^*可看作直线$y=x$与曲线$y=g(x)$的交点的横坐标，如图 6.1 所示。从曲线$y=g(x)$上一点$P_0(x_0,g(x_0))$出发，沿着平行于x轴方向前进交$y=x$于一点Q_0，再从Q_0点沿平行于y轴方向前进交$y=g(x)$于P_1点，显然，P_1的横坐标就是$x_1=g(x_0)$。继续这过程就得到序列$\{x_k\}$，且从几何上观察知道在(1)、(2)情况下$\{x_k\}$收敛于x^*，在(3)、(4)情况$\{x_k\}$不收敛于x^*。一般地，用迭代公式(6.5)由x_k求x_{k+1}，相当于过曲线上点$(x_k,g(x_k))$作水平线与直线$y=x$相交，过交点作x轴的垂线，此时垂足至原点距离等于垂线长$g(x_k)$，故垂足横坐标为x_{k+1}。由图可见，曲线斜率$|g'(x)|<1$时迭代序列收敛，且$|g'(x)|$越小收敛越快；反之，若$|g'(x)|>1$，则迭代序列发散。迭代过程$x_{k+1}=g(x_k)$的收敛性情况如图6.1 所示。

6.2.3　迭代法收敛的条件

由迭代法的几何意义可知，为了保证迭代过程收敛，应该要求当$x\in[a,b]$时，由迭代公式

产生的迭代序列$\{x_k\}$在迭代函数$g(x)$的定义域中,且迭代函数的导数满足条件$|g'(x)|<1$;否则方程于$[a,b]$上可能有几个根或迭代法不收敛。下面先介绍$g(x)$在$[a,b]$上有唯一不动点的条件。

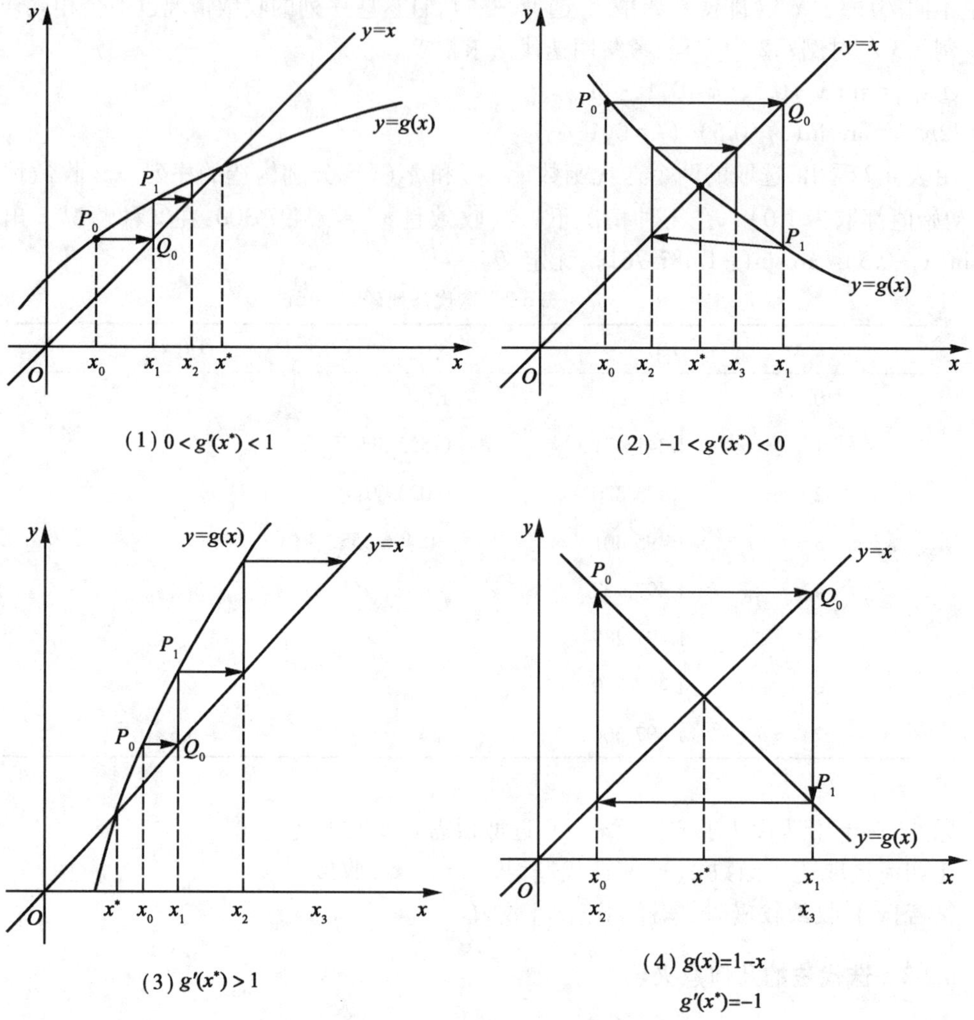

图 6.1　迭代法的几何意义

定理 6.1　设$g(x)$在$[a,b]$上连续,且满足

①当$x\in[a,b]$时,有$g(x)\in[a,b]$;

②存在常数$L\in(0,1)$,使得对任意$x,y\in[a,b]$都有

$$|g(x)-g(y)|\leqslant L|x-y| \tag{6.6}$$

则$g(x)$在$[a,b]$上有唯一的不动点x^*。

证　先证明不动点的存在性。若$g(a)=a$或$g(b)=b$,显然$g(x)$在$[a,b]$上存在不动点。由条件①,以下设$g(a)>a$及$g(b)<b$,定义函数$f(x)=g(x)-x$。显然$f(x)\in C[a,b]$,且$f(a)f(b)<0$,由零点存在定理可知存在$x^*\in(a,b)$使$f(x^*)=0$,即$x^*=g(x^*)$,x^*即为$g(x)$的不动点。

再证明唯一性。假设 x_1^* 及 $x_2^* \in [a,b]$ 都是 $g(x)$ 的不动点，由式(6.6)得

$$|x_1^* - x_2^*| = |g(x_1^*) - g(x_2^*)| \leqslant L|x_1^* - x_2^*| < |x_1^* - x_2^*|，矛盾。$$

故 $g(x)$ 的不动点是唯一的。

在 $g(x)$ 的不动点是唯一的情况下，可得到迭代法收敛的一个充分条件。

定理 6.2　设 $g(x) \in C[a,b]$ 满足定理 6.1 中的两个条件，则对任意选取初始值 $x_0 \in [a,b]$，迭代过程 $x_{k+1}=g(x_k)(k=0,1,\cdots)$ 收敛到 $g(x)$ 的不动点，即 $\lim\limits_{k\to\infty} x_k = x^*$；并有误差估计

$$|x^* - x_k| \leqslant \frac{L^k}{1-L}|x_1 - x_0| \quad (k=1,2,\cdots) \tag{6.7}$$

证　由定理 6.1 的条件①，当 $x_0 \in [a,b]$ 时，有 $x_k \in [a,b]$，$k=1,2,\cdots$。设 x^* 是 $g(x)$ 在 $[a,b]$ 上的唯一不动点，则由条件②得

$$|x^* - x_k| = |g(x^*) - g(x_{k-1})| \leqslant L|x^* - x_{k-1}| \leqslant \cdots \leqslant L^k|x^* - x_0|$$

因为 $0<L<1$，所以 $\lim\limits_{k\to\infty} x_k = x^*$。

下面证明误差估计式(6.7)。由迭代公式 $x_{k+1}=g(x_k)$，显然有

$$|x_{k+1} - x_k| = |g(x_k) - g(x_{k-1})| \leqslant L|x_k - x_{k-1}| \quad (k=1,2,\cdots) \tag{6.8}$$

反复利用式(6.8)式递推得 $|x_{k+1}-x_k| \leqslant L^k|x_1-x_0|$。

于是

$$|x_{k+1} - x_k| = |x^* - x_k - (x^* - x_{k+1})| \geqslant |x^* - x_k| - |x^* - x_{k+1}| \geqslant$$
$$|x^* - x_k| - L|x^* - x_k| = (1-L)|x^* - x_k|$$

即

$$|x^* - x_k| \leqslant \frac{1}{1-L}|x_{k+1} - x_k| \leqslant \cdots \leqslant \frac{L^k}{1-L}|x_1 - x_0|$$

注：①在用迭代法进行实际计算时，必须按精度要求控制迭代次数。误差估计式(6.7)原则上可用于确定迭代次数，但它含有常数 L 而不便于实际应用。由于 $|x^*-x_k| \leqslant \frac{1}{1-L}|x_{k+1}-x_k|$，只要相邻两次计算结果的偏差 $|x_{k+1}-x_k|$ 足够小，就可以保证近似值 x^* 具有足够的精度。

②当 $g(x)$ 在 $[a,b]$ 上具有连续导数时，定理中的条件②可用

$$|g'(x)| \leqslant L < 1 \tag{6.9}$$

代替。

上面给出了迭代序列 $\{x_k\}$ 在区间 $[a,b]$ 上的收敛性，通常称为全局收敛性。对定理中的假设条件：当 $x \in [a,b]$ 时，$|g'(x)| \leqslant L<1$。在一般情况下，可能对于大范围的含根区间不满足，而在根的邻域内是成立的，为此有下述迭代过程局部收敛性结果。

定理 6.3　(迭代法的局部收敛性)　给定方程 $x=g(x)$，设

①x^* 为方程的解；

②$g(x)$ 在 x^* 的邻近连续可导且有 $|g'(x^*)|<1$

则对任意取初值 $x_0 \in S=[x^*-\delta, x^*+\delta]$，$\delta>0$，迭代过程 $x_{k+1}=g(x_k)(k=0,1,2,\cdots)$ 收敛于 x^*(此时称迭代过程具有局部收敛性)。

证　取 $[a,b]=[x^*-\delta, x^*+\delta]$，于是只要验证定理 6.2 中条件②成立即可。

事实上，设 $x \in S$，则 $x_1=g(x)$ 满足

$$|x_1 - x^*| = |g(x) - g(x^*)| = |g'(c)(x - x^*)| \leqslant$$

$$L|x-x^*|<|x-x^*|\leqslant\delta\quad(c\in S)$$

这说明 $x_1=g(x)\in S$。

例 6.4 试用迭代法解方程：$f(x)=x-\ln(x+2)=0$。

解 ①由于当 $x>-2$ 时，$f(x)$ 连续，且显然有

$$f(0)f(2)<0\text{ 及 }f(-1.9)f(-1)<0$$

即知，方程在[0,2]及[-1.9,-1]内有根，分别记为 x_1^* 及 x_2^*。

②考察取初值 $x_0\in[0,2]$时，迭代过程 $x_{k+1}=\ln(x_k+2)$ 的收敛性，其中迭代函数为$g_1(x)=\ln(x+2)$。

显然，$g_1(0)=\ln 2\approx 0.693\ 1>0$，$g_1(2)=\ln 4\approx 1.386<2$ 及 $g_1(x)$ 为增函数，则当$0\leqslant x\leqslant 2$ 时，$0\leqslant g_1(x)\leqslant 2$。又由 $g_1'(x)=\dfrac{1}{x+2}$，则当 $x\in[0,2]$时

$$|g_1'(x)|=\frac{1}{x+2}\leqslant g_1'(0)=\frac{1}{2}<1$$

于是由定理 6.3 可知，当初值 $x_0\in[0,2]$时迭代过程 $x_{k+1}=\ln(x_k+2)$ 收敛，结果见表 6.3。

表 6.3 计算结果

k	$x_{k+1}=\ln(x_k+2)$
0	0.0
1	0.693 147 18
2	0.990 710 46
⋮	⋮
14	1.146 193 1
15	1.146 193 2

如果要求 x_1^* 近似根准确到小数点后第 6 位（即要求$|x_1^*-x_k|\leqslant\dfrac{1}{2}\times10^{-6}$），则由上表可知，$|x_{15}-x_{14}|\approx10^{-7}$，且 $L=\dfrac{1}{2}$。所以$|x_1^*-x_{14}|\leqslant\dfrac{1}{1-L}|x_{15}-x_{14}|\approx2\times10^{-7}<0.5\times10^{-6}$。于是 $x_1^*\approx 1.146\ 193\ 1$，$|f(x_{14})|\approx0.8\times10^{-7}$。

③为了求[-1.9,-1]内方程的根，考察迭代过程

$$x_{k+1}=\ln(x_k+2)\tag{6.10}$$

显然，当 $x\in[-1.9,-1]$时，$|g_1'(x)|=\dfrac{1}{x+2}>g'(-1)=1$。可以验证迭代过程(6.10)不收敛于 x_2^*。

④可将方程转化为等价方程 $e^x=x+2$，从而 $x=e^x-2\equiv g_2(x)$，且有 $g_2'(x)=e^x$。

因为当 $x\in[-1.9,-1]$时，$|g_2'(x)|\leqslant g_2'(-1)\approx0.368<1$，所以，当选取初值$x_0\in[-1.9,-1]$时，迭代过程

$$x_{k+1}=e^{x_k}-2\quad(k=0,1,\cdots)$$

收敛。如取 $x_0=-1$，则迭代 12 次有 $x_2^*\approx x_{12}=-1.841\ 405\ 660$，且有$|f(x_{12})|\approx0.2\times10^{-8}$。

由上例可见，对于方程 $f(x)=0$，迭代函数 $g(x)$ 选取不同，相应由迭代法产生的 $\{x_k\}$ 收敛情况也不一样。因此，我们应该选择迭代函数，使构造的迭代过程 $x_{k+1}=g(x_k)$ 收敛且较快。对于收敛的迭代过程，只要迭代足够多次，就可以使结果达到任意的精度，但有时迭代过程收敛缓慢，从而使计算量变得很大，因此迭代过程的加速是个重要的课题。相关的加速方法可参看文献[1]。

6.2.4　迭代法的收敛阶

迭代过程的收敛速度，是指在接近收敛时迭代误差的下降速度。为了衡量迭代法(6.5)收敛速度的快慢，可给出如下收敛阶的概念。

定义　设迭代过程 $x_{k+1}=g(x_k)$ 收敛于方程 $x=g(x)$ 的根 x^*，如果存在常数 $p(p\geqslant 1)$ 和 $c(c>0)$，使

$$\lim_{k\to\infty}\frac{|x_{k+1}-x^*|}{|x_k-x^*|^p}=c \tag{6.11}$$

则称该迭代过程是 p 阶收敛的，也称序列 $\{x_k\}$ 是 p 阶收敛的。特别地，$p=1$ 时称线性收敛，$p>1$ 称超线性收敛，$p=2$ 时称平方收敛。

定理 6.4　对于迭代过程 $x_{k+1}=g(x_k)$，如果 $g^{(p)}(x)$ 在所求根 x^* 的附近连续，且

$$g'(x^*)=g''(x^*)=\cdots=g^{(p-1)}(x^*)=0,g^{(p)}(x^*)\neq 0 \tag{6.12}$$

则该迭代过程在点 x^* 邻近是 p 阶收敛的。

定理 6.4 可用泰勒定理证明，这里略去。

例 6.5　设 $g(x)=x+t(x^2-5)$，要使迭代过程 $x_{k+1}=g(x_k)$ 至少是平方收敛到 $x^*=\sqrt{5}$，试确定 t 的值。

解　由 $g(x)=x+t(x^2-5)$ 得 $g'(x)=1+2tx$

由定理 6.4 知，当 $g'(x^*)=0$ 时，$x_{k+1}=g(x_k)$ 至少平方收敛，所以令

$$1+2\sqrt{5}t=0$$

于是

$$t=-\frac{1}{2\sqrt{5}}$$

6.2.5　迭代法的加速

一种迭代法具有实用价值，不仅需要确定它是收敛的，而且还应要求它收敛得比较快。在前一小节中给出了迭代过程 p 阶收敛的定义，因为在不知道方程的根 x^* 时，很难使迭代函数在根 x^* 处的直到 $p-1$ 阶导数为零，所以实际上要构造具有高阶收敛的迭代过程是很困难的。因此需要对收敛的迭代过程采取加速方法来提高收敛速度。第 4 章介绍的埃特金加速方法，可用于加快一已知收敛序列 $\{x_n\}$ 的收敛速度。

设 $\{x_n\}$ 是一个线性收敛的序列，收敛于方程 $x=g(x)$ 的根 x^*。由于

$$x_{k+1}-x^*=g'(\xi_1)(x_k-x^*),\ x_{k+2}-x^*=g'(\xi_2)(x_{k+1}-x^*)$$

假设 $g'(x)$ 在所考虑的区间上变化不大，则有

$$\frac{x_{k+1}-x^*}{x_{k+2}-x^*}\approx\frac{x_k-x^*}{x_{k+1}-x^*}$$

于是解得

$$x^*\approx x_k-\frac{(x_{k+1}-x_k)^2}{x_{k+2}-2x_{k+1}+x_k}$$

由 x_k 计算出 x_{k+1}，x_{k+2}后，记

$$\bar{x}_{k+1}=x_k-\frac{(x_{k+1}-x_k)^2}{x_{k+2}-2x_{k+1}+x_k}\quad(k=0,1,\cdots)\tag{6.13}$$

作为 x^* 的新近似值。

可以证明$\lim\limits_{k\to\infty}\frac{\bar{x}_{k+1}-x^*}{x_k-x^*}=0$，即序列$\{\bar{x}_n\}$ 的收敛速度比$\{x_n\}$ 的快。式(6.13) 即为埃特金加速方法。

埃特金加速方法不管原序列$\{x_n\}$是怎样产生的，对$\{x_n\}$进行加速计算，得到序列$\{\bar{x}_n\}$。如果把这个加速技巧与不动点迭代法结合，则可得到下面的迭代格式

$$\begin{cases}y_k=g(x_k)\\ z_k=g(y_k)\\ x_{k+1}=x_k-\dfrac{(y_k-x_k)^2}{z_k-2y_k+x_k}\end{cases}\quad(k=0,1,2,\cdots)\tag{6.14}$$

式(6.14)称为斯特芬森(Steffensen)迭代法。

例 6.6 用斯特芬森迭代法求解方程 $x=\ln(x+2)$ 在[0,2]内的根(取初值 $x_0=0$)。

解 因为迭代函数 $g(x)=\ln(x+2)$，所以由迭代法(6.14)得计算公式为

(1)迭代过程 $y_k=\ln(x_k+2)$，$z_k=\ln(y_k+2)$ $(k=0,1,2,\cdots)$

(2)加速过程 $x_{k+1}=x_k-\dfrac{(y_k-x_k)^2}{z_k-2y_k+x_k}$ $(k=0,1,2,\cdots)$

取初值 $x_0=0$，其计算结果见表 6.4。

表 6.4 计算结果

k	x_k	y_k	z_k
0	0	0.693 1	0.990 7
1	1.214 5	1.167 7	1.153 0
2	1.146 3	1.146 2	1.146 2
3	1.146 2		

6.3　牛顿法

对于方程 $f(x)=0$，如果 $f(x)$ 是线性函数，则求它的求根是容易的。解非线性方程 $f(x)=0$ 的牛顿法是一种将非线性函数线性化的方法。牛顿法的最大优点是在方程单根附近具有较高的收敛速度，牛顿法可用来计算 $f(x)=0$ 的实根，还可计算代数方程的复根。它是求解非线性方程应用最广泛的迭代法之一。

6.3.1　牛顿法公式及误差分析

设有非线性方程

$$f(x)=0 \tag{6.15}$$

其中，假设 $f(x)$ 在 $[a,b]$ 上一阶连续可微，且 $f(a)\cdot f(b)<0$；又设 x_0 是 $f(x)$ 的一个零点 $x^*\in(a,b)$ 的近似值（设 $f'(x_0)\neq 0$）。现考虑用过曲线 $y=f(x)$ 上点 $P(x_0,f(x_0))$ 的切线近似代替函数 $f(x)$，即用线性函数

$$y=f(x_0)+f'(x_0)(x-x_0)$$

代替 $f(x)$。且用切线的零点 x_1 作为方程(6.13)的根 x^* 的近似值，即

$$x^*\approx x_1=x_0-\frac{f(x_0)}{f'(x_0)} \tag{6.16}$$

一般地，若已求得 x_k，将式(6.16)中 x_0 换为 x_k，重复上述过程，即得求方程 $f(x)=0$ 根的牛顿法的计算公式

$$\begin{cases} x_0 \\ x_{k+1}=x_k-\dfrac{f(x_k)}{f'(x_k)} \end{cases} \quad (k=0,1,2,\cdots) \tag{6.17}$$

在几何上，线性化方程 $f(x_k)+f'(x_k)(x-x_k)=0$ 的解 x_{k+1}，表示过曲线 $y=f(x)$ 上点 $P_0(x_k,y_k)$ 的切线与 x 轴的交点，如图 6.2 所示。

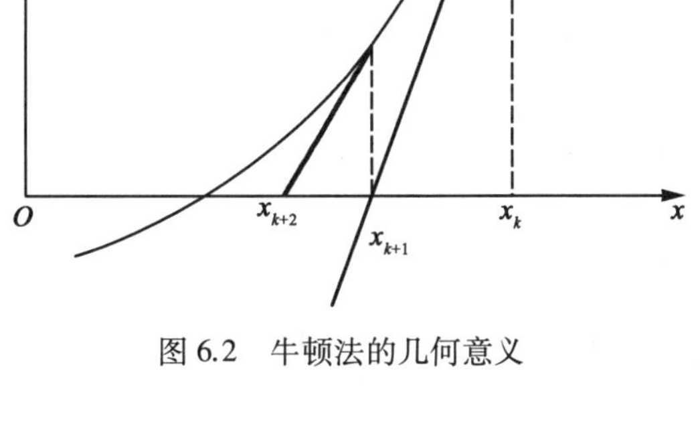

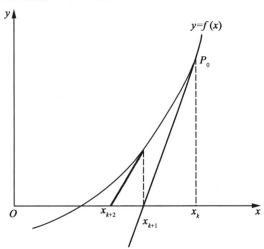

图 6.2　牛顿法的几何意义

下面利用 $f(x)$ 的泰勒公式进行误差分析。设已知 $f(x)=0$ 的根 x^* 的第 k 次近似 x_k，于是 $f(x)$ 在 x_k 点泰勒公式为（设 $f(x)$ 二次连续可微）：

$$f(x)=f(x_k)+f'(x_k)(x-x_k)+\frac{f''(c)}{2!}(x-x_k)^2 \tag{6.18}$$

其中 c 在 x 与 x_k 之间。

如果用线性函数 $P(x)=f(x_k)+f'(x_k)(x-x_k)$ 近似代替 $f(x)$，其误差为 $f''(c)(x-x_k)^2/2$。同时用 $P(x)=0$ 的根 x_{k+1} 作为 $f(x)=0$ 的根 x^* 的近似值，便得到牛顿公式 $x_{k+1}=x_k-\dfrac{f(x_k)}{f'(x_k)}$。

在式(6.18)中取 $x=x^*$，则有

$$f(x^*)=f(x_k)+f'(x_k)(x^*-x_k)+\frac{f''(c)}{2!}(x^*-x_k)^2=0$$

于是

$$x^*=x_k-\frac{f(x_k)}{f'(x_k)}-\frac{f''(c)}{2f'(x_k)}(x^*-x_k)^2。$$

利用牛顿法公式(6.17)即得误差关系式

$$x^*-x_{k+1}=-\frac{f''(c)}{2f'(x_k)}(x^*-x_k)^2 \tag{6.19}$$

误差公式(6.19)说明 x_{k+1} 的误差是与 x_k 的误差的平方成比例的。当初始误差充分小时，以后迭代的误差将非常快地减少。

例 6.7 导出计算 $\sqrt{c}\,(c>0)$ 的牛顿迭代公式，并计算 $\sqrt{26}$。

解 取 $f(x)=x^2-c$，则 $f'(x)=2x$，牛顿法计算公式为

$$x_{k+1}=x_k-\frac{x_k^2-c}{2x_k}=\frac{1}{2}\left(x_k+\frac{c}{x_k}\right),k=0,1,\cdots$$

$\sqrt{26}$ 的值在 4~6 之间，取 $x_0=5$，则

$$x_{k+1}=\frac{1}{2}\left(x_k+\frac{26}{x_k}\right),k=0,1,\cdots$$

计算结果见表 6.5。

表 6.5 计算结果

k	x_k
0	5
1	5.1
2	5.099 02
3	5.099 02

注：当初值 x_0 选取靠近根 x^* 时，牛顿法收敛且收敛较快；当初值 x_0 不是选取接近方程根时，牛顿法可能会给出发散的结果。

6.3.2 牛顿法的局部收敛性

设有方程 $f(x)=0$，由于牛顿法是一种迭代法，其中迭代函数为

$$g(x)=x-\frac{f(x)}{f'(x)}$$

可用迭代法理论来考察牛顿法的收敛性。

定理6.5 设方程 $f(x)=0$ 有根 x^*，而 $f(x)$ 在根 x^* 邻近具有连续二阶导数，且$f'(x^*)\neq 0$，则存在 x^* 的一个邻域 $U=\{x\,\|\,x^*-x|\leqslant\delta\}$，使得对于任意初值 $x_0\in U$，由牛顿法产生的序列 $\{x_k\}$ 收敛于 x^*，且有

$$\lim_{k\to\infty}\frac{x^*-x_{k+1}}{(x^*-x_k)^2}=-\frac{f''(x^*)}{2f'(x^*)} \tag{6.20}$$

证 由于牛顿法是一个迭代法，其迭代函数为 $g(x)=x-\dfrac{f(x)}{f'(x)}$

故
$$g'(x)=1-\frac{(f'(x))^2-f(x)f''(x)}{(f'(x))^2}=\frac{f(x)f''(x)}{(f'(x))^2}$$

从而
$$g'(x^*)=\frac{f(x^*)f''(x^*)}{(f'(x^*))^2}=0$$

于是由定理6.4知，牛顿法为局部收敛，且至少二阶收敛。且由式(6.19)取极限即得式(6.20)。

注：在用牛顿法求$f(x)=0$的单根 x^* 时，一般可用$|x_{k+1}-x_k|$来估计 x_k 的误差，即当 x_k 充分接近 x^* 时，若$|x_{k+1}-x_k|\leqslant\varepsilon$，意味着$|x^*-x_k|\leqslant\varepsilon$。

6.4 弦割法

如果函数 $f(x)$ 比较复杂，求导可能有困难，这时可将牛顿法公式中 $f'(x)$ 近似用差商来代替，即

$$f'(x)\approx\frac{f(x_k)-f(x_{k-1})}{x_k-x_{k-1}}$$

于是得到计算公式：给定初值 x_0,x_1，

$$x_{k+1}=x_k-\frac{f(x_k)}{f(x_k)-f(x_{k-1})}(x_k-x_{k-1})\quad(k=1,2,\cdots) \tag{6.21}$$

这种算法称为弦割法或双点弦割法，在计算前必须先提供两个开始值 x_0,x_1。

弦割法迭代公式也可从函数的近似替代得出。由牛顿插值公式

$f(\alpha)=f(x_k)+f[x_k,x_{k-1}](\alpha-x_k)+f[x_k,x_{k-1},x_{k-2}](\alpha-x_k)(\alpha-x_{k-1})+\cdots$ 取两项近似替代 $f(\alpha)$，得近似线性方程

$$f(x_k)+\frac{f(x_k)-f(x_{k-1})}{x_k-x_{k-1}}(\alpha-x_k)\approx 0$$

令所得 α 的近似值为 x_{k+1}，则得上面的计算公式。

例6.8 用弦割法求方程 $f(x)=x^3-2x-5=0$ 在(2,3)内的根。

解 取初值 $x_0=3,x_1=2$，计算结果见表6.6。

表 6.6　计算结果

k	x_k
0	3
1	2
2	2.058 823 5
3	2.081 263 6
4	2.094 824 1
5	2.094 549 4
6	2.094 551 5

6.5　解非线性方程组的迭代法

考察非线性方程组

$$\begin{cases} f_1(x_1, x_2, \cdots, x_n) = 0 \\ f_2(x_1, x_2, \cdots, x_n) = 0 \\ \quad\vdots \\ f_n(x_1, x_2, \cdots, x_n) = 0 \end{cases} \tag{6.22}$$

其中，$f_i(x_1, x_2, \cdots, x_n)\ (i = 1, 2, \cdots, n)$ 为实变量的非线性函数，它是给定的多元函数。一般表示为：$f_i: \mathbf{R}^n \to \mathbf{R}$。

式(6.22)可用向量形式表示，引进记号

$$\boldsymbol{F}(\boldsymbol{x}) = \begin{pmatrix} f_1(\boldsymbol{x}) \\ f_2(\boldsymbol{x}) \\ \vdots \\ f_n(\boldsymbol{x}) \end{pmatrix}, \quad \boldsymbol{x} = \begin{pmatrix} x_1 \\ x_2 \\ \vdots \\ x_n \end{pmatrix} \in \mathbf{R}^n$$

于是式(6.22)可写成：$\boldsymbol{F}(\boldsymbol{x}) = \mathbf{0}$，其中：$\boldsymbol{F}: \mathbf{R}^n \to \mathbf{R}^n$ 的一个映像。

我们的问题是寻求 $\boldsymbol{x}^*$ 使 $\boldsymbol{F}(\boldsymbol{x}^*) = \mathbf{0}$。本节简单介绍求解非线性方程组 $\boldsymbol{F}(\boldsymbol{x}) = \mathbf{0}$的数值方法。

6.5.1　解非线性方程组的迭代法

解非线性方程组的迭代法和解非线性方程一样，首先需要将 $\boldsymbol{F}(\boldsymbol{x}) = \mathbf{0}$ 转化为等价的方程组

$$x_i = g_i(x_1, x_2, \cdots, x_n) \quad (i = 1, 2, \cdots, n) \tag{6.23}$$

或者简记为

$$\boldsymbol{x} = \boldsymbol{g}(\boldsymbol{x})$$

其中，$g_i: \mathbf{R}^n \to \mathbf{R}, \boldsymbol{g}: \mathbf{R}^n \to \mathbf{R}^n$

$$\boldsymbol{g}(\boldsymbol{x})=\begin{pmatrix}g_1(\boldsymbol{x})\\g_2(\boldsymbol{x})\\\vdots\\g_n(\boldsymbol{x})\end{pmatrix},\quad \boldsymbol{x}=\begin{pmatrix}x_1\\x_2\\\vdots\\x_n\end{pmatrix}\in\mathbf{R}^n$$

迭代法:首先从某个初始向量 $\boldsymbol{x}^{(0)}$ 开始,按下述逐次代入方法构造一向量序列 $\{\boldsymbol{x}^{(k)}\}$:

$$\begin{cases}\boldsymbol{x}_i^{(k+1)}=g_i(x_1^{(k)},\cdots,x_n^{(k)})\quad(i=1,2,\cdots,n)\\ 其中,\boldsymbol{x}^{(k)}=(x_1^{(k)},x_2^{(k)},\cdots,x_n^{(k)})^{\mathrm{T}}\end{cases}\tag{6.24}$$

或写为向量形式:

$$\boldsymbol{x}^{(k+1)}=\boldsymbol{g}(\boldsymbol{x}^{(k)})\qquad(k=0,1,2,\cdots)$$

如果 $\lim\limits_{k\to\infty}\boldsymbol{x}^{(k)}\equiv\boldsymbol{x}^*$(存在),则称 $\{\boldsymbol{x}^{(k)}\}$ 为收敛。且当 $g_i(\boldsymbol{x})$ 为连续函数时,由式(6.24)两边取极限,即得

$$\boldsymbol{x}^*=\boldsymbol{g}(\lim_{k\to\infty}\boldsymbol{x}^{(k)})=\boldsymbol{g}(\boldsymbol{x}^*)$$

即 $\boldsymbol{x}^*$ 为方程组(6.23)的解。

例 6.9　用迭代法求解

$$\begin{cases}x_1=-\sqrt{4-x_2^2}\\x_2=1-\mathrm{e}^{x_1}\end{cases}$$

解　迭代公式:

$$\begin{cases}x_1^{(k+1)}=-\sqrt{4-(x_2^{(k)})^2}\\x_2^{(k+1)}=1-\mathrm{e}^{x_1^{(k)}}\end{cases}\quad(k=0,1,2,\cdots)$$

取初始向量 $\boldsymbol{x}^{(0)}=(-1.8,0.8)^{\mathrm{T}}$,计算结果见表 6.7。

表 6.7　计算结果

k	$x_1^{(k)}$	$x_2^{(k)}$
0	−1.8	0.8
1	−1.833 030	0.834 701
2	−1.817 491	0.840 072
3	−1.815 015	0.837 567
4	−1.816 172	0.837 165
5	−1.816 358	0.837 335 3
6	−1.816 271	0.837 383
7	−1.816 257	0.837 369
8	−1.816 263 5	0.873 669

且

$$\begin{cases}f_1(x_1^{(8)},x_2^{(8)})\approx-3.909\times10^{-6}\\f_2(x_1^{(8)},x_2^{(8)})\approx-1.01\times10^{-6}\end{cases}$$

$$\|\boldsymbol{x}^{(8)}-\boldsymbol{x}^{(7)}\|_\infty\approx1.05\times10^{-5}$$

由计算表明，由迭代法构造$\{\boldsymbol{x}^{(k)}\}$收敛到方程组$\boldsymbol{F}(\boldsymbol{x})=\boldsymbol{0}$一个解$\boldsymbol{x}^*=\begin{pmatrix}\hat{x}_1\\ \hat{x}_2\end{pmatrix}$。

下面不加证明地给出迭代过程收敛的充分条件。

定理 6.6 设$\boldsymbol{x}^*$是非线性方程组$\boldsymbol{x}=\boldsymbol{g}(\boldsymbol{x})$的解；又设$g_i(\boldsymbol{x})$在$\boldsymbol{x}^*$充分小的邻域连续可微，且满足条件$\|\boldsymbol{G}(\boldsymbol{x})^*\|_\infty=r<1$，其中

$$\boldsymbol{G}(\boldsymbol{x})=\begin{pmatrix}\dfrac{\partial g_1(\boldsymbol{x})}{\partial x_1} & \cdots & \dfrac{\partial g_1(\boldsymbol{x})}{\partial x_n}\\ \vdots & & \vdots\\ \dfrac{\partial g_n(\boldsymbol{x})}{\partial x_1} & \cdots & \dfrac{\partial g_n(\boldsymbol{x})}{\partial x_n}\end{pmatrix}$$

则当初始向量$\boldsymbol{x}^{(0)}$选择充分接近$\boldsymbol{x}^*$时，迭代方程$\boldsymbol{x}^{(k+1)}=\boldsymbol{g}(\boldsymbol{x}^{(k)})$产生的向量序列$\{\boldsymbol{x}^{(k)}\}$收敛于$\boldsymbol{x}^*$。

6.5.2 解非线性方程组的牛顿法

设有非线性方程组
$$\boldsymbol{F}(\boldsymbol{x})=\boldsymbol{0}$$
其中
$$\boldsymbol{F}(\boldsymbol{x})=(f_1(\boldsymbol{x}),f_2(\boldsymbol{x}),\cdots,f_n(\boldsymbol{x}))^{\mathrm{T}}$$

由$f_i(\boldsymbol{x})$的偏导数作成的矩阵记为$\boldsymbol{J}(\boldsymbol{x})$或$\boldsymbol{F}'(\boldsymbol{x})$，称为$\boldsymbol{F}(\boldsymbol{x})$的 Jacobi 矩阵

$$\boldsymbol{J}(\boldsymbol{x})\equiv\boldsymbol{F}'(\boldsymbol{x})\equiv\begin{pmatrix}\dfrac{\partial f_1(\boldsymbol{x})}{\partial x_1} & \dfrac{\partial f_1(\boldsymbol{x})}{\partial x_2} & \cdots & \dfrac{\partial f_1(\boldsymbol{x})}{\partial x_n}\\ \dfrac{\partial f_2(\boldsymbol{x})}{\partial x_1} & \dfrac{\partial f_2(\boldsymbol{x})}{\partial x_2} & \cdots & \dfrac{\partial f_2(\boldsymbol{x})}{\partial x_n}\\ \vdots & \vdots & & \vdots\\ \dfrac{\partial f_n(\boldsymbol{x})}{\partial x_1} & \dfrac{\partial f_n(\boldsymbol{x})}{\partial x_2} & \cdots & \dfrac{\partial f_n(\boldsymbol{x})}{\partial x_n}\end{pmatrix}\tag{6.25}$$

设$\boldsymbol{x}^*$为$\boldsymbol{F}(\boldsymbol{x})=\boldsymbol{0}$的解，且设$\boldsymbol{x}^{(k)}=(x_1^{(k)},x_2^{(k)},\cdots,x_n^{(k)})$为$\boldsymbol{x}^*$的近似解。现利用多元函数$f_i(\boldsymbol{x})$在$\boldsymbol{x}^{(k)}$点的泰勒公式有

$$f_i(\boldsymbol{x})=f_i(\boldsymbol{x}^{(k)})+(x_1-x_1^{(k)})\frac{\partial f_i(\boldsymbol{x}^{(k)})}{\partial x_1}+\cdots+(x_n-x_n^{(k)})\frac{\partial f_i(\boldsymbol{x}^{(k)})}{\partial x_n}+$$
$$\frac{1}{2}\sum_{j,l=1}^{n}(x_j-x_j^{(k)})(x_l-x_l^{(k)})\cdot\frac{\partial^2 f_i(C_i)}{\partial x_j\partial x_l}\equiv P_i(\boldsymbol{x})+R_1\quad(i=1,2,\cdots,n)\tag{6.26}$$

其中，C_i在$\boldsymbol{x}^{(k)}$与$\boldsymbol{x}$所连的线段内。

用式(6.26)中线性函数$P_i(\boldsymbol{x})$近似代替$f_i(\boldsymbol{x})$，并将线性方程组

$$P_i(\boldsymbol{x})\equiv f_i(\boldsymbol{x}^{(k)})+(x_1-x_1^{(k)})\frac{\partial f_i(\boldsymbol{x}^{(k)})}{\partial x_1}+\cdots+$$
$$(x_n-x_n^{(k)})\frac{\partial f_i(\boldsymbol{x}^{(k)})}{\partial x_n}=0\quad(i=1,2,\cdots,n)\tag{6.27}$$

的解作为$\boldsymbol{x}^*$的第$k+1$次近似解，记为$\boldsymbol{x}^{(k+1)}$。

将式(6.27)写成矩阵形式,即　$\boldsymbol{F}(\boldsymbol{x}^{(k)})+\boldsymbol{J}(\boldsymbol{x}^{(k)})(\boldsymbol{x}-\boldsymbol{x}^{(k)})=\boldsymbol{0}$

如果 $\boldsymbol{J}(\boldsymbol{x}^{(k)})$ 为非奇异矩阵,则得到牛顿法迭代公式

$$\begin{cases}\boldsymbol{x}^{(0)} \\ \boldsymbol{x}^{(k+1)}=\boldsymbol{x}^{(k)}-\left[\boldsymbol{J}(\boldsymbol{x}^{(k)})\right]^{-1}\boldsymbol{F}(\boldsymbol{x}^{(k)})\end{cases}\quad(k=0,1,2,\cdots)\tag{6.28}$$

因此,求解非线性方程组 $\boldsymbol{F}(\boldsymbol{x})=\boldsymbol{0}$ 牛顿迭代法为

$$\begin{cases}\boldsymbol{x}^{(0)} \\ \boldsymbol{J}(\boldsymbol{x}^{(k)})\Delta\boldsymbol{x}^{(k)}=-\boldsymbol{F}(\boldsymbol{x}^{(k)}) \\ \boldsymbol{x}^{(k+1)}=\boldsymbol{x}^{(k)}+\Delta\boldsymbol{x}^{(k)}\end{cases}\tag{6.29}$$

例 6.10　用牛顿法求解非线性方程组

$$\begin{cases}f_1(x_1,x_2)=x_2-x_1^2=0 \\ f_2(x_1,x_2)=x_1-x_1x_2+1=0\end{cases}$$

解　取初始向量 $\boldsymbol{x}^{(0)}=(1.5,1.5)^{\mathrm{T}}$

计算 $\boldsymbol{F}(\boldsymbol{x})$ 的 Jacobi 矩阵

$$\boldsymbol{J}(\boldsymbol{x})=\begin{pmatrix}\dfrac{\partial f_1(\boldsymbol{x})}{\partial x_1} & \dfrac{\partial f_1(\boldsymbol{x})}{\partial x_2} \\ \dfrac{\partial f_2(\boldsymbol{x})}{\partial x_1} & \dfrac{\partial f_2(\boldsymbol{x})}{\partial x_2}\end{pmatrix}=\begin{pmatrix}-2x_1 & 1 \\ 1-x_2 & -x_1\end{pmatrix}$$

①计算 $\boldsymbol{J}(\boldsymbol{x}^{(0)})$ 及 $\boldsymbol{F}(\boldsymbol{x}^{(0)})$

$$\boldsymbol{J}(\boldsymbol{x}^{(0)})=\begin{pmatrix}-3 & 1 \\ -0.5 & -1.5\end{pmatrix},\boldsymbol{F}(\boldsymbol{x}^{(0)})=\begin{pmatrix}-0.75 \\ 0.25\end{pmatrix}$$

求解线性方程组:$\boldsymbol{J}(\boldsymbol{x}^{(0)})\Delta\boldsymbol{x}^{(0)}=-\boldsymbol{F}(\boldsymbol{x}^{(0)})$

得到

$$\boldsymbol{x}^{(1)}=\boldsymbol{x}^{(0)}+\Delta\boldsymbol{x}^{(0)}=(1.325,1.725)^{\mathrm{T}}$$

②计算 $\boldsymbol{J}(\boldsymbol{x}^{(1)})$ 及 $\boldsymbol{F}(\boldsymbol{x}^{(1)})$

$$\boldsymbol{J}(\boldsymbol{x}^{(1)})=\begin{pmatrix}-2.65 & 1 \\ 0.725 & -1.325\end{pmatrix},\boldsymbol{F}(\boldsymbol{x}^{(1)})=\begin{pmatrix}-0.030\ 625 \\ 0.039\ 375\end{pmatrix}$$

求解线性方程组:

$$\boldsymbol{J}(\boldsymbol{x}^{(1)})\Delta\boldsymbol{x}^{(1)}=-\boldsymbol{F}(\boldsymbol{x}^{(1)})$$

得到

$$\boldsymbol{x}^{(2)}=\boldsymbol{x}^{(1)}+\Delta\boldsymbol{x}^{(1)}=(1.324\ 16,1.754\ 873)^{\mathrm{T}}$$

计算
$$\boldsymbol{F}(\boldsymbol{x}^{(2)})=\begin{pmatrix}f_1(\boldsymbol{x}^{(2)}) \\ f_2(\boldsymbol{x}^{(2)})\end{pmatrix}=\begin{pmatrix}-8\times10^{-8} \\ 8.45\times10^{-6}\end{pmatrix}$$

我们指出,当 $f_i(\boldsymbol{x})(i=1,2,\cdots,n)$ 具有连续二阶连续偏导数时,且 $\boldsymbol{J}(\boldsymbol{x}^*)$ 为非奇异矩阵,$\boldsymbol{x}^*$ 为 $\boldsymbol{F}(\boldsymbol{x})=\boldsymbol{0}$ 的解,则当初始向量 $\boldsymbol{x}^{(0)}$ 选取充分接近 $\boldsymbol{x}^*$ 时,牛顿法产生向量序列 $\{\boldsymbol{x}^{(k)}\}$ 收敛于 $\boldsymbol{x}^*$,且为二阶收敛。计算中用 $S=\sum_{i=1}^{n}f_i^2(\boldsymbol{x})<\varepsilon$ 控制迭代。

6.6 应用程序举例

例 6.11 用牛顿法求方程 $f(x)=x^3-2x-5=0$ 在(2,3)内的根。

解 编写主程序 newton.m,然后计算时调用。

```
function [x_star, index, it] = newton(fun, x, eps, it_max)
if nargin < 4
    it_max = 100;
end
if nargin < 3
    eps = 1e-5;
end
index = 0;
k = 1;
while k <= it_max
    x1 = x;
    f = feval(fun, x);
if abs(f(2)) < eps
      break;
  end
x = x - f(1)/f(2);
if abs(x - x1) < eps
     index = 1;
  break;
 end
 k = k + 1;
end
x_star = x;
it = k;
```

在命令窗口中输入

```
>> fun = inline('[x^3-2*x-5,3*x^2-2]');
>> [x_star, index, it] = newton(fun, 2.1)
```

显示结果为

```
x_star =
        2.0946
index =
     1
```

```
it =

     3
```

即迭代 3 次，求得方程的根为 2.094 6。

习题 6

1.用二分法求方程 $x^3+x-4=0$ 在 $[1,2]$ 内的根，使其误差满足 $|x^*-x_k|<10^{-4}$ 所需的分半次数。

2.设方程 $f(x)=x^3-x^2-1=0$ 在 $[1.4,1.6]$ 内有一根，试将 $f(x)=0$ 在 $[1.4,1.6]$ 内转化为可使迭代过程收敛的等价方程 $x=g(x)$。

3.用迭代法求方程 $x^3-2x-3=0$ 在 $[1,2]$ 内的根。（精确到小数点后第 5 位）

4.对方程 $f(x)=0$，设 $f'(x)$ 存在，且对一切 x 满足 $0<m<f'(x)<M$，构造迭代过程 $x_{k+1}=x_k-\lambda f(x_k)$，$(k=0,1,2,\cdots;\lambda$ 为常数$)$。试证明对任意 $\lambda\in\left(0,\dfrac{2}{M}\right)$ 及对任意选取的初值 x_0，上述迭代过程收敛。

5.判别下列非线性方程能否用迭代法求解：

(1) $x=\dfrac{\cos x+\sin x}{4}$　　　　(2) $x=4-2^x$

6.用牛顿法求方程 $f(x)=x^3-x-1=0$ 在 $x=1.5$ 附近的根，要求精度 $\varepsilon=10^{-5}$。

7.用牛顿法计算 $\sqrt{115}$ 具有 4 位有效数字的近似值。

8.验证求方程 $x^3-a=0$ 根的迭代法

$$x_{k+1}=\frac{2x_k^3+a}{3x_k^2}\quad(k=0,1,2,\cdots)$$

是二阶收敛的，其中 $a\neq0$。

9.用弦割法求方程 $f(x)=x^3+10x-20=0$ 在 $(1.5,2)$ 内的实根。（取 $x_0=1.5,x_1=2$）

10.求解非线性方程组 $\begin{cases}4x_1-x_2+\dfrac{1}{10}e^{x_1}=1\\-x_1+4x_2+\dfrac{1}{8}x_1^2=0\end{cases}$。（取 $\boldsymbol{x}^{(0)}=(0,0)^{\mathrm{T}}$，精确到小数点后 6 位，e 的指数是 x_1）

11.用牛顿法解非线性方程组 $\begin{cases}x_1^2+x_2^2=4\\x_1^2-x_2^2=1\end{cases}$。（取 $\boldsymbol{x}^{(0)}=(1.6,1.2)^{\mathrm{T}}$）

第 7 章 解线性方程组的数值方法

7.1 引 言

在自然科学和工程技术中有很多问题的解决都归结为求解线性(代数)方程组的数学问题。例如,电学中的网络问题,用最小二乘法求实验数据的曲线拟合问题,三次样条的插值问题,用有限元法计算结构力学中一些问题或用差分法解椭圆型偏微分方程边值问题等。

在工程实际问题中产生的线性方程组,其系数矩阵大致有两种,一种是低阶稠密矩阵(这种矩阵的全部元素都存储在计算机的存储器中);另一类是大型稀疏矩阵(此类矩阵阶数高,但零元素较多)。

本章的主要任务是讨论系数行列式不为零的 n 阶非齐次线性方程组 $\boldsymbol{A}\boldsymbol{x}=\boldsymbol{b}$ 的两类求解方法。7.2—7.4 节介绍求解线性方程组的直接法。目前这种方法是计算机上解低阶稠密矩阵方程组的有效方法。7.6 节将介绍计算机上解大型稀疏矩阵方程组的迭代法。

7.2 高斯消去法

高斯消去法是对增广矩阵$(\boldsymbol{A} \vdots \boldsymbol{b})$进行一系列的初等行变换,将系数矩阵$\boldsymbol{A}$约化为具有简单形式的矩阵(如上三角形矩阵)的方法。虽然高斯消去法是一个古老的求解线性方程组的方法,但由它改进得到的选主元的高斯消去法则是目前计算机上常用的求解低阶稠密矩阵方程组的有效方法。

例 7.1 用高斯消去法解方程组

$$\begin{cases} 2x_1 + 2x_2 + 2x_3 = 1 \\ 3x_1 + 2x_2 + 4x_3 = \dfrac{1}{2} \\ x_1 + 3x_2 + 9x_3 = \dfrac{5}{2} \end{cases} \tag{7.1}$$

解　第 1 步：将方程组(7.1)的第一个方程分别乘上$\left(-\frac{3}{2}\right)$和$\left(-\frac{1}{2}\right)$，并分别加到第二、第三个方程上去，则得到与原方程组等价的方程组

$$\begin{cases}2x_1+2x_2+2x_3=1\\ -x_2+x_3=-1\\ 2x_2+8x_3=2\end{cases}\tag{7.2}$$

第 2 步：将方程组(7.2)的第二个方程乘上 2 加到第三个方程，消去其中的未知数 x_2，又得到与原方程组等价的三角形方程组

$$\begin{cases}2x_1+2x_2+2x_3=1\\ -x_2+x_3=-1\\ 10x_3=0\end{cases}\tag{7.3}$$

最后由上述方程组，用回代的方法，即可求得原方程组的解为

$$x_3=0,x_2=1,x_1=-\frac{1}{2}。$$

若用矩阵来描述消去法的约化过程，即为

$$(\boldsymbol{A},\boldsymbol{b})=\begin{pmatrix}2&2&2&1\\3&2&4&\frac{1}{2}\\1&3&9&\frac{5}{2}\end{pmatrix}\xrightarrow{1}\begin{pmatrix}2&2&2&1\\0&-1&1&-1\\0&2&8&2\end{pmatrix}\xrightarrow{2}\begin{pmatrix}2&2&2&1\\0&-1&1&-1\\0&0&10&0\end{pmatrix}$$

这种求解过程，称为具有回代的高斯消去法。

下面讨论求解一般线性方程组的高斯消去法。设有 n 阶线性方程组

$$\begin{cases}a_{11}x_1+a_{12}x_2+\cdots+a_{1n}x_n=b_1\\ a_{21}x_1+a_{22}x_2+\cdots+a_{2n}x_n=b_2\\ \qquad\vdots\\ a_{n1}x_1+a_{n2}x_2+\cdots+a_{nn}x_n=b_n\end{cases}\tag{7.4}$$

引进记号　$\boldsymbol{A}=\begin{pmatrix}a_{11}&a_{12}&\cdots&a_{1n}\\a_{21}&a_{22}&\cdots&a_{2n}\\\vdots&\vdots&&\vdots\\a_{n1}&a_{n2}&\cdots&a_{nn}\end{pmatrix},\boldsymbol{x}=\begin{pmatrix}x_1\\x_2\\\vdots\\x_n\end{pmatrix},\boldsymbol{b}=\begin{pmatrix}b_1\\b_2\\\vdots\\b_n\end{pmatrix}$

方程组(7.4)可用矩阵形式表示

$$\boldsymbol{Ax}=\boldsymbol{b}\tag{7.5}$$

且为了下面讨论方便，记 $\boldsymbol{A}=\boldsymbol{A}^{(1)}=(a_{ij}^{(1)})_{n\times n}$，$\boldsymbol{b}=\boldsymbol{b}^{(1)}=(b_1^{(1)},\cdots,b_n^{(1)})^{\mathrm{T}}$。假设 $\boldsymbol{A}$ 为非奇异矩阵(即设 $\det(\boldsymbol{A})\neq0$)。

第 1 步($k=1$)：设 $a_{11}^{(1)}\neq0$ 计算乘数

$$m_{i1}=\frac{a_{i1}^{(1)}}{a_{11}^{(1)}}\quad(i=2,\cdots,n)$$

用$-m_{i1}$乘上方程组(7.4)第一个方程，分别加到第 i 个方程上去($i=2,\cdots,n$)，即实施行的初等变换

$r_i \leftarrow r_i - m_{i1} \cdot r_1$,$(i=2,\cdots,n)$,消去第 2 个方程—第 n 个方程的未知数 x_1,得到方程组(7.4)的等价方程组

$$\begin{pmatrix} a_{11}^{(1)} & a_{12}^{(1)} & \cdots & a_{1n}^{(1)} \\ & a_{22}^{(2)} & \cdots & a_{2n}^{(2)} \\ & \vdots & & \vdots \\ & a_{n2}^{(2)} & \cdots & a_{nn}^{(2)} \end{pmatrix} \begin{pmatrix} x_1 \\ x_2 \\ \vdots \\ x_n \end{pmatrix} = \begin{pmatrix} b_1^{(1)} \\ b_2^{(2)} \\ \vdots \\ b_n^{(2)} \end{pmatrix} \tag{7.6}$$

记为

$$\boldsymbol{A}^{(2)}\boldsymbol{x}=\boldsymbol{b}^{(2)}$$

其中,式(7.6)中右上角标为(2)的元素为这一步需要计算的元素,计算公式分别为

$$a_{ij}^{(2)} = a_{ij}^{(1)} - m_{i1}a_{1j}^{(1)} \qquad (i,j = 2,\cdots,n)$$

$$b_i^{(2)} = b_i^{(1)} - m_{i1}b_1^{(1)} \qquad (i = 2,\cdots,n)$$

第 k 步:$(k=1,2,\cdots,n-1)$继续上述消去过程,设第 1 步—第 $k-1$ 步计算已经完成,得到与原方程组等价的方程组

$$\begin{pmatrix} a_{11}^{(1)} & a_{12}^{(1)} & \cdots & & & a_{1n}^{(1)} \\ & a_{22}^{(2)} & \cdots & & & a_{2n}^{(2)} \\ & & \ddots & & & \vdots \\ & & & a_{kk}^{(k)} & \cdots & a_{kn}^{(k)} \\ & & & \vdots & & \vdots \\ & & & a_{nk}^{(k)} & \cdots & a_{nn}^{(k)} \end{pmatrix} \begin{pmatrix} x_1 \\ x_2 \\ \vdots \\ x_n \end{pmatrix} = \begin{pmatrix} b_1^{(1)} \\ b_2^{(2)} \\ \vdots \\ b_k^{(k)} \\ \vdots \\ b_n^{(k)} \end{pmatrix} \tag{7.7}$$

记为

$$\boldsymbol{A}^{(k)}\boldsymbol{x}=\boldsymbol{b}^{(k)}$$

现进行第 k 步消元计算,设 $a_{kk}^{(k)} \neq 0$,计算乘数

$$m_{ik} = \frac{a_{ik}^{(k)}}{a_{kk}^{(k)}} \quad (i = k + 1,\cdots,n)$$

用$-m_{ik}$乘式(7.7)的第 k 个方程,加到第 i 个方程上去$(i=k+1,\cdots,n)$,消去第 i 个方程$(i=k+1,\cdots,n)$的未知数 x_k,得到与原方程组等价的方程组(略),简记为 $\boldsymbol{A}^{(k+1)}\boldsymbol{x}=\boldsymbol{b}^{(k+1)}$

其中 $\boldsymbol{A}^{(k+1)}$,$\boldsymbol{b}^{(k+1)}$元素计算公式为:

$$\begin{cases} a_{ij}^{(k+1)} = a_{ij}^{(k)} - m_{ik}a_{kj}^{(k)} & (i,j = k + 1,\cdots,n) \\ b_i^{(k+1)} = b_i^{(k)} - m_{ik}b_k^{(k)} & (i = k + 1,\cdots,n) \end{cases} \tag{7.8}$$

$\boldsymbol{A}^{(k+1)}$与$\boldsymbol{A}^{(k)}$前 k 行元素相同,$\boldsymbol{b}^{(k+1)}$与$\boldsymbol{b}^{(k)}$前 k 个元素相同。

最后,重复上述约化过程,即 $k=1,2,\cdots,n-1$ 且设 $a_{kk}^{(k)} \neq 0(k=1,2,\cdots,n-1)$,共完成$n-1$步消元计算,得到与原方程组(7.4)等价的三角形方程组

$$\begin{pmatrix} a_{11}^{(1)} & a_{12}^{(1)} & \cdots & a_{1n}^{(1)} \\ & a_{22}^{(2)} & \cdots & a_{2n}^{(2)} \\ & & \ddots & \vdots \\ & & & a_{nn}^{(n)} \end{pmatrix} \begin{pmatrix} x_1 \\ x_2 \\ \vdots \\ x_n \end{pmatrix} = \begin{pmatrix} b_1^{(1)} \\ b_2^{(2)} \\ \vdots \\ b_n^{(n)} \end{pmatrix} \tag{7.9}$$

用回代的方法,即可求得式(7.9)的解,计算公式为

$$\begin{cases} x_n = \dfrac{b_n^{(n)}}{a_{nn}^{(n)}} \\ x_i = \dfrac{b_i^{(i)} - \sum\limits_{j=i+1}^{n} a_{ij}^{(i)} x_j}{a_{ii}^{(i)}} \end{cases} \quad (i = n-1, n-2, \cdots, 1) \tag{7.10}$$

元素 $a_{kk}^{(k)}$ 称为约化的主元素。将式(7.4)约化为式(7.9)的过程称为消元过程,由式(7.9)求解得到式(7.10)的过程称为回代过程。由消元过程和回代过程求解线性方程组的方法称为高斯消去法。

定理 7.1　(高斯消去法)　设 $\boldsymbol{Ax}=\boldsymbol{b}$,其中 $\boldsymbol{A} \in \mathbf{R}^{n\times n}$。如果约化的主元素 $a_{kk}^{(k)} \neq 0(k=1,2,\cdots,n)$,则可通过高斯消去法(不进行交换两行的初等交换)将方程组 $\boldsymbol{Ax}=\boldsymbol{b}$ 约化为三角形矩阵方程组(7.9)且消元和求解公式为

①消元计算

第 k 步消元($k=1,2,\cdots,n-1$)

$$\begin{cases} m_{ik} = \dfrac{a_{ik}^{(k)}}{a_{kk}^{(k)}} \quad (i = k+1, \cdots, n) \\ a_{ij}^{(k+1)} = a_{ij}^{(k)} - m_{ik} a_{kj}^{(k)} \quad (i,j = k+1, \cdots, n) \\ b_i^{(k+1)} = b_i^{(k)} - m_{ik} b_k^{(k)} \quad (i = k+1, \cdots, n) \end{cases}$$

②回代计算

$$\begin{cases} x_n = \dfrac{b_n^{(n)}}{a_{nn}^{(n)}} \\ x_i = \dfrac{b_i^{(i)} - \sum\limits_{j=i+1}^{n} a_{ij}^{(i)} x_j}{a_{ii}^{(i)}} \end{cases} (i = n-1, n-2, \cdots, 1)$$

如果 $\boldsymbol{A}$ 为非奇异矩阵时,但可能有某 $a_{kk}^{(k)}=0$,则在第 k 列存在有元素 $a_{i_k,k}^{(k)} \neq 0$,($k+1 \leqslant i_k \leqslant n$),于是可通过交换($\boldsymbol{A} \vdots \boldsymbol{b}$)的第 k 行和第 i_k 行元素将 $a_{i_k,k}^{(k)}$ 调到(k,k)位置,然后再进行消元计算。因此,在 $\boldsymbol{A}$ 为非奇异矩阵时,只要引进行交换,则高斯消去法可将 $\boldsymbol{Ax}=\boldsymbol{b}$ 约化为三角形方程组(7.9),且通过回代即可求得方程组的解。

下面讨论高斯消去法的计算量:

1)消元计算:第 k 步($k=1,2,\cdots,n-1$)

①计算乘数:需要作($n-k$)次除法运算;

②消元:需作$(n-k)^2$ 次乘法运算;

③计算 $\boldsymbol{b}^{(k)}$:需作($n-k$)次乘法运算。

于是全部消元计算共需要作

$$\sum_{k=1}^{n-1}(n-k) + \sum_{k=1}^{n-1}(n-k)^2 + \sum_{k=1}^{n-1}(n-k) = \frac{n(n-1)}{2} + \frac{(n-1)n(2n-1)}{6} + \frac{n(n-1)}{2} = \frac{1}{3}n^3 + \frac{1}{2}n^2 - \frac{5}{6}n \equiv s$$

次乘除法运算。

2)回代计算:共需要作$\frac{n(n+1)}{2}$次乘除法运算

于是,用高斯消去法解$\boldsymbol{Ax}=\boldsymbol{b}$(其中$\boldsymbol{A}\in\mathbf{R}^{n\times n}$)总的计算量为

$$T=\frac{n(n+1)}{2}+s=\frac{n^3}{3}+n^2-\frac{n}{3}$$

次乘除法运算。当$n=20$时,$T=3\ 060$,显然比用克莱姆(Cramer)法则所用的乘除法运算次数少得多。尽管克莱姆法则在理论上十分完美,却完全不适用于在计算机上求解高维方程组。

另外,在线性代数中往往提倡用初等行变换把增广矩阵化为最简形。例 7.1 的求解过程为

$$(\boldsymbol{A},\boldsymbol{b})=\begin{pmatrix}2 & 2 & 2 & 1\\ 3 & 2 & 4 & \frac{1}{2}\\ 1 & 3 & 9 & \frac{5}{2}\end{pmatrix}\xrightarrow{1}\begin{pmatrix}1 & 1 & 1 & \frac{1}{2}\\ 0 & -1 & 1 & -1\\ 0 & 2 & 8 & 2\end{pmatrix}\xrightarrow{2}$$

$$\begin{pmatrix}1 & 0 & 2 & -\frac{1}{2}\\ 0 & 1 & -1 & 1\\ 0 & 0 & 10 & 0\end{pmatrix}\xrightarrow{3}\begin{pmatrix}1 & 0 & 0 & -\frac{1}{2}\\ 0 & 1 & 0 & 1\\ 0 & 0 & 1 & 0\end{pmatrix}$$

于是,该方程组的解为$x_1=-\frac{1}{2},x_2=1,x_3=0$。这种无回代的高斯消去法称为高斯-若当消去法,所需乘除法次数为$T=\frac{n^3}{2}+n^2-\frac{n}{2}$,比高斯消去法多$\frac{n^3-n}{6}$次乘除运算。因此,除非方程组的阶数较小,计算机上一般也不用这种方法。

7.3 选主元素的高斯消去法

用高斯消去法解$\boldsymbol{Ax}=\boldsymbol{b}$时,其中设$\boldsymbol{A}$为非奇异矩阵,但可能出现$a_{kk}^{(k)}=0$的情况,这时必须进行带行交换的高斯消去法。但在实际计算中即使$a_{kk}^{(k)}\neq 0$但其绝对值很小时,用$a_{kk}^{(k)}$作除数,会导致中间结果矩阵$\boldsymbol{A}^{(k)}$元素数量级严重增长和舍入误差的扩散,使得最后的计算结果不可靠。我们先看下面的例子。

例 7.2 设有方程组

$$\begin{cases}0.000\ 1x_1+x_2=1\\ x_1+x_2=2\end{cases}$$

解 该方程组的精确解为$\boldsymbol{x}^*=(0.999\ 899\ 99,1.000\ 100\ 01)^{\mathrm{T}}$。但直接用高斯消去法求解却得到一个很坏的结果$x_2=1.00,x_1=0.00$。下面用具有行交换的高斯消去法(避免小主元)求解。

$$(\boldsymbol{A},\boldsymbol{b})\xrightarrow{r_1\leftrightarrow r_2}\begin{pmatrix}1 & 1 & 2\\ 0.000\ 1 & 1 & 1\end{pmatrix}\longrightarrow\begin{pmatrix}1 & 1 & 2\\ 0 & 1.00 & 1.00\end{pmatrix}$$

回代求解得 $x_2=1.00, x_1=1.00$。对于用具有舍入的 3 位浮点数进行运算，这是一个很好的计算结果。

直接用高斯消去法计算失败的原因，是用了一个绝对值很小的数作除数，乘数很大，引起约化中间结果数量级严重增长，再进行运算就使得计算结果不可靠了。

这个例子告诉我们，在采用高斯消去法解方程组时，小主元可能导致计算失败，故在消去法中应避免采用绝对值很小的主元素。对一般矩阵方程组，需要引进选主元的技巧，即在高斯消去法的每一步应该在系数矩阵或消元后的低阶矩阵中选取绝对值最大的元素作为主元素，保持乘数 $|m_{ik}|\leqslant 1$，以便减少计算过程中舍入误差对计算解的影响。

这个例子还告诉我们，对同一数值问题，用不同的计算方法，得到的结果的精度大不一样。一个算法，如果输入数据有误差，而在计算过程中舍入误差不增长，则称此算法是数值稳定的，否则称此算法是不稳定的。

7.3.1　完全主元素消去法

设有线性方程组 $\boldsymbol{Ax}=\boldsymbol{b}$，其中 $\boldsymbol{A}$ 为非奇异矩阵。方程组的增广矩阵为

$$(\boldsymbol{A},\boldsymbol{b})=\begin{pmatrix} a_{11} & a_{12} & \cdots & \cdots & a_{1n} & b_1 \\ a_{21} & a_{22} & \cdots & \cdots & a_{2n} & b_2 \\ \vdots & \vdots & a_{i1j1} & & \vdots & \vdots \\ \vdots & \vdots & & & \vdots & \vdots \\ a_{n1} & a_{n2} & \cdots & \cdots & a_{nn} & b_n \end{pmatrix}$$

第 1 步（$k=1$）：首先在 $\boldsymbol{A}$ 中选主元素，即选择 i_1, j_1 使 $|a_{i_1j_1}|=\max\limits_{i,j}|a_{ij}|\neq 0$；再交换 $(\boldsymbol{A},\boldsymbol{b})$ 的第 1 行与第 i_1 行元素，交换 $\boldsymbol{A}$ 的第 1 列与第 j_1 列元素，将 $a_{i_1j_1}$ 调到 $(1,1)$ 位置（为简单起见，交换后增广阵仍记为 $(\boldsymbol{A},\boldsymbol{b})$）；然后，进行消元计算。

第 k 步：继续上述过程，设已完成第 1 步到第 $k-1$ 步计算，$(\boldsymbol{A},\boldsymbol{b})$ 约化为下述形式：

$$(\boldsymbol{A},\boldsymbol{b})\longrightarrow(\boldsymbol{A}^{(k)},\boldsymbol{b}^{(k)})=\begin{pmatrix} a_{11} & a_{12} & & \cdots & & a_{1n} & b_1 \\ & a_{22} & & \cdots & & a_{2n} & b_2 \\ & & \ddots & & & \vdots & \vdots \\ & & & a_{kk} & \cdots & a_{kn} & b_k \\ & & & \vdots & & \vdots & \vdots \\ & & & a_{nk} & \cdots & a_{nn} & b_n \end{pmatrix}$$

$\uparrow$

第 k 步选主元区域

于是，第 k 步计算：

对于 $k=1,2,\cdots,n-1$ 做到③。

①选主元素：选取 i_k, j_k，使 $|a_{i_kj_k}|=\max\limits_{k\leqslant i,j\leqslant n}|a_{ij}|\neq 0$；

②如果 $i_k\neq k$，则交换 $(\boldsymbol{A},\boldsymbol{b})$ 第 k 行与第 i_k 行元素；如果 $j_k\neq k$，则交换 $\boldsymbol{A}$ 的第 k 列与第 j_k 列元素；

③消元计算：

$$m_{ik}=\frac{a_{ik}}{a_{kk}} \qquad (i=k+1,\cdots,n)$$

$$a_{ij}\leftarrow a_{ij}-m_{ik}a_{kj} \qquad (i,j=k+1,\cdots,n)$$

$$b_i\leftarrow b_i-m_{ik}b_k \qquad (i=k+1,\cdots,n)$$

④回代求解

经过上面的过程,即从第 1 步到 $n-1$ 步完成选主元,交换两行,交换两列,消元计算,原方程组约化为

$$\begin{pmatrix} a_{11} & a_{12} & \cdots & a_{1n} \\ & a_{22} & \cdots & a_{2n} \\ & & \ddots & \vdots \\ & & & a_{nn} \end{pmatrix}\begin{pmatrix} y_1 \\ y_2 \\ \vdots \\ y_n \end{pmatrix}=\begin{pmatrix} b_1 \\ b_2 \\ \vdots \\ b_n \end{pmatrix}$$

其中,$y_1,y_2,\cdots,y_n$ 为未知数 $x_1,x_2,\cdots,x_n$ 调换后的次序。回代求解

$$\begin{cases} y_n=\dfrac{b_n}{a_{nn}} \\ y_i=\dfrac{b_i-\sum\limits_{j=i+1}^{n}a_{ij}y_j}{a_{ii}} \end{cases} \qquad (i=n-1,\cdots,2,1)$$

7.3.2 列主元素消去法

完全主元消去法是解低阶稠密矩阵方程组的有效方法,但完全主元素方法在选主元时要花费一定的计算机时间,在实际计算中常用的是部分选主元(即列主元)消去法。列主元消去法在每次选主元时,仅依次按列选取绝对值最大的元素作为主元素,且仅交换两行,再进行消元计算。

设列主元素消去法已经完成第 1 步到第 $k-1$ 步的按列选主元,交换两行,消元计算得到与原方程组等价的方程组 $\boldsymbol{A}^{(k)}\boldsymbol{x}=\boldsymbol{b}^{(k)}$,其中为简单起见,增广矩阵的元素仍记为 a_{ij},b_i,即

$$(\boldsymbol{A}^{(k)},\boldsymbol{b}^{(k)})=\begin{pmatrix} a_{11} & a_{12} & & \cdots & & a_{1n} & b_1 \\ & a_{22} & & \cdots & & a_{2n} & b_2 \\ & & \ddots & & & \vdots & \vdots \\ & & & a_{kk} & \cdots & a_{kn} & b_k \\ & & & \vdots & & \vdots & \vdots \\ & & & a_{nk} & \cdots & a_{nn} & b_n \end{pmatrix}$$

↑

第 k 步选主元区域

于是,第 k 步计算如下:

对于 $k=1,2,\cdots,n-1$ 做到④。

①按列选主元:即选取 i_k,使 $|a_{i_k k}|=\max\limits_{k\leqslant i\leqslant n}|a_{ik}|\neq 0$;

②如果 $a_{i_k k}=0$,则 $\boldsymbol{A}$ 为奇异矩阵,停止计算;

③否则,如果 $i_k\neq k$,则交换 $(\boldsymbol{A},\boldsymbol{b})$ 第 k 行与第 i_k 行元素;

④消元计算：

$$a_{ik}\leftarrow m_{ik}=\frac{a_{ik}}{a_{kk}} \qquad (i=k+1,\cdots,n)$$

$$a_{ij}\leftarrow a_{ij}-m_{ik}a_{kj} \qquad (i,j=k+1,\cdots,n)$$

$$b_i\leftarrow b_i-m_{ik}b_k \qquad (i=k+1,\cdots,n)$$

⑤回代求解

$$\begin{cases} b_n\leftarrow \dfrac{b_n}{a_{nn}} \\ b_i\leftarrow \dfrac{b_i-\sum\limits_{j=i+1}^{n}a_{ij}b_j}{a_{ii}} \end{cases} \quad (i=n-1,\cdots,2,1)$$

计算解 $x_1,x_2,\cdots,x_n$ 在常数项 $b(n)$ 内得到。

例 7.3　用列主元素消去法解方程组

$$\begin{cases} 0.012x_1+0.01x_2+0.167x_3=0.678\ 1 \\ x_1+0.833\ 4x_2+5.91x_3=12.1 \\ 3\ 200x_1+1\ 200x_2+4.2x_3=981 \end{cases}$$

解　用 4 位有效数字计算如下：

$$(\boldsymbol{A},\boldsymbol{b})=\begin{pmatrix} 0.012\ 0 & 0.010\ 0 & 0.167\ 0 & 0.678\ 1 \\ 1.000 & 0.833\ 4 & 5.910 & 12.10 \\ \underline{3\ 200} & 1\ 200 & 4.200 & 981.0 \end{pmatrix}\longrightarrow\begin{pmatrix} 3\ 200 & 1\ 200 & 4.200 & 981.0 \\ 0 & \underline{0.458\ 4} & 5.909 & 11.79 \\ 0 & 0.005\ 500 & 0.167\ 0 & 0.674\ 4 \end{pmatrix}$$

$$\longrightarrow\begin{pmatrix} 3\ 200 & 1\ 200 & 4.200 & 981.0 \\ 0 & 0.458\ 4 & 5.909 & 11.79 \\ 0 & 0 & 0.096\ 1 & 0.532\ 9 \end{pmatrix}$$

经回代求解得 $x_3=5.545, x_2=-45.76, x_1=17.46$。

7.4　矩阵的三角分解

高斯消去法有很多变形，有的是高斯消去法的改进、改写，有的是用于某一类特殊性质矩阵的高斯消去法的简化。现用矩阵理论来研究高斯消去法。

7.4.1　直接三角分解法

高斯消去法消元的一步等价于用一个单位下三角矩阵左乘前一步约化得到的矩阵。先说明在消元过程中，系数矩阵 $\boldsymbol{A}=\boldsymbol{A}^{(1)}$ 是如何经矩阵运算约化为上三角矩阵 $\boldsymbol{A}^{(n)}$ 的。设

$$\boldsymbol{A}^{(1)}=\begin{pmatrix} a_{11}^{(1)} & a_{12}^{(1)} & \cdots & a_{1n}^{(1)} \\ a_{21}^{(1)} & a_{22}^{(1)} & \cdots & a_{2n}^{(1)} \\ \vdots & \vdots & & \vdots \\ a_{n1}^{(1)} & a_{n2}^{(1)} & \cdots & a_{nn}^{(1)} \end{pmatrix},$$

若 $a_{11}^{(1)} \neq 0$，令 $l_{i1} = \dfrac{a_{i1}^{(1)}}{a_{11}^{(1)}}, i = 2,3,\cdots,n, \boldsymbol{L}_1 = \begin{pmatrix} 1 & & & \\ -l_{21} & 1 & & \\ \vdots & & \ddots & \\ -l_{n1} & & & 1 \end{pmatrix}$

施行第一步消元，得到

$$\boldsymbol{A}^{(2)} = \boldsymbol{L}_1 \boldsymbol{A}^{(1)} = \begin{pmatrix} a_{11}^{(1)} & a_{12}^{(1)} & \cdots & a_{1n}^{(1)} \\ 0 & a_{22}^{(2)} & \cdots & a_{2n}^{(2)} \\ \vdots & \vdots & & \vdots \\ 0 & a_{n2}^{(2)} & \cdots & a_{nn}^{(2)} \end{pmatrix}$$

若 $a_{22}^{(2)} \neq 0$，令 $l_{i2} = \dfrac{a_{i2}^{(2)}}{a_{22}^{(2)}}, i = 3,4,\cdots,n$，

$$\boldsymbol{L}_2 = \begin{pmatrix} 1 & & & & \\ 0 & 1 & & & \\ 0 & -l_{32} & 1 & & \\ \vdots & \vdots & & \ddots & \\ 0 & -l_{n2} & & \cdots & 1 \end{pmatrix}$$

施行第二步消元，得到

$$\boldsymbol{A}^{(3)} = \boldsymbol{L}_2 \boldsymbol{A}^{(2)} = \begin{pmatrix} a_{11}^{(1)} & a_{12}^{(1)} & a_{13}^{(1)} & \cdots & a_{1n}^{(1)} \\ 0 & a_{22}^{(2)} & a_{23}^{(2)} & \cdots & a_{2n}^{(2)} \\ 0 & 0 & a_{33}^{(3)} & \cdots & a_{3n}^{(3)} \\ \vdots & \vdots & \vdots & \ddots & \vdots \\ 0 & 0 & a_{n3}^{(3)} & \cdots & a_{nn}^{(3)} \end{pmatrix}$$

如此下去，施行第 $n-1$ 步消元，得到

$$\boldsymbol{A}^{(n)} = \boldsymbol{L}_{n-1} \boldsymbol{A}^{(n-1)} = \begin{pmatrix} a_{11}^{(1)} & a_{12}^{(1)} & \cdots & a_{1n}^{(1)} \\ & a_{22}^{(2)} & \cdots & a_{2n}^{(2)} \\ & & \ddots & \vdots \\ & & & a_{nn}^{(n)} \end{pmatrix}$$

由此可见，在顺序高斯消去法的过程中，系数矩阵 $\boldsymbol{A} = \boldsymbol{A}^{(1)}$ 经过一系列单位下三角矩阵的左乘运算约化为上三角矩阵 $\boldsymbol{A}^{(n)}$，即

$$\boldsymbol{A}^{(n)} = \boldsymbol{L}_{n-1} \boldsymbol{A}^{(n-1)} = \cdots = \boldsymbol{L}_{n-1} \boldsymbol{L}_{n-2} \cdots \boldsymbol{L}_2 \boldsymbol{L}_1 \boldsymbol{A} \tag{7.11}$$

其中

$$\boldsymbol{L}_k = \begin{pmatrix} 1 & & & & & \\ & \ddots & & & & \\ & & 1 & & & \\ & & -l_{k+1,k} & 1 & & \\ & & \vdots & & \ddots & \\ & & -l_{nk} & & & 1 \end{pmatrix}, \quad \boldsymbol{L}_k^{-1} = \begin{pmatrix} 1 & & & & & \\ & \ddots & & & & \\ & & 1 & & & \\ & & l_{k+1,k} & 1 & & \\ & & \vdots & & \ddots & \\ & & l_{nk} & & & 1 \end{pmatrix}$$

记 $$U=A^{(n)},L=L_1^{-1}L_2^{-1}\cdots L_{n-1}^{-1} \tag{7.12}$$

容易验证

$$L=\begin{pmatrix}1 & & & & \\ l_{21} & 1 & & & \\ l_{31} & l_{32} & 1 & & \\ \vdots & \vdots & \ddots & \ddots & \\ l_{n1} & l_{n2} & \cdots & l_{nn-1} & 1\end{pmatrix}$$

则由式(7.11)知 $$A=L_1^{-1}L_2^{-1}\cdots L_{n-1}^{-1}A^{(n)}=LU \tag{7.13}$$

其中,L,U 分别为单位下三角矩阵和上三角矩阵。

总结上述讨论,得到下述重要定理。

定理 7.2 （矩阵的 LU 分解）

设 $A\in\mathbf{R}^{n\times n}$,如果 A 的顺序主子式 $\det(A_i)\neq 0$,$(i=1,2,\cdots,n-1)$,则 A 可分解为一个单位下三角阵 L 与一个上三角阵 U 的乘积,即 $A=LU$,且分解是唯一的。

证 根据以上对高斯消去法的矩阵分析,$A=LU$ 的存在性已经得到证明。下面证明唯一性。

假设 A 为非奇异矩阵,设 $A=LU=L_1U_1$,其中 L,L_1 为单位下三角阵,U,U_1 为一个上三角阵。由于 U_1^{-1} 存在,所以 $L^{-1}L_1=UU_1^{-1}$。比较该式知,左端为单位下三角阵,右端为上三角阵,故两边都是单位矩阵,因此 $U=U_1$,$L=L_1$。

对于 A 为奇异矩阵的情形请读者自己证明。

称矩阵的三角分解 $A=LU$ 为杜利特尔(Doolittle)分解。杜利特尔分解算法如下:

对于 $i=1,2,\cdots,n$,

①计算 U 的第 i 行 k 列元素,即对于 $k=i,i+1,\cdots,n$,计算

$$u_{ik}\leftarrow a_{ik}-\sum_{j=1}^{i-1}l_{ij}u_{jk} \tag{7.14}$$

②计算 L 的第 i 列 k 行元素,即对于 $k=i+1,\cdots,n$,计算

$$l_{ki}\leftarrow\frac{a_{ki}-\sum_{j=1}^{i-1}l_{kj}u_{ji}}{u_{ii}} \tag{7.15}$$

在上述算法中,对于固定的 i,当 u_{ik}算出时,a_{ik}在计算中不再出现,因此把 u_{ik}存贮在 a_{ik}的位置;当计算出 l_{ki}后,a_{ki}也不再需要了,将 l_{ki}存贮在 a_{ki}的位置。因此实现 LU 分解后,矩阵 A 的元素分别换成了 L 或 U 的元素,即

$$A\to\begin{pmatrix}u_{11} & u_{12} & \cdots & u_{1n}\\ l_{21} & u_{22} & \cdots & u_{2n}\\ \vdots & \ddots & \ddots & \vdots\\ l_{n1} & \cdots & l_{n,n-1} & u_{nn}\end{pmatrix}$$

所以矩阵的三角分解过程无须增加新的存贮。

注:①在定理 7.2 条件下,同样可有三角分解 $A=LU$,其中 L,U 分别为下三角矩阵和单位上三角矩阵。称矩阵的这种分解为克劳特(Crout)分解。

②当对矩阵进行分解 $\boldsymbol{A}=\boldsymbol{LU}$ 后，求解方程组 $\boldsymbol{Ax}=\boldsymbol{b}$ 等价于求两个方程组 $\begin{cases}\boldsymbol{Ly}=\boldsymbol{b}\\ \boldsymbol{Ux}=\boldsymbol{y}\end{cases}$。

求解公式为 $\begin{cases}y_1=b_1\\ y_i=b_i-\sum\limits_{k=1}^{i-1}l_{ik}y_k, i=2,3,\cdots,n\end{cases}$

$$\begin{cases}x_n=y_{nn}/u_{nn}\\ x_i=\dfrac{y_i-\sum\limits_{k=i+1}^{n}u_{ik}x_k}{u_{ii}}, i=n-1,n-2,\cdots,1\end{cases}$$

③采用列主元素消去法时，只需进行行交换就可将消元法进行到底。这样，在矩阵的三角分解中可以去掉定理 7.2 中关于顺序主子式非奇异的限制。我们可以证明下面的定理 7.3。

定理 7.3 设矩阵 $\boldsymbol{A}\in\mathbf{R}^{n\times n}$ 非奇异，则存在置换矩阵 $\boldsymbol{P}$，使得 $\boldsymbol{PA}$ 被分解为一个单位下三角阵 $\boldsymbol{L}$ 与一个上三角阵 $\boldsymbol{U}$ 的乘积，即 $\boldsymbol{PA}=\boldsymbol{LU}$。

例如，非奇异矩阵 $\boldsymbol{A}=\begin{pmatrix}1&2&3\\2&4&10\\0&4&8\end{pmatrix}$ 的二阶顺序主子式 $\begin{vmatrix}1&2\\2&4\end{vmatrix}=0$，对 $\boldsymbol{A}$ 不能进行 LU 分解。

根据定理 7.3，存在置换矩阵 $\boldsymbol{P}=\begin{pmatrix}0&1&0\\0&0&1\\1&0&0\end{pmatrix}$，矩阵 $\boldsymbol{PA}$ 可分解为

$$\boldsymbol{PA}=\begin{pmatrix}1&0&0\\0&1&0\\\dfrac{1}{2}&0&1\end{pmatrix}\begin{pmatrix}2&4&10\\0&4&8\\0&0&-2\end{pmatrix}$$

例 7.4 利用三角分解方法解方程组

$$\begin{pmatrix}1&2&3\\-3&-4&-12\\2&10&0\end{pmatrix}\begin{pmatrix}x_1\\x_2\\x_3\end{pmatrix}=\begin{pmatrix}-2\\5\\10\end{pmatrix}$$

解 进行三角分解 $\boldsymbol{A}=\boldsymbol{LU}$

$$\boldsymbol{A}=\begin{pmatrix}1&0&0\\-3&1&0\\2&3&1\end{pmatrix}\begin{pmatrix}1&2&3\\0&2&-3\\0&0&3\end{pmatrix}$$

求解 $\boldsymbol{Ly}=\boldsymbol{b}$，即 $\begin{pmatrix}1&0&0\\-3&1&0\\2&3&1\end{pmatrix}\begin{pmatrix}y_1\\y_2\\y_3\end{pmatrix}=\begin{pmatrix}-2\\5\\10\end{pmatrix}$，得到 $y_1=-2,y_2=-1,y_3=17$。

再求解 $\boldsymbol{Ux}=\boldsymbol{y}$，即 $\begin{pmatrix}1&2&3\\0&2&-3\\0&0&3\end{pmatrix}\begin{pmatrix}x_1\\x_2\\x_3\end{pmatrix}=\begin{pmatrix}-2\\-1\\17\end{pmatrix}$，得到 $x_1=-35,x_2=8,x_3=\dfrac{17}{3}$。

7.4.2　解三对角线性方程组的追赶法

在一些实际问题中,如用三次样条函数的插值问题,解常微分方程边值问题等,最后都导出解三对角线性方程组 $\boldsymbol{Ax}=\boldsymbol{f}$,即

$$\begin{pmatrix} b_1 & c_1 & & & & & \\ a_2 & b_2 & c_2 & & & & \\ & \ddots & \ddots & \ddots & & & \\ & & a_i & b_i & c_i & & \\ & & & \ddots & \ddots & \ddots & \\ & & & & a_{n-1} & b_{n-1} & c_{n-1} \\ & & & & & a_n & b_n \end{pmatrix}\begin{pmatrix} x_1 \\ x_2 \\ \\ \vdots \\ \\ \\ x_n \end{pmatrix}=\begin{pmatrix} f_1 \\ f_2 \\ \\ \vdots \\ \\ \\ f_n \end{pmatrix} \tag{7.16}$$

其中,$\boldsymbol{A}$ 满足条件:当 $|i-j|>1$ 时,$a_{ij}=0$,且

①$|b_1|>|c_1|>0$

②$|b_i|\geqslant|a_i|+|c_i|\qquad(a_ic_i\neq0,i=2,\cdots,n-1)$　　(7.17)

③$|b_n|>|a_n|>0$

对于具有条件(7.17)的方程组 $\boldsymbol{Ax}=\boldsymbol{f}$,我们介绍下述的追赶法求解。追赶法具有计算量少,方法简单,算法稳定等特点。

定理 7.4　设有三对角线性方程组 $\boldsymbol{Ax}=\boldsymbol{f}$,且 $\boldsymbol{A}$ 满足条件(7.17),则 $\boldsymbol{A}$ 为非奇异矩阵。

证　用归纳法证明。显然,当 $n=2$ 时有

$$\det(\boldsymbol{A})=\begin{vmatrix} b_1 & c_1 \\ a_2 & b_2 \end{vmatrix}=b_1b_2-c_1a_2\neq0$$

现设定理对 $n-1$ 阶满足条件(7.17)的三对角阵成立,求证对满足条件(7.17)的 n 阶三对角阵定理亦成立。由 $b_1\neq0$ 和消去法,有

$$\boldsymbol{A}\to\begin{pmatrix} b_1 & c_1 & 0 & \cdots & 0 \\ 0 & b_2-\dfrac{c_1}{b_1}a_2 & c_2 & \vdots & \\ & a_3 & b_3 & c_3 & \\ & \ddots & & \ddots & \ddots \\ & & & a_n & b_n \end{pmatrix}\equiv\boldsymbol{A}^{(2)}$$

显然,$\det(\boldsymbol{A})=b_1\det(\boldsymbol{B})$,其中

$$\boldsymbol{B}=\begin{pmatrix} \alpha_2 & c_2 & & \\ a_3 & b_3 & c_3 & \\ & \ddots & \ddots & \ddots \\ & & a_n & b_n \end{pmatrix},\quad \alpha_2=b_2-\frac{c_1}{b_1}a_2$$

且有

$$|\alpha_2|=\left|b_2-\frac{c_1}{b_1}a_2\right|\geqslant|b_2|-\left|\frac{c_1}{b_1}\right||a_2|>|b_2|-|a_2|\geqslant|c_2|\neq0$$

于是，由归纳法假定有 $\det(\boldsymbol{B})\neq 0$，故 $\det(\boldsymbol{A})\neq 0$。

定理 7.5　设 $\boldsymbol{Ax}=\boldsymbol{f}$，其中 $\boldsymbol{A}$ 为满足条件(7.17)的三对角阵，则 $\boldsymbol{A}$ 的所有顺序主子式都不为零，即 $\det(\boldsymbol{A}_k)\neq 0(k=1,2,\cdots,n)$。

证　由于 $\boldsymbol{A}$ 是满足条件(7.17)的 n 阶三对角阵，因此，$\boldsymbol{A}$ 的任一个顺序主子式矩阵 $\boldsymbol{A}_k$ 是满足条件(7.17)的 k 阶三对角阵，由定理 7.4 知 $\det(\boldsymbol{A}_k)\neq 0(k=1,2,\cdots,n)$。

根据定理 7.5，可用矩阵的三角分解法求解方程组(7.16)。于是当系数矩阵 $\boldsymbol{A}$ 满足条件(7.17)时，由定理 7.2 知，可以证明 $\boldsymbol{A}$ 存在唯一的杜利特尔分解。设

$$\boldsymbol{A}=\begin{pmatrix} b_1 & c_1 & & & \\ a_2 & b_2 & c_2 & & \\ & \ddots & \ddots & \ddots & \\ & & a_{n-1} & b_{n-1} & c_{n-1} \\ & & & a_n & b_n \end{pmatrix}=\boldsymbol{LU}$$

$$=\begin{pmatrix} 1 & & & & & \\ l_2 & 1 & & & & \\ & \ddots & \ddots & & & \\ & & l_i & 1 & & \\ & & & \ddots & \ddots & \\ & & & & l_n & 1 \end{pmatrix}\begin{pmatrix} u_1 & r_1 & & & & & \\ & u_2 & r_2 & & & & \\ & & \ddots & \ddots & & & \\ & & & u_i & r_i & & \\ & & & & \ddots & \ddots & \\ & & & & & u_{n-1} & r_{n-1} \\ & & & & & & u_n \end{pmatrix}$$

由矩阵乘法，可得计算待定系数 $\{u_i\}$，$\{l_i\}$，$\{r_i\}$ 的计算公式，即根据矩阵乘法规则，比较上式两端得

$$\begin{cases} b_1=u_1, r_1=c_1 \\ r_i=c_i \\ a_i=l_iu_{i-1} \\ b_i=r_{i-1}l_i+u_i \end{cases}\qquad (i=2,3,\cdots,n)$$

如果 $u_i\neq 0(i=1,2,\cdots,n-1)$，则解得

$$\begin{cases} u_1=b_1 \\ l_i=a_i/u_{i-1} \\ u_i=b_i-c_{i-1}l_i \end{cases}\qquad (i=2,3,\cdots,n) \tag{7.18}$$

即

$$\boldsymbol{A}=\boldsymbol{LU}=\begin{pmatrix} 1 & & & & & \\ l_2 & 1 & & & & \\ & \ddots & \ddots & & & \\ & & l_i & 1 & & \\ & & & \ddots & \ddots & \\ & & & & l_n & 1 \end{pmatrix}\begin{pmatrix} u_1 & c_1 & & & & & \\ & u_2 & c_2 & & & & \\ & & \ddots & \ddots & & & \\ & & & u_i & c_i & & \\ & & & & \ddots & \ddots & \\ & & & & & u_{n-1} & c_{n-1} \\ & & & & & & u_n \end{pmatrix}$$

当矩阵 $\boldsymbol{A}$ 按式(7.18)进行三角分解后，求解方程组 $\boldsymbol{Ax}=\boldsymbol{f}$(7.16)等价于求解两个三角形方程组：

1) $\boldsymbol{Ly}=\boldsymbol{f}$，求 $\boldsymbol{y}$；　　2) $\boldsymbol{Ux}=\boldsymbol{y}$，求 $\boldsymbol{x}$。

于是，得到解(7.16)的追赶法公式：

①计算 $\{u_i\}$，$\{l_i\}$ 的递推公式

$$\begin{cases} u_1 = b_1 \\ l_i = a_i/u_{i-1} \\ u_i = b_i - c_{i-1}l_i \end{cases} \quad (i = 2,3,\cdots,n)$$

②求解 $\boldsymbol{Ly}=\boldsymbol{f}$ 的递推公式

$$\begin{cases} y_1 = f_1 \\ y_i = f_i - l_i y_{i-1} \end{cases} \quad (i = 2,3,\cdots,n)$$

③求解 $\boldsymbol{Ux}=\boldsymbol{y}$ 的递推公式

$$\begin{cases} x_n = y_n/u_n \\ x_i = (y_i - c_i x_{i+1})/u_i \end{cases} \quad (i = n-1,\cdots,2,1)$$

将计算待定系数 $l_2\to l_3\to\cdots\to l_n$ 和 $u_2\to u_3\to\cdots\to u_n$，以及方程组的解 $y_1\to y_2\to\cdots\to y_n$ 的过程称为**追的过程**；计算方程组的解 $x_n\to x_{n-1}\to\cdots x_2\to x_1$ 的过程称为**赶的过程**。

追赶法公式实际上就是把高斯消去法用到求解 $\boldsymbol{Ax}=\boldsymbol{f}$ 方程组(7.16)上去的结果。由于 $\boldsymbol{A}$ 特别简单，使得求解的计算量比较小。

例 7.5　用追赶法解方程组

$$\begin{pmatrix} 2 & -1 & 0 & 0 \\ -1 & 2 & -1 & 0 \\ 0 & -1 & 2 & -1 \\ 0 & 0 & -1 & 2 \end{pmatrix}\begin{pmatrix} x_1 \\ x_2 \\ x_3 \\ x_4 \end{pmatrix} = \begin{pmatrix} 1 \\ 0 \\ 0 \\ 1 \end{pmatrix}$$

解　①用公式 $\begin{cases} u_1=b_1 \\ l_i=a_i/u_{i-1} \\ u_i=b_i-c_{i-1}l_i \end{cases}$ 计算 $\{u_i\}$，$\{l_i\}$

$$u_1 = 2; l_2 = -\frac{1}{2}, u_2 = \frac{3}{2}; l_3 = -\frac{2}{3}, u_3 = \frac{4}{3}; l_4 = -\frac{3}{4}, u_4 = \frac{5}{4}$$

②用公式 $\begin{cases} y_1=f_1 \\ y_i=f-l_i y_{i-1} \end{cases}$ 计算 $\{y_i\}$

$$y_1 = 1, y_2 = \frac{1}{2}, y_3 = \frac{1}{3}, y_4 = \frac{5}{4}$$

③用公式 $\begin{cases} x_n=y_n/u_n \\ x_i=(y_i-c_i x_{i+1})/u_i \end{cases}$ 计算 $\{x_i\}$

$$x_4 = 1, x_3 = 1,\ x_2 = 1, x_1 = 1$$

7.4.3　平方根法

在工程技术问题中，例如用有限元方法解结构力学中的问题时，常常需要求解系数矩阵为

对称正定矩阵的方程组。所谓平方根法,就是对于这种具有特殊性质的系数矩阵,利用对称正定矩阵的三角分解而得到的解对称正定矩阵方程组的一种有效方法。平方根法目前在计算机上被广泛应用。

设有方程组 $\boldsymbol{Ax}=\boldsymbol{b}$,其中,$\boldsymbol{A}\in\mathbf{R}^{n\times n}$。若 $\boldsymbol{A}$ 满足下述条件,则称 $\boldsymbol{A}$ 为对称正定矩阵。

①$\boldsymbol{A}$ 对称,即 $\boldsymbol{A}^{\mathrm{T}}=\boldsymbol{A}$;

②对任意非零向量 $\boldsymbol{x}\in\mathbf{R}^n$,有 $(\boldsymbol{Ax},\boldsymbol{x})=\boldsymbol{x}^{\mathrm{T}}\boldsymbol{Ax}>0$。

对称正定矩阵 $\boldsymbol{A}$ 具有性质:

①$\boldsymbol{A}$ 的顺序主子式都大于零,即 $\det(\boldsymbol{A}_k)>0(k=1,2,\cdots n)$;

②$\boldsymbol{A}$ 的特征值 $\lambda_i>0(i=1,2,\cdots,n)$。

设 $\boldsymbol{A}$ 为对称正定矩阵,则由定理 7.2 知,$\boldsymbol{A}$ 有唯一的三角分解

$$\boldsymbol{A}=\boldsymbol{LU}=\begin{pmatrix}1 & & & \\ l_{21} & 1 & & \\ \vdots & \vdots & \ddots & \\ l_{n1} & l_{n2} & \cdots & 1\end{pmatrix}\begin{pmatrix}u_{11} & u_{12} & \cdots & u_{1n} \\ & u_{22} & \cdots & u_{2n} \\ & & \ddots & \vdots \\ & & & u_{nn}\end{pmatrix}$$

为了利用 $\boldsymbol{A}$ 的对称性,将 $\boldsymbol{U}$ 再分解为 $\boldsymbol{U}=\boldsymbol{DU}_0$,其中

$$\boldsymbol{D}=\begin{pmatrix}u_{11} & & & \\ & u_{22} & & \\ & & \ddots & \\ & & & u_{nn}\end{pmatrix},\boldsymbol{U}_0=\begin{pmatrix}1 & \dfrac{u_{12}}{u_{11}} & \cdots & \cdots & \dfrac{u_{1n}}{u_{11}} \\ & 1 & \dfrac{u_{23}}{u_{22}} & \cdots & \dfrac{u_{2n}}{u_{22}} \\ & & 1 & \cdots & \vdots \\ & & & \ddots & \vdots \\ & & & & 1\end{pmatrix}$$

于是 $$\boldsymbol{A}=\boldsymbol{LU}=\boldsymbol{LDU}_0 \tag{7.19}$$

由于 $\boldsymbol{A}^{\mathrm{T}}=\boldsymbol{A}$,所以 $\boldsymbol{A}=\boldsymbol{U}_0^{\mathrm{T}}(\boldsymbol{DL}^{\mathrm{T}})$,$\boldsymbol{U}_0^{\mathrm{T}}$ 为单位下三角阵,$(\boldsymbol{DL}^{\mathrm{T}})$ 为上三角阵,由矩阵三角分解的唯一性,则 $\boldsymbol{L}=\boldsymbol{U}_0^{\mathrm{T}}$,从而对称正定矩阵 $\boldsymbol{A}$ 有唯一分解式

$$\boldsymbol{A}=\boldsymbol{LDL}^{\mathrm{T}} \tag{7.20}$$

由式(7.18)可知

$$\det(\boldsymbol{A}_k)=u_{11}u_{22}\cdots u_{kk}\quad(k=1,2,\cdots,n)$$

又因为 $\det(\boldsymbol{A}_k)>0(k=1,2,\cdots,n)$,故 $u_{ii}>0(i=1,2,\cdots,n)$。于是,对角阵 $\boldsymbol{D}$ 还可以分解为

$$\boldsymbol{D}=\mathrm{diag}[\sqrt{u_{11}},\sqrt{u_{22}},\cdots,\sqrt{u_{nn}}]\cdot\mathrm{diag}[\sqrt{u_{11}},\sqrt{u_{22}},\cdots,\sqrt{u_{nn}}]\equiv\boldsymbol{D}^{\frac{1}{2}}\boldsymbol{D}^{\frac{1}{2}}$$

代入式(7.19),则有

$$\boldsymbol{A}=\boldsymbol{LD}^{\frac{1}{2}}\boldsymbol{D}^{\frac{1}{2}}\boldsymbol{L}^{\mathrm{T}}=(\boldsymbol{LD}^{\frac{1}{2}})(\boldsymbol{LD}^{\frac{1}{2}})^{\mathrm{T}}\equiv\hat{\boldsymbol{L}}\hat{\boldsymbol{L}}^{\mathrm{T}}$$

其中 $\hat{L}=\boldsymbol{LD}^{\frac{1}{2}}$ 为下三角阵。

定理 7.6 (对称正定阵的三角分解)

设 $\boldsymbol{A}$ 为 n 阶对称正定矩阵,则有三角分解:

①$\boldsymbol{A}=\boldsymbol{LDL}^{\mathrm{T}}$,其中 $\boldsymbol{L}$ 为单位下三角阵,$\boldsymbol{D}$ 为对角阵,或

②$\boldsymbol{A}=\boldsymbol{LL}^{\mathrm{T}}$,其中,$\boldsymbol{L}$ 为下三角阵且当限定 $\boldsymbol{L}$ 的对角元素为正时,这种分解是唯一的,这种

矩阵分解称为乔里斯基(Cholesky)分解。

下面推导实现分解计算 $\boldsymbol{A}=\boldsymbol{L}\boldsymbol{L}^{\mathrm{T}}$ 的递推公式,以及求解公式。

设有 $\boldsymbol{A}\boldsymbol{x}=\boldsymbol{b}$,其中 $\boldsymbol{A}\in\mathbf{R}^{n\times n}$ 为对称正定矩阵,于是有三角分解

$$\boldsymbol{A}=\begin{pmatrix} l_{11} & & & \\ l_{21} & l_{22} & & \\ \vdots & \vdots & \ddots & \\ l_{n1} & l_{n2} & \cdots & l_{nn} \end{pmatrix}\begin{pmatrix} l_{11} & l_{21} & \cdots & l_{n1} \\ & l_{22} & \cdots & l_{n2} \\ & & \ddots & \vdots \\ & & & l_{nn} \end{pmatrix}=\boldsymbol{L}\boldsymbol{L}^{\mathrm{T}}$$

其中,$l_{ii}>0(i=1,2,\cdots,n)$。

由矩阵乘法,则有 $\boldsymbol{L}$ 的第 1 列元素

$$l_{11}=\sqrt{a_{11}},l_{i1}=\frac{a_{i1}}{l_{11}}\quad(i=2,\cdots,n),$$

同理,可确定 $\boldsymbol{L}$ 的第 j 列元素 $l_{ij}(i=j,\cdots,n)$。

$$a_{ij}=\sum_{k=1}^{n}l_{ik}(\boldsymbol{L}^{\mathrm{T}})_{kj}=\sum_{k=1}^{n}l_{ik}l_{jk}=\sum_{k=1}^{j-1}l_{ik}l_{jk}+l_{ij}l_{jj}$$

(当 $j<k$ 时,则 $l_{jk}=0$)

由此求得解对称正定矩阵方程组的平方根法计算公式。

1) $\boldsymbol{A}=\boldsymbol{L}\boldsymbol{L}^{\mathrm{T}}$ 分解计算

① $l_{11}=\sqrt{a_{11}},l_{i1}=\dfrac{a_{i1}}{l_{11}}\quad(i=2,\cdots,n)$;

②对于 $j=2,3,\cdots,n$

$$\begin{cases} l_{jj}=\left(a_{jj}-\sum\limits_{k=1}^{j-1}l_{jk}^{2}\right)^{\frac{1}{2}} \\ l_{ij}=\dfrac{a_{ij}-\sum\limits_{k=1}^{j-1}l_{ik}l_{jk}}{l_{jj}}\quad(i=j+1,\cdots,n) \end{cases}$$

2) 求解计算

①求解 $\boldsymbol{L}\boldsymbol{y}=\boldsymbol{b}$

$$\begin{cases} y_{1}=\dfrac{b_{1}}{l_{11}} \\ y_{i}=\dfrac{b_{i}-\sum\limits_{k=1}^{i-1}l_{ik}y_{k}}{l_{ii}}\quad(i=2,3,\cdots,n) \end{cases}$$

②求解 $\boldsymbol{L}^{\mathrm{T}}\boldsymbol{x}=\boldsymbol{y}$

$$\begin{cases} x_{n}=\dfrac{y_{n}}{l_{nn}} \\ x_{i}=\dfrac{y_{i}-\sum\limits_{k=i+1}^{n}l_{ki}x_{k}}{l_{ii}}\quad(i=n-1,\cdots,2,1) \end{cases}$$

注:平方根法仅需要计算 $\boldsymbol{L}$ 与 $\boldsymbol{D}$,因此平方根法的计算量约为 $\frac{n}{6}(n^2+9n+2)$ 次乘除法运算,大约为一般高斯消去法计算量的一半。

由分解公式有

$$a_{jj}=\sum_{k=1}^{j} l_{jk}^2 \qquad (j=1,2,\cdots,n)$$

所以

$$l_{jk}^2 \leqslant a_{jj} \leqslant \max_{1\leqslant j\leqslant n}\{a_{jj}\} \tag{7.21}$$

式(7.21)说明解 $\boldsymbol{Ax}=\boldsymbol{b}$ 的平方根法所得的中间数据 l_{jk} 是有界的,即 l_{jk} 数量级不会增长。因此,虽然解对称正定矩阵方程组的平方根法没有进行选主元素,但平方根法是数值稳定的。

例 7.6 用平方根法解方程组

$$\begin{pmatrix} 4 & 2 & -2 \\ 2 & 2 & -3 \\ -2 & -3 & 14 \end{pmatrix}\begin{pmatrix} x_1 \\ x_2 \\ x_3 \end{pmatrix}=\begin{pmatrix} 10 \\ 5 \\ 4 \end{pmatrix}$$

解 容易验证该方程组的系数矩阵为对称正定矩阵。

①分解计算 $\boldsymbol{A}=\boldsymbol{LL}^{\mathrm{T}}$

$$l_{11}=2, l_{21}=1, l_{31}=-1$$

$$l_{22}=1, l_{32}=-2, l_{33}=3$$

故

$$\boldsymbol{L}=\begin{pmatrix} 2 & & \\ 1 & 1 & \\ -1 & -2 & 3 \end{pmatrix}$$

②求解两个三角形方程组,求解 $\boldsymbol{Ly}=\boldsymbol{b}$,得到

$$\boldsymbol{y}=(5,0,3)^{\mathrm{T}}$$

求解 $\boldsymbol{L}^{\mathrm{T}}\boldsymbol{x}=\boldsymbol{y}$,即得原方程组的解 $\boldsymbol{x}=(2,2,1)^{\mathrm{T}}$。

7.5 向量和矩阵的范数

为了对方程组的计算解进行误差分析,以及讨论迭代法的收敛性,需要对 $\mathbf{R}^n$ 中向量及 $\mathbf{R}^{n\times n}$ 中矩阵引进某种度量,即引进向量或矩阵的范数概念。$\mathbf{R}^n$ 中向量范数是 $\mathbf{R}^3$ 中向量长度概念的推广。

定义 7.1 (向量范数) 如果向量 $\boldsymbol{x}\in\mathbf{R}^n$ 的某个实值函数 $N(x)\equiv\|\boldsymbol{x}\|$ 满足条件

①非负性:$\|\boldsymbol{x}\|\geqslant 0$,且 $\|\boldsymbol{x}\|=0\Leftrightarrow \boldsymbol{x}=\boldsymbol{0}$;

②齐次性:$\|\alpha\boldsymbol{x}\|=|\alpha|\|\boldsymbol{x}\|$,$\alpha$ 为实数或复数;

③三角不等式:$\|\boldsymbol{x}+\boldsymbol{y}\|\leqslant\|\boldsymbol{x}\|+\|\boldsymbol{y}\|$,对任意向量 $\boldsymbol{x},\boldsymbol{y}\in\mathbf{R}^n$。

称 $N(\boldsymbol{x})\equiv\|\boldsymbol{x}\|$ 是 $\mathbf{R}^n$ 上的一个向量范数(或向量的模)。

利用三角不等式可推得不等式(见图 7.1) $|\|\boldsymbol{x}\|-\|\boldsymbol{y}\||\leqslant\|\boldsymbol{x}-\boldsymbol{y}\|$

下面我们给出几种常用的向量范数。

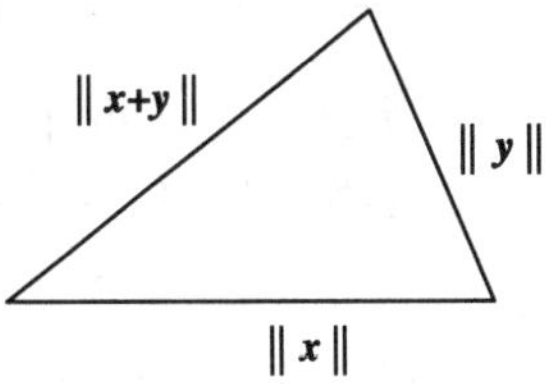

图7.1

定义 7.2　设 $\boldsymbol{x}=(x_1,x_2,\cdots,x_n)^{\mathrm{T}}\in\mathbf{R}^n$,定义 $\mathbf{R}^n$ 上3种常用的向量范数

①向量的"1"范数　　$\|\boldsymbol{x}\|_1=\sum\limits_{i=1}^{n}|x_i|$

②向量的"∞"范数　　$\|\boldsymbol{x}\|_\infty=\max\limits_{1\leqslant i\leqslant n}|x_i|$

③向量的"2"范数　　$\|\boldsymbol{x}\|_2=(\boldsymbol{x},\boldsymbol{x})^{\frac{1}{2}}=\left(\sum\limits_{i=1}^{n}x_i^2\right)^{\frac{1}{2}}$

容易验证,上述定义的向量 $\boldsymbol{x}\in\mathbf{R}^n$ 的函数 $N(\boldsymbol{x})\equiv\|\boldsymbol{x}\|_v(v=1$,或∞或2)满足定义7.1的3个条件,因此,$N(\boldsymbol{x})$ 是 $\mathbf{R}^n$ 上向量的范数。

例 7.7　设 $\boldsymbol{x}=(-1,2,3)^{\mathrm{T}}$,计算 $\|\boldsymbol{x}\|_1$, $\|\boldsymbol{x}\|_\infty$, $\|\boldsymbol{x}\|_2$。

解　$\|\boldsymbol{x}\|_1=1+2+3=6$

$\|\boldsymbol{x}\|_\infty=\max\{1,2,3\}=3$

$\|\boldsymbol{x}\|_2=(1^2+2^2+3^2)^{\frac{1}{2}}=\sqrt{14}$

定义 7.3　(向量序列的极限)

设 $\{\boldsymbol{x}^{(k)}\}$ 为向量序列,记 $\boldsymbol{x}^{(k)}=(x_1^{(k)},x_2^{(k)},\cdots,x_n^{(k)})^{\mathrm{T}}\in\mathbf{R}^n$ 及 $\boldsymbol{x}^*=(x_1^*,\cdots,x_n^*)^{\mathrm{T}}\in\mathbf{R}^n$。如果 n 个数列极限存在且

$$\lim_{k\to\infty}x_i^{(k)}=x_i^*\qquad(i=1,2,\cdots,n)$$

则称 $\{\boldsymbol{x}^{(k)}\}$ 收敛于 $\boldsymbol{x}^*$,记为 $\lim\limits_{k\to\infty}\boldsymbol{x}^{(k)}=\boldsymbol{x}^*$。

定理 7.7　设 $N(\boldsymbol{x})=\|\boldsymbol{x}\|$ 是 $\mathbf{R}^n$ 上任一向量范数,则 $N(\boldsymbol{x})$ 是 x 的分量 $x_1,x_2,\cdots,x_n$ 的连续函数。

证　设 $\boldsymbol{x}=\sum\limits_{i=1}^{n}x_i\boldsymbol{e}_i$, $\boldsymbol{y}=\sum\limits_{i=1}^{n}y_i\boldsymbol{e}_i$,其中 $\boldsymbol{e}_i=(0,\cdots,1,\cdots,0)^{\mathrm{T}}$。下面证明当 $\boldsymbol{x}\to\boldsymbol{y}$ 时,$N(\boldsymbol{x})\to N(\boldsymbol{y})$。事实上

$$\left|N(\boldsymbol{x})-N(\boldsymbol{y})\right|=\left|\|\boldsymbol{x}\|-\|\boldsymbol{y}\|\right|\leqslant\|\boldsymbol{x}-\boldsymbol{y}\|=\left\|\sum_{i=1}^{n}(x_i-y_i)\boldsymbol{e}_i\right\|$$

$$\leqslant\sum_{i=1}^{n}\left|x_i-y_i\right|\|\boldsymbol{e}_i\|\leqslant\|\boldsymbol{x}-\boldsymbol{y}\|_\infty\sum_{i=1}^{n}\|\boldsymbol{e}_i\|\to0(\text{当 }\boldsymbol{x}\to\boldsymbol{y}\text{ 时})。$$

定理 7.8　设 $\|\boldsymbol{x}\|_s$, $\|\boldsymbol{x}\|_t$ 是 $\mathbf{R}^n$ 上向量的任意两种范数,则存在常数 $c_1,c_2>0$,使得对一切 $\boldsymbol{x}\in\mathbf{R}^n$ 有

$$c_1\|\boldsymbol{x}\|_s\leqslant\|\boldsymbol{x}\|_t\leqslant c_2\|\boldsymbol{x}\|_s\tag{7.22}$$

证明可见参考文献[1]。

注:该定理说明,如果在一种范数意义下向量序列收敛时,则在任何一种范数意义下该向量序列均收敛。

定理 7.9　设 $\{\boldsymbol{x}^{(k)}\}$ 是 $\mathbf{R}^n$ 中一向量序列,且 $\boldsymbol{x}^*\in\mathbf{R}^n$,则

$$\lim_{k\to\infty}\boldsymbol{x}^{(k)}=\boldsymbol{x}^*\Leftrightarrow\|\boldsymbol{x}^{(k)}-\boldsymbol{x}^*\|_v\to0(\text{当 }k\to\infty)$$

证　只就 $v=\infty$ 证明。

显然有

$$x_i^{(k)} \to x_i^* \quad (i=1,2,\cdots,n) \Leftrightarrow \| \boldsymbol{x}^{(k)} - \boldsymbol{x}^* \|_\infty = \max_{1\leqslant i\leqslant n} | x_i^{(k)} - x_i^* | \to 0 \qquad (\text{当 } k\to\infty \text{ 时})$$

定义 7.4 (矩阵的范数)

如果矩阵 $\boldsymbol{A}\in \mathbf{R}^{n\times n}$ 的某个非负实值函数 $N(\boldsymbol{A}) \equiv \|\boldsymbol{A}\|$ 满足下述条件:

①正定性: $\|\boldsymbol{A}\| \geqslant 0$,且 $\|\boldsymbol{A}\| = 0 \Leftrightarrow \boldsymbol{A}=\boldsymbol{0}$;

②齐次性: $\|\alpha \boldsymbol{A}\| = |\alpha| \|\boldsymbol{A}\|$,$\alpha$ 为实数或复数;

③三角不等式: $\|\boldsymbol{A}+\boldsymbol{B}\| \leqslant \|\boldsymbol{A}\| + \|\boldsymbol{B}\|$,对任意矩阵 $\boldsymbol{A},\boldsymbol{B}\in \mathbf{R}^{n\times n}$;

④相容性: $\|\boldsymbol{AB}\| \leqslant \|\boldsymbol{A}\| \|\boldsymbol{B}\|$。

则称 $N(\boldsymbol{A}) \equiv \|\boldsymbol{A}\|$ 是 $\mathbf{R}^{n\times n}$ 上一个矩阵范数(或模)。

在大多数与估计有关的问题中,会同时用到矩阵和向量。下面借助于向量范数来定义矩阵范数。

定义 7.5 (矩阵的算子范数)

设 $\boldsymbol{x}\in \mathbf{R}^n$,$\boldsymbol{A}\in \mathbf{R}^{n\times n}$,且给出一种向量范数 $\|\boldsymbol{x}\|_v$,相应的定义一个矩阵的非负函数 $N(\boldsymbol{A})= \|\boldsymbol{A}\|_v$。即

$$\|\boldsymbol{A}\|_v = \max_{\substack{\boldsymbol{x}\neq \boldsymbol{0} \\ \boldsymbol{x}\in \mathbf{R}^n}} \frac{\|\boldsymbol{Ax}\|_v}{\|\boldsymbol{x}\|_v} (\text{最大比值}) \tag{7.23}$$

显然,由式(7.23)对任意 $\boldsymbol{x}\in \mathbf{R}^n$,$\boldsymbol{A}\in \mathbf{R}^{n\times n}$ 有

$$\|\boldsymbol{Ax}\|_v \leqslant \|\boldsymbol{A}\|_v \|\boldsymbol{x}\|_v \tag{7.24}$$

且容易验证 $N(\boldsymbol{A}) = \|\boldsymbol{A}\|_v$ 满足矩阵范数条件①—④,所以 $\|\boldsymbol{A}\|_v$ 是 $\mathbf{R}^{n\times n}$ 上矩阵的范数,下面验证条件③和④成立。事实上,利用向量范数的三角不等式及式(7.24)有

$$\|(\boldsymbol{A}+\boldsymbol{B})\boldsymbol{x}\|_v \leqslant \|\boldsymbol{Ax}\|_v + \|\boldsymbol{Bx}\|_v \leqslant \|\boldsymbol{A}\|_v \|\boldsymbol{x}\|_v + \|\boldsymbol{B}\|_v \|\boldsymbol{x}\|_v$$

设 $\boldsymbol{x}\neq \boldsymbol{0}$,故有

$$\frac{\|(\boldsymbol{A}+\boldsymbol{B})\boldsymbol{x}\|_v}{\|\boldsymbol{x}\|_v} \leqslant \|\boldsymbol{A}\|_v + \|\boldsymbol{B}\|_v, \ \forall \boldsymbol{x}\in \mathbf{R}^n$$

于是
$$\|\boldsymbol{A}+\boldsymbol{B}\|_v \leqslant \|\boldsymbol{A}\|_v + \|\boldsymbol{B}\|_v。$$

同理,由式(7.24)有

$\|\boldsymbol{ABx}\|_v \leqslant \|\boldsymbol{A}\|_v \|\boldsymbol{Bx}\|_v \leqslant \|\boldsymbol{A}\|_v \|\boldsymbol{B}\|_v \|\boldsymbol{x}\|_v$。

当 $\boldsymbol{x}\neq \boldsymbol{0}$ 时,有

$$\frac{\|\boldsymbol{ABx}\|_v}{\|\boldsymbol{x}\|_v} \leqslant \|\boldsymbol{A}\|_v \|\boldsymbol{B}\|_v,$$

故 $\|\boldsymbol{AB}\|_v = \max\limits_{\substack{\boldsymbol{x}\neq \boldsymbol{0} \\ \boldsymbol{x}\in \mathbf{R}^n}} \dfrac{\|\boldsymbol{ABx}\|_v}{\|\boldsymbol{x}\|_v} \leqslant \|\boldsymbol{A}\|_v \|\boldsymbol{B}\|_v$。

下面给出当 $v=1,\infty,2$ 时,相应的矩阵算子范数 $\|\boldsymbol{A}\|_v$ 的计算公式。

定理 7.10 (矩阵范数计算公式)

设 $\boldsymbol{x}\in \mathbf{R}^n$,$\boldsymbol{A}\in \mathbf{R}^{n\times n}$,则

① $\|\boldsymbol{A}\|_1 = \max\limits_{1\leqslant j\leqslant n} \sum\limits_{i=1}^{n} |a_{ij}|$(称为 $\boldsymbol{A}$ 的列范数);

② $\|\boldsymbol{A}\|_\infty = \max\limits_{1\leqslant i\leqslant n} \sum\limits_{j=1}^{n} |a_{ij}|$(称为 $\boldsymbol{A}$ 的行范数);

③ $\|A\|_2=\sqrt{\lambda_{\max}(A^TA)}$（称为 A 的 2-范数），其中 $\lambda_{\max}(A^TA)$ 表示 A^TA 的最大特征值。

证　只证②，其余留给读者自证。

设　$x=(x_1,x_2,\cdots,x_n)^T\neq 0$，且不妨设 $A\neq 0$，引进记号

$$t=\max_{1\leqslant i\leqslant n}|x_i|,\quad \mu=\max_{1\leqslant i\leqslant n}\sum_{j=1}^{n}|a_{ij}|=\sum_{j=1}^{n}|a_{i_0j}|$$

于是

$$\|Ax\|_\infty=\max_{1\leqslant i\leqslant n}\left|\sum_{j=1}^{n}a_{ij}x_j\right|\leqslant\max_{1\leqslant i\leqslant n}\sum_{j=1}^{n}|a_{ij}||x_j|\leqslant t\max_{1\leqslant i\leqslant n}\sum_{j=1}^{n}|a_{ij}|$$

即对任何非零向量 $x\in\mathbf{R}^n$，$\dfrac{\|Ax\|_\infty}{\|x\|_\infty}\leqslant\mu$。

下面说明存在 $x_0\in\mathbf{R}^n$，使比值 $\dfrac{\|Ax_0\|_\infty}{\|x_0\|_\infty}=\mu$。

事实上，选取向量 $x_0=(x_1,x_2,\cdots,x_n)^T$ 为 $x_j=\begin{cases}1,\text{当 } a_{i_0j}\geqslant 0 \text{ 时}\\-1,\text{当 } a_{i_0j}<0 \text{ 时}\end{cases}$，

且有 $\|x_0\|_\infty=1$，Ax_0 的第 i_0 个分量为 $\sum_{j=1}^{n}a_{i_0j}x_j=\sum_{j=1}^{n}|a_{i_0j}|=\mu$，

故
$$\frac{\|Ax_0\|_\infty}{\|x_0\|_\infty}=\|Ax_0\|_\infty=\mu,$$

即
$$\|A\|_\infty=\max_{x\neq 0}\frac{\|Ax\|_\infty}{\|x\|_\infty}=\mu。$$

例 7.8　设 $A=\begin{pmatrix}1&-2\\-3&4\end{pmatrix}$，计算 $\|A\|_1,\|A\|_\infty,\|A\|_2$。

解　$\|A\|_1=\max\{4,6\}=6$，$\|A\|_\infty=\max\{3,7\}=7$，

因为 $A^TA=\begin{pmatrix}10&-14\\-14&20\end{pmatrix}$，所以由

$$|\lambda I-A^TA|=\begin{vmatrix}\lambda-10&14\\14&\lambda-20\end{vmatrix}=\lambda^2-30\lambda+4=0$$

解得　$\lambda_{1,2}=15\pm\sqrt{221}$

于是　$\|A\|_2=\sqrt{\lambda_{\max}(A^TA)}=\sqrt{15+\sqrt{221}}\approx 5.46$。

例 7.9　设 A 为 n 阶非奇异矩阵，$\|\cdot\|$ 为矩阵的任何一种算子范数，则 $\|A^{-1}\|\geqslant\dfrac{1}{\|A\|}$。

证　由于 $A^{-1}A=I$，故 $\|A^{-1}A\|\leqslant\|I\|=1$

又　$\|A^{-1}A\|\leqslant\|A^{-1}\|\|A\|$，所以 $\|A^{-1}\|\|A\|\geqslant 1$，

即　$\|A^{-1}\|\geqslant\dfrac{1}{\|A\|}$。

7.6　解线性方程组的迭代法

考虑线性方程组

$$Ax=b \tag{7.25}$$

其中 $\boldsymbol{A}$ 为非奇异矩阵。当 $\boldsymbol{A}$ 为低阶稠密矩阵时,前面介绍了解线性方程组的直接法(例如选主元的高斯消去法等)。但是对于工程技术中产生的大型稀疏矩阵方程组,则利用迭代法求解是合适的。在计算机内存和运算两方面,迭代法通常可利用 $\boldsymbol{A}$ 中有大量零元素的特点。

参照用迭代法求非线性方程近似根的方法,解方程组的迭代法,首先需要将方程组(7.25)转化为一个等价方程组

$$\boldsymbol{x}=\boldsymbol{B}\boldsymbol{x}+\boldsymbol{f} \tag{7.26}$$

然后从任意初始向量 $\boldsymbol{x}^{(0)}$ 出发,按下述逐次代入方法构造向量序列 $\{\boldsymbol{x}^{(k)}\}$:

$$\boldsymbol{x}^{(k+1)}=\boldsymbol{B}\boldsymbol{x}^{(k)}+\boldsymbol{f}\quad (k=0,1,2,\cdots) \tag{7.27}$$

其中 $\boldsymbol{B}$ 与 k 无关,称此迭代法为一阶定常迭代法。如果 $\lim\limits_{k\to\infty}\boldsymbol{x}^{(k)}=\boldsymbol{x}^*$,则称此迭代法收敛且 $\boldsymbol{x}^*$ 为方程组(7.25)的解。计算公式(7.27)称为迭代公式或迭代过程,$\boldsymbol{B}$ 称为迭代矩阵。

例 7.10 设有方程组

$$\begin{cases}4x_1+x_2-x_3=5\\2x_1+5x_2+2x_3=-4\\x_1+x_2+3x_3=3\end{cases}$$

,或简记为 $\boldsymbol{A}\boldsymbol{x}=\boldsymbol{b}$。下面考虑用迭代法来求解。

解 方程组的精确解为 $\boldsymbol{x}^*=(2,-2,1)^{\mathrm{T}}$。

首先将 $\boldsymbol{A}\boldsymbol{x}=\boldsymbol{b}$ 转化为等价方程组

$$\begin{cases}x_1=\dfrac{1}{4}(-x_2+x_3+5)\\[2mm] x_2=\dfrac{1}{5}(-2x_1-2x_3-4)\\[2mm] x_3=\dfrac{1}{3}(-x_1-x_2+3)\end{cases}\qquad \text{或写为}\quad \boldsymbol{x}=\boldsymbol{B}\boldsymbol{x}+\boldsymbol{f}$$

迭代公式:任给初始向量,例如取 $\boldsymbol{x}^{(0)}=(1,-1,1)^{\mathrm{T}}$

$$\begin{cases}x_1^{(k+1)}=\dfrac{1}{4}(-x_2^{(k)}+x_3^{(k)}+5)\\[2mm] x_2^{(k+1)}=\dfrac{1}{5}(-2x_1^{(k)}-2x_3^{(k)}-4)\\[2mm] x_3^{(k+1)}=\dfrac{1}{3}(-x_1^{(k)}-x_2^{(k)}+3)\end{cases}\quad (k=0,1,2,\cdots)$$

部分计算结果如表 7.1 所示。

表 7.1 计算结果

k	$x_1^{(k)}$	$x_2^{(k)}$	$x_3^{(k)}$	$\Vert\boldsymbol{x}^{(k+1)}-\boldsymbol{x}^{(k)}\Vert_\infty$
1	1.75	−1.6	1	0.75
2	1.9	−1.9	0.95	0.3
3	1.962 5	−1.94	1	0.062 5
4	1.985	−1.985	0.992 5	0.045
5	1.994 38	−1.991	1	0.009 375
6	1.997 75	−1.997 75	0.998 875	6.75×10^{-3}

$$x^{(11)}=(1.999\ 98,-1.999\ 97,1)^{T},x^{(12)}=(1.999\ 99,-1.999\ 99,0.999\ 996)^{T}$$

且有误差

$$\|x^{(12)}-x^{(11)}\|_{\infty}=2.278\ 12\times10^{-5}。$$

从此例可看出,由迭代法产生的向量序列 $\{x^{(k)}\}$ 逐次逼近方程组的精确解。需要指出的是,方程组(7.25)转化为等价方程组(7.26)的形式并非唯一,这将影响到迭代过程的收敛性。不失一般性,在以下的讨论中,我们均假设方程组(7.25)中系数矩阵 $\boldsymbol{A}$ 是非奇异的,且主对角元素 $a_{ii}\neq0(i=1,\cdots,n)$。

现将 $\boldsymbol{A}$ 分裂为 $\boldsymbol{A}=\boldsymbol{M}-\boldsymbol{N}$,于是方程组(7.25)等价于方程组

$$\boldsymbol{M}\boldsymbol{x}=\boldsymbol{N}\boldsymbol{x}+\boldsymbol{b} \tag{7.28}$$

其中,$\boldsymbol{M}$ 为可选择的一个非奇异矩阵,并应选择 $\boldsymbol{M}$ 使 $\boldsymbol{M}\boldsymbol{x}=\boldsymbol{f}$ 容易求解。我们称 $\boldsymbol{M}$ 为分裂矩阵。

对应于方程组(7.28),可构造一个迭代过程

$$\begin{cases}\boldsymbol{x}^{(0)}(\text{初始向量})\\ \boldsymbol{x}^{(k+1)}=\boldsymbol{M}^{-1}\boldsymbol{N}\boldsymbol{x}^{(k)}+\boldsymbol{M}^{-1}\boldsymbol{b}\quad(k=0,1,\cdots)\end{cases} \tag{7.29}$$

其中,迭代矩阵 $\boldsymbol{B}=\boldsymbol{M}^{-1}\boldsymbol{N}=\boldsymbol{M}^{-1}(\boldsymbol{M}-\boldsymbol{A})=\boldsymbol{I}-\boldsymbol{M}^{-1}\boldsymbol{A}$。选取不同的 $\boldsymbol{M}$ 矩阵,就得到解 $\boldsymbol{A}\boldsymbol{x}=\boldsymbol{b}$ 的各种迭代法。

7.6.1 雅可比迭代法

将系数矩阵 $\boldsymbol{A}$ 写为

$$\boldsymbol{A}=\begin{pmatrix}a_{11}&&&\\&a_{22}&&\\&&\ddots&\\&&&a_{nn}\end{pmatrix}-\begin{pmatrix}0&&&\\-a_{21}&0&&\\\vdots&&\ddots&\\-a_{n1}&-a_{n2}&\cdots&0\end{pmatrix}-\begin{pmatrix}0&-a_{12}&-a_{13}&\cdots&-a_{1n}\\&0&-a_{23}&\cdots&-a_{2n}\\&&&\ddots&\vdots\\&&&&0\end{pmatrix}\equiv\boldsymbol{D}-\boldsymbol{L}-\boldsymbol{U} \tag{7.30}$$

若选取 $\boldsymbol{M}=\boldsymbol{D}$,则 $\boldsymbol{N}=\boldsymbol{M}-\boldsymbol{A}=\boldsymbol{L}+\boldsymbol{U}$,方程组(7.25)转化为等价方程组

$$\boldsymbol{D}\boldsymbol{x}=(\boldsymbol{L}+\boldsymbol{U})\boldsymbol{x}+\boldsymbol{b}$$

因为 $a_{ii}\neq0(i=1,\cdots,n)$,$\boldsymbol{D}$ 可逆,所以 $\boldsymbol{x}=\boldsymbol{D}^{-1}(\boldsymbol{L}+\boldsymbol{U})\boldsymbol{x}+\boldsymbol{D}^{-1}\boldsymbol{b}$。
于是,得到雅可比(Jacobi)迭代公式:

$$\begin{cases}\boldsymbol{x}^{(0)}(\text{初始向量})\\ \boldsymbol{x}^{(k+1)}=\boldsymbol{B}_J\boldsymbol{x}^{(k)}+\boldsymbol{f}\end{cases} \tag{7.31}$$

其中,迭代矩阵 $\boldsymbol{B}_J=\boldsymbol{D}^{-1}(\boldsymbol{L}+\boldsymbol{U})$,$\boldsymbol{f}=\boldsymbol{D}^{-1}\boldsymbol{b}$。

Jacobi 迭代公式的分量形式:

引进记号:$\boldsymbol{x}^{(k)}=(x_1^{(k)},x_2^{(k)},\cdots,x_n^{(k)})^{T}$ 为第 k 次近似,则式(7.31)可写为

$$a_{ii}x_i^{(k+1)}=b_i-\sum_{\substack{j=1\\j\neq i}}^{n}a_{ij}x_j^{(k)}$$

或

$$
\begin{cases}
\boldsymbol{x}^{(0)} = (x_1^{(0)}, x_2^{(0)}, \cdots, x_n^{(0)})^{\mathrm{T}} \\
x_i^{(k+1)} = \dfrac{b_i - \sum\limits_{\substack{j=1 \\ j \neq i}}^{n} a_{ij} x_j^{(k)}}{a_{ii}} \\
(i = 1, 2, \cdots, n; k = 0, 1, 2, \cdots)
\end{cases}
\tag{7.32}
$$

Jacobi 迭代法公式简单,由式(7.31)或式(7.32)可知,每迭代一次只需要计算一次矩阵与向量的乘法,例 7.10 的迭代法就是解 $\boldsymbol{Ax}=\boldsymbol{b}$ 的 Jacobi 迭代法。电算时 Jacobi 方法需要两组工作单元用来保存 $\boldsymbol{x}^{(k)}$ 及 $\boldsymbol{x}^{(k+1)}$ 且可用 $\|\boldsymbol{x}^{(k+1)}-\boldsymbol{x}^{(k)}\|_\infty<\varepsilon$ 来控制迭代终止。

7.6.2 高斯-塞德尔迭代法

在式(7.29)中选取 $\boldsymbol{M}=\boldsymbol{D}-\boldsymbol{L}$(下三角矩阵),于是 $\boldsymbol{N}=\boldsymbol{M}-\boldsymbol{A}=\boldsymbol{U}$。

方程组(7.25)转化为等价方程组

$$(\boldsymbol{D}-\boldsymbol{L})\boldsymbol{x}=\boldsymbol{U}\boldsymbol{x}+\boldsymbol{b}$$

于是,得到高斯-塞德尔(Gauss-Seidel)迭代公式:

$$
\begin{cases}
\boldsymbol{x}^{(0)}\text{(初始向量)} \\
\boldsymbol{x}^{(k+1)} = \boldsymbol{B}_G \boldsymbol{x}^{(k)} + \boldsymbol{f}
\end{cases}
\tag{7.33}
$$

其中,$\boldsymbol{B}_G=(\boldsymbol{D}-\boldsymbol{L})^{-1}\boldsymbol{U}$, $\boldsymbol{f}=(\boldsymbol{D}-\boldsymbol{L})^{-1}\boldsymbol{b}$。称 $\boldsymbol{B}_G$ 为解方程组(7.23)的高斯-塞德尔迭代法的迭代矩阵。

G-S 迭代法的分量形式:

记 $\boldsymbol{x}^{(k)}=(x_1^{(k)},x_2^{(k)},\cdots,x_n^{(k)})^{\mathrm{T}}$,公式(7.33)可写成

$$(\boldsymbol{D}-\boldsymbol{L})\boldsymbol{x}^{(k+1)}=\boldsymbol{U}\boldsymbol{x}^{(k)}+\boldsymbol{b}$$

$$a_{ii}x_i^{(k+1)}=-\sum_{j=1}^{i-1}a_{ij}x_j^{(k+1)}-\sum_{j=i+1}^{n}a_{ij}x_j^{(k)}+b_i$$

或

$$
\begin{cases}
\boldsymbol{x}^{(0)} = (x_1^{(0)}, x_2^{(0)}, \cdots, x_n^{(0)})^{\mathrm{T}} \\
x_i^{(k+1)} = \dfrac{b_i - \sum\limits_{j=1}^{i-1} a_{ij} x_j^{(k+1)} - \sum\limits_{j=i+1}^{n} a_{ij} x_j^{(k)}}{a_{ii}} \\
(i = 1, 2, \cdots, n; k = 0, 1, 2, \cdots)
\end{cases}
\tag{7.34}
$$

G-S 迭代法每迭代一次只需计算一次矩阵与向量的乘法。G-S 迭代法比 Jacobi 迭代法还有一个明显的优点,就是电算时仅需一组工作单元用来保存 $\boldsymbol{x}^{(k)}$ 分量(或 $\boldsymbol{x}^{(k+1)}$ 分量)。当计算出 $x_i^{(k+1)}$ 就冲掉旧分量 $x_i^{(k)}$。从 G-S 迭代公式(7.33)可看出在 $\boldsymbol{x}^{(k)}\to\boldsymbol{x}^{(k+1)}$ 的一步迭代中,计算分量 $x_i^{(k+1)}$ 时利用了已经计算出的最新分量 $x_j^{(k+1)}(j=1,2,\cdots,i-1)$。因此 G-S 迭代法可看作是 Jacobi 迭代法的一种修正。

例 7.11 用 G-S 迭代法解例 7.10 方程组。

解 取初始向量 $\boldsymbol{x}^{(0)}=(1,-1,1)^{\mathrm{T}}$。G-S 迭代公式为

$$\begin{cases} x_1^{(k+1)} = \dfrac{1}{4}(-x_2^{(k)} + x_3^{(k)} + 5) \\ x_2^{(k+1)} = \dfrac{1}{5}(-2x_1^{(k+1)} - 2x_3^{(k)} - 4) \quad (k = 0,1,2,\cdots) \\ x_3^{(k+1)} = \dfrac{1}{3}(-x_1^{(k+1)} - x_2^{(k+1)} + 3) \end{cases}$$

计算结果如表 7.2 所示。

表 7.2　计算结果

k	$x_1^{(k)}$	$x_2^{(k)}$	$x_3^{(k)}$	$\\|\boldsymbol{x}^{(k+1)}-\boldsymbol{x}^{(k)}\\|_\infty$
1	1.750 0	−1.900 0	1.050 0	0.9
2	1.987 5	−2.015 0	1.009 2	0.137 5
3	2.006 0	−2.006 1	1.000 0	0.018 5
4	2.001 5	−2.000 6	0.999 7	0.005 5
5	2.000 1	−1.999 9	0.999 9	0.001 4
6	2.000 0	−2.000 0	1.000 0	0.000 1

所以原方程组的解为 $\boldsymbol{x}^{(6)} = (2.000\,0,-2.000\,0,1.000\,0)^{\mathrm{T}}$，且有误差 $\|\boldsymbol{x}^{(6)}-\boldsymbol{x}^{(5)}\|_\infty \approx 1.0\times10^{-4}$。

从此例可看出，G-S 迭代比 Jacobi 迭代法收敛快。但应注意这个结论对 $\boldsymbol{Ax}=\boldsymbol{b}$ 的矩阵 $\boldsymbol{A}$ 满足某些条件时才是对的，甚至有这样的方程组，Jacobi 方法，是收敛的，而用 G-S 迭代法求解时却是发散的。

7.6.3　解线性方程组的超松弛迭代法

逐次超松弛迭代法（Successive Over Relaxation Method），简称 SOR 方法，是 G-S 迭代法的一种加速方法，是解大型稀疏矩阵方程组的有效方法之一，它有着广泛的应用。

设有方程组 $\boldsymbol{Ax}=\boldsymbol{b}$，$\boldsymbol{A}\in\mathbf{R}^{n\times n}$，且 $a_{ii}\neq0(i=1,2,\cdots,n)$，$\boldsymbol{A}$ 为非奇异矩阵。选取分裂矩阵 $\boldsymbol{M}$ 为带参数的下三角阵

$$\boldsymbol{M}=\frac{\boldsymbol{D}-\omega\boldsymbol{L}}{\omega}$$

其中，$\omega>0$ 为可选择的松弛因子。于是可得迭代矩阵

$$\boldsymbol{B}_s=\boldsymbol{I}-\boldsymbol{M}^{-1}\boldsymbol{A}=\boldsymbol{I}-\omega(\boldsymbol{D}-\omega\boldsymbol{L})^{-1}\boldsymbol{A}=(\boldsymbol{D}-\omega\boldsymbol{L})^{-1}((1-\omega)\boldsymbol{D}+\omega\boldsymbol{U})。$$

于是，得到解 $\boldsymbol{Ax}=\boldsymbol{b}$ 的逐次超松弛迭代公式：

$$\begin{cases} \boldsymbol{x}^{(0)}(\text{初始向量}) \\ \boldsymbol{x}^{(k+1)}=\boldsymbol{B}_s\boldsymbol{x}^{(k)}+\boldsymbol{f} \end{cases} \tag{7.35}$$

其中 $\boldsymbol{f}=\omega(\boldsymbol{D}-\omega\boldsymbol{L})^{-1}\boldsymbol{b}$。

超松弛迭代法（SOR）的分量形式：

设已知第 k 次近似 $\boldsymbol{x}^{(k)}$ 及第 $k+1$ 次近似的分量 $x_j^{(k+1)}(j=1,2,\cdots,i-1)$，首先用 G-S 迭代法计算一个辅助量 $\tilde{x}_i^{(k+1)}$：

$$\tilde{x}_i^{(k+1)} = \frac{1}{a_{ii}}\left(b_i - \sum_{j=1}^{i-1} a_{ij}x_j^{(k+1)} - \sum_{j=i+1}^{n} a_{ij}x_j^{(k)}\right) \tag{7.36}$$

再由 $\boldsymbol{x}^{(k)}$ 的第 i 个分量 $x_i^{(k)}$ 与 $\tilde{x}_i^{(k+1)}$ 加权平均,定义 $x_i^{(k+1)}$:

$$x_i^{(k+1)} = (1-\omega)x_i^{(k)} + \omega\tilde{x}_i^{(k+1)} = x_i^{(k)} + \omega(\tilde{x}_i^{(k+1)} - x_i^{(k)}) \tag{7.37}$$

将式(7.36)代入式(7.37),得到解 $\boldsymbol{Ax}=\boldsymbol{b}$ 的 SOR 方法:

$$\begin{cases} \boldsymbol{x}^{(0)} = (x_1^{(0)},\cdots,x_n^{(0)})^{\mathrm{T}} \\ x_i^{(k+1)} = x_i^{(k)} + \dfrac{\omega(b_i - \sum\limits_{j=1}^{i-1} a_{ij}x_j^{(k+1)} - \sum\limits_{j=i}^{n} a_{ij}x_j^{(k)})}{a_{ii}} \\ (i=1,2,\cdots,n;k=0,1,\cdots) \\ \text{其中}\boldsymbol{x}^{(k)} = (x_1^{(k)},\cdots,x_n^{(k)})^{\mathrm{T}},\omega\text{ 称为松弛因子} \end{cases} \tag{7.38}$$

或写成

$$\begin{cases} x_i^{(k+1)} = x_i^{(k)} + \Delta x_i \\ \Delta x_i = \dfrac{\omega(b_i - \sum\limits_{j=1}^{i-1} a_{ij}x_j^{(k+1)} - \sum\limits_{j=i}^{n} a_{ij}x_j^{(k)})}{a_{ii}} \\ (i=1,2,\cdots,n;k=0,1,\cdots) \end{cases} \tag{7.39}$$

在 SOR 方法(7.38)中取 $\omega=1$ 就是 G-S 迭代法。可以证明,为了保证迭代过程收敛,必须要求 $0<\omega<2$。当松弛因子 ω 满足 $0<\omega<1$ 时,迭代法(7.38)称为低松弛方法;当 $1<\omega<2$ 时,迭代法(7.38)称为超松弛方法。

SOR 方法每迭代一次主要计算量是计算一次矩阵乘向量。电算时可用 $\|\boldsymbol{x}^{(k+1)}-\boldsymbol{x}^{(k)}\|_\infty = \max\limits_{1\leqslant i\leqslant n}|x_i^{(k+1)}-x_i^{(k)}|<\varepsilon$ 来控制迭代,这时 SOR 方法只需一组工作单元存放 $\boldsymbol{x}^{(k+1)}$ 或 $\boldsymbol{x}^{(k)}$。也可用剩余向量 $\|\boldsymbol{r}^{(k)}\|_\infty = \|\boldsymbol{b}-\boldsymbol{Ax}^{(k)}\|_\infty < \varepsilon$ 来控制迭代终止。

例 7.12 用 SOR 方法解方程组

$$\begin{pmatrix} -4 & 1 & 1 & 1 \\ 1 & -4 & 1 & 1 \\ 1 & 1 & -4 & 1 \\ 1 & 1 & 1 & -4 \end{pmatrix}\begin{pmatrix} x_1 \\ x_2 \\ x_3 \\ x_4 \end{pmatrix} = \begin{pmatrix} 1 \\ 1 \\ 1 \\ 1 \end{pmatrix}$$

解 精确解 $\boldsymbol{x}^* = (-1,-1,-1,-1)^{\mathrm{T}}$

取初始向量 $\boldsymbol{x}^{(0)} = (0.0,0.0,0.0,0.0)^{\mathrm{T}}$,SOR 迭代公式为

$$\begin{cases} x_1^{(k+1)} = x_1^{(k)} - \dfrac{\omega}{4}(1 + 4x_1^{(k)} - x_2^{(k)} - x_3^{(k)} - x_4^{(k)}) \\ x_2^{(k+1)} = x_2^{(k)} - \dfrac{\omega}{4}(1 - x_1^{(k+1)} + 4x_2^{(k)} - x_3^{(k)} - x_4^{(k)}) \\ x_3^{(k+1)} = x_3^{(k)} - \dfrac{\omega}{4}(1 - x_1^{(k+1)} - x_2^{(k+1)} + 4x_3^{(k)} - x_4^{(k)}) \\ x_4^{(k+1)} = x_4^{(k)} - \dfrac{\omega}{4}(1 - x_1^{(k+1)} - x_2^{(k+1)} - x_3^{(k+1)} + 4x_4^{(k)}) \\ \qquad\qquad (k=0,1,\cdots) \end{cases}$$

①当取松弛因子 $\omega=1.3$ 时,计算结果为

$$x^{(11)}=(-0.999\,996\,46,-1.000\,003\,10,-0.999\,999\,53,\ -0.999\,999\,12)^{T}$$

且

$$\|\varepsilon^{(11)}\|_{\infty}=\|x^{*}-x^{(11)}\|_{\infty}\leqslant 3.54\times 10^{-6}$$

迭代次数 $k=11$。

②当取 $\omega=1.0$ 时，初始向量相同，达到同样精度，所需迭代次数 $k=22$。

③当取 $\omega=1.7$ 时，初始向量相同，达到同样精度，则需迭代次数 $k=33$。

对于此例，最佳松弛因子是 $\omega=1.3$。由此可知，利用 SOR 方法解线性方程组时，松弛因子选择得较好，常常会使 SOR 迭代收敛大大加速。

7.7　迭代法的收敛条件

由上面讨论可知，解 $\boldsymbol{Ax}=\boldsymbol{b}$ 的 Jacobi 迭代法，G-S 迭代法，SOR 迭代法，都是一阶定常迭代法。下面讨论其收敛条件，即迭代矩阵 $\boldsymbol{B}$ 满足什么条件时，由迭代法产生的向量序列收敛到 $\boldsymbol{x}^{*}$。

定义 7.6　矩阵 $\boldsymbol{A}$ 的所有特征值 $\lambda_i(i=1,\cdots,n)$ 的模的最大值称为它的谱半径，记为

$$\rho(\boldsymbol{A})\text{，即 }\rho(\boldsymbol{A})=\max_{1\leqslant i\leqslant n}|\lambda_i|\text{。}\tag{7.40}$$

定理 7.11　矩阵 $\boldsymbol{A}$ 的谱半径不超过矩阵 $\boldsymbol{A}$ 的任何一种算子范数 $\|\boldsymbol{A}\|$。

读者自证。

定理 7.12　迭代过程 $\boldsymbol{x}^{(k+1)}=\boldsymbol{B}x^{(k)}+\boldsymbol{f}$ 对任给初始向量 $\boldsymbol{x}^{(0)}$ 收敛的充分必要条件是矩阵 $\boldsymbol{B}$ 的谱半径 $\rho(\boldsymbol{B})<1$。

证明见参考文献[1]。

定理 7.13　如果 $\|\boldsymbol{B}\|<1$，则 $\boldsymbol{I}\pm\boldsymbol{B}$ 为非奇异阵，且有估计

$$\|(\boldsymbol{I}\pm\boldsymbol{B})^{-1}\|\leqslant\frac{1}{1-\|\boldsymbol{B}\|}$$

其中，$\|\cdot\|$ 是矩阵的算子范数，$\boldsymbol{I}$ 为单位矩阵。

证　反证法，如果 $\det(\boldsymbol{I}-\boldsymbol{B})=\boldsymbol{0}$，则齐次方程组 $(\boldsymbol{I}-\boldsymbol{B})\boldsymbol{x}=\boldsymbol{0}$ 有非零解 $\boldsymbol{x}_0$，即 $\boldsymbol{Bx}_0=\boldsymbol{x}_0$ 且 $\boldsymbol{x}_0\neq\boldsymbol{0}$，于是有

$$\frac{\|\boldsymbol{Bx}_0\|}{\|\boldsymbol{x}_0\|}=1$$

故　$\|\boldsymbol{B}\|\geqslant 1$，与假设矛盾。

由 $(\boldsymbol{I}-\boldsymbol{B})\cdot(\boldsymbol{I}-\boldsymbol{B})^{-1}=\boldsymbol{I}$ 知 $(\boldsymbol{I}-\boldsymbol{B})^{-1}=\boldsymbol{I}+\boldsymbol{B}(\boldsymbol{I}-\boldsymbol{B})^{-1}$，于是

$$\|(\boldsymbol{I}-\boldsymbol{B})^{-1}\|\leqslant\|\boldsymbol{I}\|+\|\boldsymbol{B}\|\ \|(\boldsymbol{I}-\boldsymbol{B})^{-1}\|$$

所以

$$\|(\boldsymbol{I}-\boldsymbol{B})^{-1}\|\leqslant\frac{1}{1-\|\boldsymbol{B}\|}\text{。}$$

定理 7.14　（迭代法收敛的充分条件）

设有方程组 $\boldsymbol{x}=\boldsymbol{Bx}+\boldsymbol{f}$，且 $\{\boldsymbol{x}^{(k)}\}$ 为由迭代法 $\boldsymbol{x}^{(k+1)}=\boldsymbol{Bx}^{(k)}+\boldsymbol{f}$　（$\boldsymbol{x}^{(0)}$ 为任意选取初始向量）产生的向量序列。

如果迭代矩阵 $\boldsymbol{B}$ 有某一种算子范数 $\|\boldsymbol{B}\|=q<1$，则

①$\{\boldsymbol{x}^{(k)}\}$收敛于方程组$(\boldsymbol{I}-\boldsymbol{B})\boldsymbol{x}=\boldsymbol{f}$唯一解$\boldsymbol{x}^*$;

②$\|\boldsymbol{x}^*-\boldsymbol{x}^{(k)}\|\leqslant\dfrac{q}{1-q}\|\boldsymbol{x}^{(k+1)}-\boldsymbol{x}^{(k)}\|$;

③有误差估计$\|\boldsymbol{x}^*-\boldsymbol{x}^{(k)}\|\leqslant\dfrac{q^k}{1-q}\|\boldsymbol{x}^{(1)}-\boldsymbol{x}^{(0)}\|$。

证 ①由定理 7.13 可知方程组$(\boldsymbol{I}-\boldsymbol{B})\boldsymbol{x}=\boldsymbol{f}$有唯一解$\boldsymbol{x}^*$,即$\boldsymbol{x}^*$满足方程组

$$\boldsymbol{x}^*=\boldsymbol{B}\boldsymbol{x}^*+\boldsymbol{f}$$

②引进误差向量:$\boldsymbol{e}^{(k)}=\boldsymbol{x}^{(k)}-\boldsymbol{x}^*$,则有误差$\boldsymbol{e}^{(k)}$的递推公式

$$\boldsymbol{e}^{(k+1)}=\boldsymbol{B}\boldsymbol{e}^{(k)}\quad(k=0,1,2,\cdots)$$

反复利用递推公式即得

$$\boldsymbol{e}^{(k)}=\boldsymbol{B}\boldsymbol{e}^{(k)}=\cdots=\boldsymbol{B}^k\boldsymbol{e}^{(0)}\quad(k=0,1,2,\cdots)$$

于是 $\|\boldsymbol{e}^{(k)}\|=\|\boldsymbol{B}^k\boldsymbol{e}^{(0)}\|\leqslant\|\boldsymbol{B}\|^k\|\boldsymbol{e}^{(0)}\|=q^k\|\boldsymbol{e}^{(0)}\|\to0$ (当$k\to\infty$时)

其中$\boldsymbol{e}^{(0)}=\boldsymbol{x}^{(0)}-\boldsymbol{x}^*$。

显然,由迭代公式及递推公式有

$$\|\boldsymbol{x}^{(k+1)}-\boldsymbol{x}^{(k)}\|\leqslant\|\boldsymbol{B}\|\|\boldsymbol{x}^{(k)}-\boldsymbol{x}^{(k-1)}\|\tag{7.41}$$

及

$$\|\boldsymbol{e}^{(k+1)}\|\leqslant\|\boldsymbol{B}\|\|\boldsymbol{e}^{(k)}\|$$

于是

$$\begin{aligned}\|\boldsymbol{x}^{(k+1)}-\boldsymbol{x}^{(k)}\|&=\|\boldsymbol{x}^*-\boldsymbol{x}^{(k)}-(\boldsymbol{x}^*-\boldsymbol{x}^{(k+1)})\|\\&\geqslant\|\boldsymbol{x}^*-\boldsymbol{x}^{(k)}\|-\|\boldsymbol{x}^*-\boldsymbol{x}^{(k+1)}\|\\&\geqslant(1-q)\|\boldsymbol{x}^*-\boldsymbol{x}^{(k)}\|\end{aligned}$$

即

$$\begin{aligned}\|\boldsymbol{x}^*-\boldsymbol{x}^{(k)}\|&\leqslant\frac{1}{1-q}\|\boldsymbol{x}^{(k+1)}-\boldsymbol{x}^{(k)}\|\\&\leqslant\frac{q}{1-q}\|\boldsymbol{x}^{(k)}-\boldsymbol{x}^{(k-1)}\|\end{aligned}$$

反复利用式(7.41),即得③。

由定理 7.14 可得,Jacobi 迭代法收敛的充分必要条件是$\|\boldsymbol{B}_J\|<1$,G-S 迭代法收敛的充分必要条件是$\|\boldsymbol{B}_G\|<1$。

下面再介绍几个常用的判别方法。

定义 7.7 (严格对角占优阵) 设$\boldsymbol{A}=(a_{ij})_{n\times n}$,如果$\boldsymbol{A}$满足条件

$$|a_{ii}|>\sum_{\substack{j=1\\j\neq i}}^{n}|a_{ij}|\qquad(i=1,2,\cdots,n)$$

即$\boldsymbol{A}$的每一行对角元素的绝对值都严格大于同行其他元素绝对值之和,则称$\boldsymbol{A}$为严格对角占优阵。

定理 7.15 如果$\boldsymbol{A}=(a_{ij})_{n\times n}$为严格对角占优阵,则$\boldsymbol{A}$为非奇异矩阵。

证 用反证法。若$\det(\boldsymbol{A})=0$,则$\boldsymbol{A}\boldsymbol{u}=\boldsymbol{0}$有非零解,记为

$\boldsymbol{u}=(u_1,u_2,\cdots,u_n)^{\mathrm{T}}$。且记$|u_t|=\max\limits_{1\leqslant i\leqslant n}|u_i|\neq0$,于是由$\boldsymbol{A}\boldsymbol{u}=\boldsymbol{0}$的第$t$个方程$\sum\limits_{j=1}^{n}a_{tj}u_j=0$得到

$$|a_{tt}||u_t|=\left|\sum_{j\neq t}a_{tj}u_j\right|\leqslant\sum_{j\neq t}|a_{tj}||u_j|\leqslant|u_t|\sum_{j\neq t}|a_{tj}|$$

即

$$|a_{tt}| \leqslant \sum_{j\neq t} |a_{tj}|$$

与假设矛盾。

定理 7.16　设 $\boldsymbol{Ax}=\boldsymbol{b}, \boldsymbol{A}\in \mathbf{R}^{n\times n}$。如果 $\boldsymbol{A}$ 为严格对角占优阵,则解 $\boldsymbol{Ax}=\boldsymbol{b}$ 的 Jacobi 方法,G-S迭代法都收敛且 G-S 迭代法收敛比 Jacobi 方法快。

证　只证明雅可比(Jacobi)法收敛,其余同理可证。

事实上,由于 $\boldsymbol{A}$ 为严格对角占优阵,雅可比迭代法迭代矩阵的范数为

$$\|\boldsymbol{B}_J\|_\infty = \|\boldsymbol{D}^{-1}(\boldsymbol{L}+\boldsymbol{U})\|_\infty = \max_{1\leqslant i\leqslant n}\left(\sum_{j=1}^{i-1}\frac{|a_{ij}|}{|a_{ii}|}+\sum_{j=i+1}^{n}\frac{|a_{ij}|}{|a_{ii}|}\right) < 1$$

故由定理 7.14 知方程组 $\boldsymbol{Ax}=\boldsymbol{b}$ 存在唯一解,雅可比法收敛。

定理 7.17　①设 $\boldsymbol{Ax}=\boldsymbol{b}$,其中 $\boldsymbol{A}$ 为对称正定阵;

② $0<\omega<2$。

则解 $\boldsymbol{Ax}=\boldsymbol{b}$ 的 SOR 方法收敛。

证略。

推论　设 $\boldsymbol{Ax}=\boldsymbol{b}$,其中 $\boldsymbol{A}$ 为对称正定阵,则 G-S 迭代法收敛。

事实上,当 $\omega=1$ 时,SOR 方法就是 G-S 迭代法。由定理 7.17 知推论成立。

例 7.13　试考察用 Jacobi 方法,G-S 迭代法解下面方程组的收敛性

(1) $\begin{cases} x_1+2x_2-2x_3=1 \\ x_1+x_2+x_3=2 \\ 2x_1+2x_2+x_3=2 \end{cases}$;　　(2) $\begin{cases} x_1+0.8x_2+0.8x_3=2.6 \\ 0.8x_1+x_2+0.8x_3=2.6 \\ 0.8x_1+0.8x_2+x_3=2.6 \end{cases}$。

解 (1)

①由 $\boldsymbol{B}_J=\boldsymbol{I}-\boldsymbol{D}^{-1}\boldsymbol{A}=\begin{pmatrix} 0 & -2 & 2 \\ -1 & 0 & -1 \\ -2 & -2 & 0 \end{pmatrix}$ 可得 $\lambda_i=0,(i=1,2,3)$

故 $\rho(\boldsymbol{B}_J)<1$,Jacobi 迭代法收敛。

②由 $\boldsymbol{B}_G=(\boldsymbol{D}-\boldsymbol{L})^{-1}\boldsymbol{U}=\begin{pmatrix} 0 & -2 & 2 \\ 0 & 2 & -3 \\ 0 & 0 & 2 \end{pmatrix}$ 可得 $\lambda_1=0, \lambda_2=\lambda_3=2, \rho(\boldsymbol{B}_G)=2>1$,G-S 迭代法发散。

解 (2)

①由 $B_J=I-D^{-1}A=\begin{pmatrix} 0 & -0.8 & -0.8 \\ -0.8 & 0 & -0.8 \\ -0.8 & -0.8 & 0 \end{pmatrix}$ 可得 $\lambda_{1,2}=0.8, \lambda_3=-1.6$,故 $\rho(\boldsymbol{B}_J)=1.6>1$,Jacobi 迭代法发散。

②由于 $\boldsymbol{A}=\begin{pmatrix} 1 & 0.8 & 0.8 \\ 0.8 & 1 & 0.8 \\ 0.8 & 0.8 & 1 \end{pmatrix}$ 为对称正定阵,所以由推论知 G-S 迭代法收敛。

7.8 病态方程组和迭代改善法

7.8.1 病态方程组

考虑线性方程组 $\boldsymbol{Ax}=\boldsymbol{b}$，假设 $\boldsymbol{A}\in\mathbf{R}^{n\times n}$ 为非奇异矩阵，$\boldsymbol{x}$ 为方程组的精确解。

在应用问题归结为求解方程组 $\boldsymbol{Ax}=\boldsymbol{b}$ 时，其系数矩阵 $\boldsymbol{A}$ 和 $\boldsymbol{b}$ 可能有某些观测误差，或者 $\boldsymbol{A}$，$\boldsymbol{b}$ 是计算的结果，从而包含有舍入误差。下面我们研究数据 $\boldsymbol{A}$ 或 $\boldsymbol{b}$ 的微小变化（又称扰动或摄动）对方程组解 $\boldsymbol{x}$ 的影响。

例 7.14 设有方程组

$$\begin{cases}5x_1+7x_2=0.7\\7x_1+10x_2=1\end{cases}$$

其解 $\boldsymbol{x}=(0.0,0.1)^{\mathrm{T}}$。现考虑常数项有微小的变化，即 $\boldsymbol{b}\to\boldsymbol{b}+\delta\boldsymbol{b}=(0.69,1.01)^{\mathrm{T}}$，其中 $\delta\boldsymbol{b}=(-0.01,0.01)^{\mathrm{T}}$，得到一个扰动方程组

$$\begin{cases}5\tilde{x}_1+7\tilde{x}_2=0.69\\7\tilde{x}_1+10\tilde{x}_2=1.01\end{cases}$$

其解为

$$\tilde{\boldsymbol{x}}=(-0.17,0.22)^{\mathrm{T}}$$

此例说明，虽然方程组常数项分量只有微小变化（1/100），但方程组的解却有较大的变化。这样的方程组就是病态方程组。

定义 7.8 如果矩阵 $\boldsymbol{A}$ 或常数项 $\boldsymbol{b}$ 的微小变化，引起方程组 $\boldsymbol{Ax}=\boldsymbol{b}$ 解的巨大变化，则称此方程组为病态方程组。

下面我们研究当方程组的系数矩阵 $\boldsymbol{A}$ 或常数项 $\boldsymbol{b}$ 的微小变化（扰动）对解的影响，找出能用来刻画方程组病态性质的量。

首先考察常数项 $\boldsymbol{b}$ 的扰动对解的影响。设 $\boldsymbol{A}$ 是精确的，$\boldsymbol{b}\to\boldsymbol{b}+\delta\boldsymbol{b}$，解为 $\tilde{\boldsymbol{x}}=\boldsymbol{x}+\delta\boldsymbol{x}$，则 $\boldsymbol{A}\tilde{\boldsymbol{x}}=\boldsymbol{b}+\delta\boldsymbol{b}$，$\delta\boldsymbol{x}=\boldsymbol{A}^{-1}\delta\boldsymbol{b}$，于是

$$\|\delta\boldsymbol{x}\|\leqslant\|\boldsymbol{A}^{-1}\|\ \|\delta\boldsymbol{b}\| \tag{7.42}$$

另一方面，由 $\boldsymbol{Ax}=\boldsymbol{b}\neq\boldsymbol{0}$，有

$$\|\boldsymbol{b}\|\leqslant\|\boldsymbol{A}\|\ \|\boldsymbol{x}\|$$

或

$$\frac{1}{\|\boldsymbol{x}\|}\leqslant\frac{\|\boldsymbol{A}\|}{\|\boldsymbol{b}\|} \tag{7.43}$$

由式(7.42)及式(7.43)即得

定理 7.18 （$\boldsymbol{b}$ 扰动对解的影响）

①设 $\boldsymbol{Ax}=\boldsymbol{b}\neq\boldsymbol{0}$，$\boldsymbol{x}$ 为精确解，$\boldsymbol{A}$ 为非奇异矩阵；

②且设 $\boldsymbol{A}(\boldsymbol{x}+\delta\boldsymbol{x})=\boldsymbol{b}+\delta\boldsymbol{b}$。

则有

$$\frac{\|\delta\boldsymbol{x}\|}{\|\boldsymbol{x}\|}\leqslant\|\boldsymbol{A}^{-1}\|\ \|\boldsymbol{A}\|\frac{\|\delta\boldsymbol{b}\|}{\|\boldsymbol{b}\|} \tag{7.44}$$

式(7.44)给出了引起解的相对误差的一个上界，解的相对误差可能是常数项 $\boldsymbol{b}$ 的相对误差的 $\|\boldsymbol{A}^{-1}\|\ \|\boldsymbol{A}\|$ 倍。因此，引起解的相对误差的大小与数 $\|\boldsymbol{A}^{-1}\|\ \|\boldsymbol{A}\|$ 大小有关。

下面考察 $\boldsymbol{A}$ 扰动对方程组 $\boldsymbol{Ax}=\boldsymbol{b}$ 的解 $\boldsymbol{x}$ 的影响。

设 $\boldsymbol{A}$ 有扰动 $\delta\boldsymbol{A}$，即 $\boldsymbol{A}\to\boldsymbol{A}+\delta\boldsymbol{A}$，$\boldsymbol{b}$ 是精确的。记 $(\boldsymbol{A}+\delta\boldsymbol{A})\tilde{\boldsymbol{x}}=\boldsymbol{b}$ 的解为 $\boldsymbol{x}+\delta\boldsymbol{x}$，则

$$(\boldsymbol{A}+\delta\boldsymbol{A})(\boldsymbol{x}+\delta\boldsymbol{x})=\boldsymbol{b} \tag{7.45}$$

$$(\boldsymbol{A}+\delta\boldsymbol{A})(\delta\boldsymbol{x})=-(\delta\boldsymbol{A})\boldsymbol{x}$$

设 $\|\boldsymbol{A}^{-1}\|\ \|\delta\boldsymbol{A}\|<1$，则由定理 7.13 知，$\boldsymbol{A}+\delta\boldsymbol{A}=\boldsymbol{A}(\boldsymbol{I}+\boldsymbol{A}^{-1}\delta\boldsymbol{A})$ 为非奇异阵，且有

$$\|(\boldsymbol{A}+\delta\boldsymbol{A})^{-1}\|\leqslant\frac{\|\boldsymbol{A}^{-1}\|}{1-\|\boldsymbol{A}^{-1}\|\ \|\delta\boldsymbol{A}\|} \tag{7.46}$$

由式(7.45)有　　$\delta\boldsymbol{x}=-(\boldsymbol{A}+\delta\boldsymbol{A})^{-1}(\delta\boldsymbol{A})\boldsymbol{x}$，因此

$$\frac{\|\delta\boldsymbol{x}\|}{\|\boldsymbol{x}\|}\leqslant\frac{\|\boldsymbol{A}^{-1}\|\ \|\boldsymbol{A}\|\dfrac{\|\delta\boldsymbol{A}\|}{\|\boldsymbol{A}\|}}{1-\|\boldsymbol{A}^{-1}\|\ \|\boldsymbol{A}\|\dfrac{\|\delta\boldsymbol{A}\|}{\|\boldsymbol{A}\|}} \tag{7.47}$$

定理 7.19　($\boldsymbol{A}$ 扰动对解的影响)　设 $\boldsymbol{Ax}=\boldsymbol{b}\neq\boldsymbol{0}$，其中 $\boldsymbol{A}$ 为非奇异矩阵，且

$$(\boldsymbol{A}+\delta\boldsymbol{A})(\boldsymbol{x}+\delta\boldsymbol{x})=\boldsymbol{b}$$

如果 $\|\boldsymbol{A}^{-1}\|\ \|\delta\boldsymbol{A}\|<1$，则式(7.47)成立。

如果 $\delta\boldsymbol{A}$ 充分小，且在条件 $\|\boldsymbol{A}^{-1}\|\ \|\delta\boldsymbol{A}\|<1$ 下，式(7.47)说明矩阵 $\boldsymbol{A}$ 的相对误差在解中可能放大 $\|\boldsymbol{A}^{-1}\|\ \|\boldsymbol{A}\|$ 倍。

定义 7.9　(矩阵的条件数)　设 $\boldsymbol{A}$ 为非奇异矩阵，称

$$\mathrm{Cond}(\boldsymbol{A})_v=\|\boldsymbol{A}^{-1}\|_v\,\|\boldsymbol{A}\|_v$$

为矩阵 $\boldsymbol{A}$ 的条件数(其中 $v=1,2$ 或 ∞)。

矩阵的条件数是一个重要的概念。由上面的讨论知，当 $\boldsymbol{A}$ 的条件数相对的大，即 $\mathrm{Cond}(\boldsymbol{A})\gg1$，则 $\boldsymbol{Ax}=\boldsymbol{b}$ 为病态方程组。如果 $\mathrm{Cond}(\boldsymbol{A})$ 相对的小，则称 $\boldsymbol{Ax}=\boldsymbol{b}$ 为良态方程组。注意，方程组病态性质是方程组本身的特征。$\boldsymbol{A}$ 的条件数越大，方程组病态越严重，求解越困难。

条件数的性质：

①对任何非奇异矩阵 $\boldsymbol{A}$，都有 $\mathrm{Cond}(\boldsymbol{A})_v\geqslant1$。事实上，

$$\mathrm{Cond}(\boldsymbol{A})_v=\|\boldsymbol{A}^{-1}\|_v\,\|\boldsymbol{A}\|_v\geqslant\|\boldsymbol{A}^{-1}\boldsymbol{A}\|_v=1。$$

②设 A 为非奇异矩阵，$\alpha\neq0$ 为常数，则

$$\mathrm{Cond}(\alpha\boldsymbol{A})_v=\mathrm{Cond}(\boldsymbol{A})_v。$$

③如果 $\boldsymbol{A}$ 为正交矩阵，则 $\mathrm{Cond}(\boldsymbol{A})_2=1$。

④$\mathrm{Cond}(\boldsymbol{AB})_v\leqslant\mathrm{Cond}(\boldsymbol{A})_v\,\mathrm{Cond}(\boldsymbol{B})_v$。

例 7.15　设 $\boldsymbol{A}=\begin{pmatrix}1 & 1/2 & 1/3\\ 1/2 & 1/3 & 1/4\\ 1/3 & 1/4 & 1/5\end{pmatrix}$，求 $\mathrm{Cond}(\boldsymbol{A})_\infty$。

解　计算知 $\boldsymbol{A}^{-1}=\begin{pmatrix}9 & -36 & 30\\ -36 & 192 & -180\\ 30 & -180 & 180\end{pmatrix}$，又因为

$$\|A\|_\infty=\frac{11}{6},\ \|A^{-1}\|_\infty=408,$$

所以

$$\mathrm{Cond}(A)_\infty=748。$$

7.8.2 迭代改善法

设有方程组 $Ax=b$,其中 $A\in\mathbf{R}^{n\times n}$ 为非奇异阵;假设方程组不过分病态,用高斯消去法(或部分选主元消去法)求得计算解 x_1(精度不高),我们希望获得方程组更高精度的解,一般可采用下述的迭代改善法,用来改善 x_1 的精度。

设 x_1 为用高斯法求得的计算解,计算剩余向量

$$r_1=b-Ax_1 \tag{7.48}$$

求解

$$Ad_1=r_1 \tag{7.49}$$

且计算

$$x_2=x_1+d_1 \tag{7.50}$$

显然,如果计算 r_1 及 d_1 没有误差,则 x_2 是方程组 $Ax=b$ 的精确解。事实上,

$$Ax_2=A(x_1+d_1)=Ax_1+Ad_1=Ax_1+r_1=b。$$

但实际计算时,由于有舍入误差,得到的 x_2 只是一个近似解。于是,重复上述过程(7.48)~(7.50),可求得方程组的一个近似解序列$\{x_k\}$。当 $Ax=b$ 不是过分病态时,通常$\{x_k\}$很快收敛到方程组的解 x^*。一般地,我们有下面的迭代改善法:

①计算 $r_k=b-Ax_k$;

②解方程组 $Ad_k=r_k$,得到 d_k;

③计算 $x_{k+1}=x_k+d_k$。 $(k=1,2,\cdots)$

例 7.16 用迭代改善法解

$$\begin{pmatrix}7.000 & 6.990\\4.000 & 4.000\end{pmatrix}\begin{pmatrix}x_1\\x_2\end{pmatrix}=\begin{pmatrix}34.97\\20.00\end{pmatrix}$$

解 方程组精确解 $x^*=(2,3)^{\mathrm{T}}$,容易计算得

$$\mathrm{Cond}(A)_\infty=\|A^{-1}\|_\infty\|A\|_\infty\approx13.99\times275.14\approx3\ 849$$

因此,方程组为病态方程组。

①用高斯消去法解 $Ax=b$(用具有舍入的 4 为浮点数进行计算)且实现 $A\approx LU$ 分解,即

$$x_1=(1.667,3.333)^{\mathrm{T}}$$

$$A\approx\begin{pmatrix}1 & 0\\0.571\ 4 & 1\end{pmatrix}\begin{pmatrix}7.000 & 6.990\\0 & 0.006\end{pmatrix}=LU$$

②计算 $r_1=b-Ax_1=(0.003\ 33,0)^{\mathrm{T}}$。

求解 $Ad_1=r_1$,或求解 $LUd_1=r_1$

$$\begin{cases}d_1=(0.321\ 4,-0.317\ 2)^{\mathrm{T}}\\x_2=x_1+d_1=(1.988,3.016)^{\mathrm{T}}\end{cases}$$

③计算 $r_2=b-Ax_2=(-0.027\ 84,-0.016\ 00)^{\mathrm{T}}$。

求解

$$\begin{cases}LUd_2=r_2\\d_2=(0.160\ 0,-0.020\ 00)^{\mathrm{T}}\\x_3=x_2+d_2=(2.004,2.996)^{\mathrm{T}}\end{cases}$$

④计算 $\boldsymbol{r}_3=\boldsymbol{b}-\boldsymbol{A}\boldsymbol{x}_3=(-0.000\ 04,0)^{\mathrm{T}}$。

求解
$$\begin{cases}\boldsymbol{LUd}_3=\boldsymbol{r}_3\\ \boldsymbol{d}_3=(-0.003\ 81,0.003\ 81)^{\mathrm{T}}\\ \boldsymbol{x}_4=\boldsymbol{x}_3+\boldsymbol{d}_3=(2.000,3.000)^{\mathrm{T}}\end{cases}$$

7.9　应用程序举例

例 7.17　用列主元消去法解方程组 $\begin{cases}0.50x_1+1.1x_2+3.1x_3=6.0\\ 2.0x_1+4.5x_2+0.36x_3=0.020\\ 5.0x_1+0.96x_2+6.5x_3=0.96\end{cases}$。

解　编写主程序 gauss.m，然后计算时调用。

```
function x= gauss(A,b,flag)
%column pivotal element operations
if nargin<3,flag=0;end
n=length(b);
A=[A b];
for k=1:(n-1)
[ap,p]=max(abs(A(k:n,k)));
p=p+k-1;
if p>k,
    t=A(k,:); A(k,:)=A(p,:);A(p,:)=t;
end
%elimination
A((k+1):n,(k+1):(n+1))=A((k+1):n,(k+1):(n+1))…
-A((k+1):n,k)/A(k,k) * A(k,(k+1):(n+1));
A((k+1):n,k)=zeros(n-k,1);
if flag==0,A,end
end
%back substitution
x=zeros(n,1);
x(n)=A(n,n+1)/A(n,n);
for k=n-1:-1:1
    x(k,:)=(A(k,n+1)-A(k,(k+1):n) * x((k+1):n))/A(k,k);
end
```

在命令窗口输入

```
≫ A=[0.50 1.1 3.1;2.0 4.5 0.36;5.0 0.96 6.5];
```

```
≫ b=[6.0 0.020 0.96]';
≫ x=gauss(A,b)
```

可得该方程组的解

```
x =
   -2.6000
   1.0000
   2.0000
```

例 7.18 用 G-S 方法解方程组 $\begin{cases}10x_1-x_2-2x_3=7.2\\-x_1+10x_2-2x_3=8.3\\-x_1-x_2+0.5x_3=4.2\end{cases}$。

解 编写主程序 nags.m,然后计算时调用。

```
function x=nags(A,b,x0,e,N)
%G-S method
n=length(b);
if nargin<5,N=300; end
if nargin<4,e=1e-4; end
if nargin<3,x0=zeros(n,1); end
x=x0;x0=x+2*e;k=0
Al=tril(A);iAl=inv(Al);
while norm(x0-x,inf)>e&k<N,
    k=k+1;
    x0=x;x=-iAl*(A-Al)*x0+iAl*b;
    disp(x')
end
if k==N,warning('reached the Max-number of iterations');
end
```

在命令窗口输入

```
≫ A=[10 -1 -2;-1 10 -2;-1 -1 0.5];
≫ b=[7.2 8.3 4.2]';
≫ x=nags(A,b,[0 0 0]',1e-6)
```

可得该方程组的解

```
x =
     24.5000
     24.6000
     106.6000
```

习题 7

1.分别用高斯消去法,列主元素消去法解下述方程组

$$\begin{pmatrix} 0.000\,6 & 6.000\,0 \\ 1.000\,0 & 1.000\,0 \end{pmatrix}\begin{pmatrix} x_1 \\ x_2 \end{pmatrix}=\begin{pmatrix} 5.000\,1 \\ 1.000\,0 \end{pmatrix}$$

(用具有舍入的 4 位浮点数进行运算)并比较计算结果。

2.用列主元素消去法解方程组

$$\begin{pmatrix} 4 & -1 & 1 \\ -18 & 3 & -1 \\ 1 & 1 & 1 \end{pmatrix}\begin{pmatrix} x_1 \\ x_2 \\ x_3 \end{pmatrix}=\begin{pmatrix} 5 \\ -15 \\ 6 \end{pmatrix}$$

3.设 $\boldsymbol{A}$ 为对称矩阵,且 $a_{11}\neq 0$,经高斯消去法第一步 $\boldsymbol{A}$ 约化为

$$\boldsymbol{A}\to\boldsymbol{A}^{(2)}=\begin{pmatrix} a_{11} & \boldsymbol{A}_{12} \\ 0 & \boldsymbol{A}_2 \end{pmatrix}$$

试证明

(1)若 $\boldsymbol{A}$ 为对称阵,则 $\boldsymbol{A}_2$ 亦是对称阵;

(2)若 $\boldsymbol{A}$ 为对称正定阵,则 $\boldsymbol{A}_2$ 亦是对称正定的;

(3)若 $\boldsymbol{A}$ 为严格对角占优阵,则 $\boldsymbol{A}_2$ 也是严格对角占优阵。

4.利用矩阵的三角分解法解方程组

(1) $\begin{pmatrix} 1 & 2 & 3 \\ 0 & 1 & 2 \\ 2 & 4 & 1 \end{pmatrix}\begin{pmatrix} x_1 \\ x_2 \\ x_3 \end{pmatrix}=\begin{pmatrix} 14 \\ 8 \\ 13 \end{pmatrix}$　　(2) $\begin{pmatrix} 9 & 18 & 9 & -27 \\ 18 & 45 & 0 & -45 \\ 9 & 0 & 126 & 9 \\ -27 & -45 & 9 & 135 \end{pmatrix}\begin{pmatrix} x_1 \\ x_2 \\ x_3 \\ x_4 \end{pmatrix}=\begin{pmatrix} 1 \\ 2 \\ 16 \\ 8 \end{pmatrix}$

5.用追赶法解方程组

$$\begin{pmatrix} 4 & -1 & 0 \\ -1 & 4 & -1 \\ 0 & -1 & 4 \end{pmatrix}\begin{pmatrix} x_1 \\ x_2 \\ x_3 \end{pmatrix}=\begin{pmatrix} 2 \\ 4 \\ 10 \end{pmatrix}$$

6.用平方根法解方程组

$$\begin{pmatrix} 3 & 2 & 1 \\ 2 & 2 & 0 \\ 1 & 0 & 3 \end{pmatrix}\begin{pmatrix} x_1 \\ x_2 \\ x_3 \end{pmatrix}=\begin{pmatrix} 5 \\ 4 \\ 3 \end{pmatrix}$$

7.设

$$\boldsymbol{A}=\begin{pmatrix} 5 & 3 \\ -2 & 6 \end{pmatrix},\boldsymbol{x}=\begin{pmatrix} 1 \\ -1 \end{pmatrix}$$

试计算 $\|\boldsymbol{x}\|_1$, $\|\boldsymbol{x}\|_\infty$, $\|\boldsymbol{x}\|_2$, $\|\boldsymbol{Ax}\|_2$, $\|\boldsymbol{A}\|_\infty$, $\|\boldsymbol{A}\|_1$, $\|\boldsymbol{A}\|_2$。

8.设 $\boldsymbol{A}$ 是 n 阶对称正定阵,$\boldsymbol{x}\in\mathbf{R}^n$,证明 $\|\boldsymbol{x}\|=\sqrt{\boldsymbol{x}^{\mathrm{T}}\boldsymbol{Ax}}$ 是一种向量范数。

9.对于任意的 $\boldsymbol{x}\in\mathbf{R}^n$,求证 $\|\boldsymbol{x}\|_\infty\leqslant\|\boldsymbol{x}\|_2\leqslant\sqrt{n}\,\|\boldsymbol{x}\|_\infty$。

10.设有方程组

(1) $\begin{pmatrix}-8 & 1 & 1\\ 1 & -5 & 1\\ 1 & 1 & -4\end{pmatrix}\begin{pmatrix}x_1\\ x_2\\ x_3\end{pmatrix}=\begin{pmatrix}1\\ 16\\ 7\end{pmatrix}$ (2) $\begin{pmatrix}10 & -1 & 2 & 0\\ -1 & 11 & -1 & 3\\ 2 & -1 & 10 & -1\\ 0 & 3 & -1 & 8\end{pmatrix}\begin{pmatrix}x_1\\ x_2\\ x_3\\ x_4\end{pmatrix}=\begin{pmatrix}6\\ 25\\ -11\\ 15\end{pmatrix}$

取初值 $\boldsymbol{x}^{(0)}=\mathbf{0}$,分别用 Jacobi 方法和 G-S 迭代法迭代 3 次计算,并检查两个方法的收敛性。

11.分别用 Jacobi 方法和 G-S 迭代法解下面的方程组

$$\begin{cases}10x_1-2x_2-x_3=3\\ -2x_1+10x_2-x_3=15\\ -x_1-2x_2+5x_3=10\end{cases}$$

12.若 $\boldsymbol{A}$ 是对称矩阵,试证 $\|\boldsymbol{A}\|_2=\rho(\boldsymbol{A})$。

13.用 SOR 方法(分别取 $\omega=1.2,\omega=1.5$)解方程组

$$\begin{pmatrix}10 & -1 & 0\\ 2 & 1 & 3\\ -1 & 3 & 1\end{pmatrix}\begin{pmatrix}x_1\\ x_2\\ x_3\end{pmatrix}=\begin{pmatrix}9\\ 7\\ 8\end{pmatrix}$$

(要求当 $\|\boldsymbol{r}^{(k)}\|_\infty<10^{-3}$ 时迭代终止)。

14.计算矩阵的条件数 $\mathrm{Cond}(\boldsymbol{A})_\infty$

(1) $\boldsymbol{A}=\begin{pmatrix}2 & 6\\ 2 & 6.000\,1\end{pmatrix}$ (2) $\boldsymbol{A}=\begin{pmatrix}2 & -1 & 0\\ -1 & 3 & -1\\ 0 & -1 & 2\end{pmatrix}$

15.设 $\boldsymbol{A}$ 为正交矩阵,试证明 $\mathrm{Cond}(\boldsymbol{A})_2=1$。

16.设 $\boldsymbol{A},\boldsymbol{B}$ 均为 n 阶矩阵,证明 $\mathrm{Cond}(\boldsymbol{AB})\leqslant\mathrm{Cond}(\boldsymbol{A})\cdot\mathrm{Cond}(\boldsymbol{B})$。

第 8 章 常微分方程初值问题的数值解法

8.1 引 言

称含有未知函数导数(或微分)的方程为常微分方程。在工程和科学技术的实际问题中,常常需求解常微分方程。但由常微分方程理论可知,常微分方程中往往只有少数较简单和典型的方程可求出其解析解。在大多数情况下,常微分方程只能用近似法求解。这种近似解法可分为两大类:一类是近似解析法,如级数解法、逐次逼近法等;另一类则是数值解法,它给出方程在一些离散点上的近似解。

在求解描述实际问题的微分方程时,需要附加某种定解条件。微分方程和定解条件一起组成定解问题。定解条件通常有两种提法,一种是给出积分曲线在初始时刻的性态,这类条件称为初始条件,相应的定解问题就是初值问题;另一种是给出了积分曲线首末两端的性态,这类条件称为边界条件,相应的定解问题就是边值问题。本章主要讨论一阶常微分方程的初值问题。

8.1.1 初值问题解的存在唯一性定理

定义 8.1 一阶常微分方程的初值问题:

$$\begin{cases}\dfrac{\mathrm{d}y}{\mathrm{d}x}=f(x,y), a \leqslant x \leqslant b \\ y(a)=y_0\end{cases} \tag{8.1}$$

的解 $y=y(x)$ 是区间 $[a,b]$ 上的可微函数,使得对一切 $x \in [a,b]$ 有

$$y(a)=y_0 \text{ 且 } y'(x)=f(x,y(x))。$$

定理 8.1 设 $f(x,y)$ 在区域 $D=\{(x,y) \mid a\leqslant x\leqslant b, -\infty<y<+\infty\}$ 上连续,且关于 y 满足李普希兹(Lipschitz)条件,即存在常数 $L>0$,使

$$|f(x,y_1)-f(x,y_2)| \leqslant L|y_1-y_2|$$

对所有的 $x \in [a,b]$ 以及任何 y_1,y_2 都成立,则初值问题(8.1)在$[a,b]$上存在唯一解 $y=y(x)$。

另外,若初值问题(8.1)有解 $y(x)$,并存在正常数 δ 和 K,使得对任意的 $0<\varepsilon<\delta$,当 $|y_0-\bar{y}_0|<\varepsilon$ 时,有

$$|y(x)-\bar{y}(x)|<K\varepsilon \tag{8.2}$$

其中,$\bar{y}(x)$ 表示式(8.1)中以 $\bar{y}_0$ 为初值的解,则称初值问题(8.1)关于初值是稳定的。稳定性概念很重要。在常微分方程定性理论中有下面的结果。

定理 8.2　若定理 8.1 的条件成立,则初值问题(8.1)关于初值是稳定的。

8.1.2　离散变量法

在实际问题中得到的常微分方程初值问题,当求不出解析解的表达式时,只能求出其近似解。离散变量法是求初值问题(8.1)的近似解的一类方法。所谓微分方程数值解,就是求微分方程的解 $y(x)$ 在一系列离散节点

$$a=x_0<x_1<\cdots<x_{n-1}<x_n=b$$

处 $y(x_i)$ 的近似值 $y_i(i=0,1,\cdots,n)$。相邻的两个节点之间的距离 $h_i=x_{i+1}-x_i$ 称为由 x_i 到 x_{i+1} 的步长,通常取为常数 h。

把一个连续型问题转化为一个离散型问题的过程称为离散化过程。求数值解,首先应将微分方程离散化,常用的离散化方法有:

①用差商代替微商

若用向前差商代替微商,即

$$\frac{y(x_{i+1})-y(x_i)}{h}\approx y'(x_i)=f(x_i,y(x_i))\quad(i=0,1,\cdots,n-1)$$

代入式(8.1)中的微分方程,则得

$$y(x_{i+1})\approx y(x_i)+hf(x_i,y(x_i))$$

记 $y(x_i)$ 的近似值为 y_i,则由上式右端可计算出 $y(x_{i+1})$ 的近似值,即

$$y_{i+1}=y_i+hf(x_i,y_i)\qquad(i=0,1,\cdots,n-1) \tag{8.3}$$

②数值积分法

利用数值积分法左矩形公式

$$y(x_{i+1})-y(x_i)=\int_{x_i}^{x_{i+1}}f(x,y(x))\,\mathrm{d}x\approx hf(x_i,y_i)$$

可得同样算法 $y_{i+1}=y_i+hf(x_i,y_i)$

③用泰勒(Taylor)公式

假设初值问题(8.1)满足定理 8.1 的条件,且函数 $f(x,y)$ 是足够次可微的。由 Taylor 公式,有

$$y(x+h)=y(x)+hf(x,y(x))+\frac{1}{2!}h^2f'(x,y(x))+\frac{1}{3!}h^3f''(x,y(x))+\cdots+$$
$$\frac{1}{p!}h^pf^{(p-1)}(x,y(x))+\frac{1}{(p+1)!}h^{p+1}y^{(p+1)}(\xi),x<\xi<x+h$$

记　$$\Phi(x,y,h)=f(x,y(x))+\frac{1}{2!}hf'(x,y(x))+\cdots+\frac{1}{p!}h^{p-1}f^{(p-1)}(x,y(x)) \tag{8.4}$$

则上式可简写成

$$y(x+h)=y(x)+h\Phi(x,y,h)+\frac{1}{(p+1)!}h^{p+1}y^{(p+1)}(\xi)$$

令 $x=x_i$，则

$$y(x_i+h)=y(x_i)+h\Phi(x_i,y(x_i),h)+\frac{1}{(p+1)!}h^{p+1}y^{(p+1)}(\xi) \tag{8.5}$$

于是截去式(8.5)的最后一项，得到离散化公式

$$y_{i+1}=y_i+h\Phi(x_i,y_i,h) \tag{8.6}$$

注：若只对 $y(x)$ 作一次 Taylor 展开，则 $\Phi(x_i,y(x_i),h)=f(x_i,y(x_i))$，此时式(8.6)即为式(8.3)：$y_{i+1}=y_i+hf(x_i,y_i)$。

下面给出离散化过程的误差概念。由于初值问题(8.1)的精确解 $y(x)$ 满足式(8.5)，所以我们称

$$R_{i+1}=\frac{1}{(p+1)!}h^{p+1}y^{(p+1)}(\xi)$$

为数值方法(8.6)的局部截断误差。一般地，有下面的定义 8.2。

定义 8.2　假设 $y_i=y(x_i)$ 为准确值，考虑计算下一步所产生的误差，即用某种数值算法计算 $y(x_{i+1})$ 所产生的误差

$$R_{i+1}=y(x_{i+1})-y_{i+1} \tag{8.7}$$

称为该数值算法的局部截断误差。

定义 8.3　如果某个数值解法的局部截断误差为 $O(h^{p+1})$，则称该算法为 p 阶算法。

由定义 8.3 知，当步长 $h<1$ 时，p 越大，则局部截断误差越小，计算精度就越高。

定义 8.4　考虑用某种数值算法计算时，因前面的计算不准确而引起的准确解 $y(x_i)$ 与数值解 y_i 的误差，

$$e_i=y(x_i)-y_i \tag{8.8}$$

称为该数值算法的整体截断误差。

常微分方程初值问题的数值解法一般分为两大类：

①单步法。单步法是在计算 y_{i+1} 时，只用到 x_{i+1}，x_i 和 y_i，即只用到前一步的值；

②多步法。多步法是在计算 y_{i+1} 时，除用到 x_{i+1}，x_i 和 y_i 以外，还要用到 x_{i-p}，y_{i-p}($p=1,2,\cdots,k$)，即用到前 k 步的值。

8.2　欧拉方法

8.2.1　欧拉方法

对初值问题(8.1)，把区间$[a,b]$作 n 等分：$a=x_0<x_1<\cdots<x_{n-1}<x_n=b$，则分点为$x_i=a+ih$，$h=\frac{b-a}{n}$　$(i=0,1,2,\cdots n)$

由以上讨论可知，无论用一阶向前差商，还是用数值积分法左矩形公式，或者用泰勒公式取前两项都可得到同样的离散化计算公式

$$y_{i+1} = y_i + hf(x_i, y_i)$$

并将初值条件代入,则得到数值算法:

$$\begin{cases} y_{i+1} = y_i + hf(x_i, y_i) \\ y_0 = y(a) \end{cases} \quad (i = 0,1,2,\cdots,n-1) \tag{8.9}$$

称其为欧拉(Euler)方法。

初值问题(8.1)的解 $y = y(x)$ 代表通过点 $P_0(x_0, y_0)$ 的一条曲线并称之为微分方程的积分曲线。积分曲线上每一点 (x, y) 处的切线的斜率 $y'(x)$ 等于 $f(x, y)$ 处在这点的值。从几何上看,欧拉方法就是用一条折线近似表示曲线 $y = y(x)$(见图 8.1)。因此欧拉方法又称为欧拉折线方法。

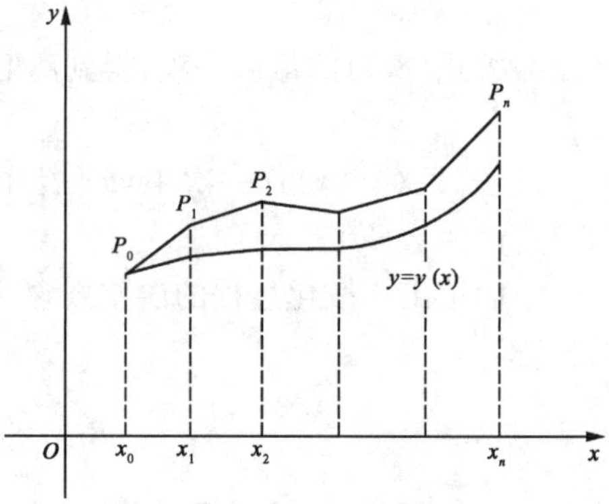

图 8.1 欧拉方法的几何意义

由前面的讨论知,当取 $p=1$ 时,式(8.6)就是 $y_{i+1} = y_i + hf(x_i, y_i)$,从而当 h 充分小时,导出欧拉方法的局部截断误差为

$$R_{i+1} = y(x_{i+1}) - y_{i+1} = \frac{1}{2}h^2 y''(\xi_i) = O(h^2) \tag{8.10}$$

其中 $x_i < \xi_i < x_{i+1}$。所以由定义 8.3 知欧拉方法是一阶方法,计算结果的精度较差。

8.2.2 改进的欧拉方法

由微分方程数值解的三种基本构造方法知,若取不同的差商(如向后差商),不同的数值积分公式(如梯形公式),以及泰勒公式取前三项、四项等可得不同的算法。

如果用向后差商近似代替导数,则有

$$\frac{y(x_i) - y(x_{i-1})}{h} \approx y'(x_i) = f(x_i, y(x_i)) \quad (i = 1,\cdots,n)$$

即

$$y(x_{i+1}) \approx y(x_i) + hf(x_{i+1}, y_{i+1}) \quad (i = 0,1,\cdots,n-1)$$

所以有

$$y_{i+1} = y_i + hf(x_{i+1}, y_{i+1}) \quad (i = 0,1,\cdots,n-1) \tag{8.11}$$

式(8.11)称为隐式欧拉公式。

如果用梯形公式计算积分:

$$\int_{x_i}^{x_{i+1}} f(x, y(x))\,\mathrm{d}x \approx \frac{h}{2}[f(x_i, y(x_i)) + f(x_{i+1}, y(x_{i+1}))]$$

$$y_{i+1} = y_i + \frac{h}{2}[f(x_i, y_i) + f(x_{i+1}, y_{i+1})] \tag{8.12}$$

且

$$R_{i+1} = y(x_{i+1}) - y_{i+1} = -\frac{1}{12}h^3 y^{m}(\xi) \tag{8.13}$$

称式(8.12)为梯形方法。

由于此方程为 y_{i+1} 的隐式方程,不易求解。一般将其与欧拉方法联合使用,可得梯形方法的迭代公式为

$$\begin{cases} y_{i+1}^{(0)} = y_i + hf(x_i, y_i) \\ y_{i+1}^{(k+1)} = y_i + \dfrac{h}{2}[f(x_i, y_i) + f(x_{i+1}, y_{i+1}^{(k)})] \end{cases} \tag{8.14}$$

$$(k=0,1,2,\cdots;i=0,1,2,\cdots,n-1)$$

可以证明迭代过程(8.14)是收敛的。事实上,将式(8.12)与式(8.14)相减,得

$$y_{i+1}-y_{i+1}^{(k+1)}=\frac{h}{2}[f(x_{i+1},y_{i+1})-f(x_{i+1},y_{i+1}^{(k)})]$$

于是
$$|y_{i+1}-y_{i+1}^{(k+1)}|\leqslant\frac{hL}{2}|y_{i+1}-y_{i+1}^{(k)}|$$

其中,L 为 $f(x,y)$ 关于 y 的李普希兹常数。如果选取 h 充分小,使得 $\frac{hL}{2}<1$,则当 $k\to+\infty$ 时有 $y_{i+1}^{(k+1)}\to y_{i+1}$,即迭代过程(8.14)是收敛的。

按式(8.14)计算初值问题(8.1)的数值解时,虽然提高了精度,但其算法复杂:每迭代一次,都要重新计算函数 $f(x,y)$ 的值,计算量很大,而且往往难以预测。为了控制计算量,通常只迭代一两次就转入下一步的计算,这就简化了算法。

具体地说,先用欧拉方法求得一个初步的近似值 $\tilde{y}_{i+1}$,称之为预测值,其精度可能很差;再用梯形方法(8.12)将它校正一次,即按式(8.14)迭代一次得校正值 y_{i+1}。这样建立的预测-校正系统称为改进的欧拉方法

$$\begin{cases}\text{预测}\quad \tilde{y}_{i+1}=y_i+hf(x_i,y_i)\\ \text{校正}\quad y_{i+1}=y_i+\frac{h}{2}[f(x_i,y_i)+f(x_{i+1},\tilde{y}_{i+1})]\end{cases}\quad(i=0,1,2,\cdots,n-1)\qquad(8.15)$$

例 8.1　用欧拉方法求解初值问题

$$\begin{cases}\frac{\mathrm{d}y}{\mathrm{d}x}=\frac{2}{3}xy^2\\ y(0)=1\end{cases}\quad(x\in[0,0.7])$$

(取 $h=0.1$)。

解　由欧拉方法(式(8.9)),取 $h=0.1$,得数值计算公式

$$y_{i+1}=y_i+0.1\times\frac{2}{3}x_iy_i^2(i=0,1,\cdots,6)$$

因为 $y_0=y(0)=1$,所以

$$y_1=y_0+0.1\times\frac{2}{3}x_0y_0^2=1+0.1\times\frac{2}{3}\times0\times1^2=1$$

$$y_2=y_1+0.1\times\frac{2}{3}x_1y_1^2=1+0.1\times\frac{2}{3}\times0.1\times1^2=1.006\,7$$

依次可计算出 $y_2,y_3,\cdots,y_6$。

该初值问题的解析解为 $(x^2-3)y=-3$,由此可得到用欧拉方法求解的误差。计算结果见表 8.1。

表 8.1　计算结果

x_i	0.0	0.1	0.2	0.3	0.4	0.5	0.6	0.7
y_i	1.000 0	1.000 0	1.006 7	1.020 2	1.041 0	1.069 9	1.108 0	1.157 2
误差	0.000 0	0.003 3	0.006 8	0.010 7	0.015 3	0.021 0	0.028 3	0.038 2

例 8.2 用欧拉法、改进欧拉法求解初值问题

$$\begin{cases} y' = y - \dfrac{x}{y}, 0 \leqslant x \leqslant 1 \\ y(0) = 1 \end{cases}$$

取 $h=0.1$ 计算。

解 取 $h=0.1$，由欧拉方法（式(8.9)），得数值计算公式

$$y_{i+1} = y_i + 0.1\left(y_i - \frac{x_i}{y_i}\right)$$

由改进的欧拉方法（式(8.15)），得数值计算公式

$$\begin{cases} \tilde{y}_{i+1} = y_i + 0.1\left(y_i - \dfrac{x_i}{y_i}\right) \\ y_{i+1} = y_i + 0.05\left[\left(y_i - \dfrac{x_i}{y_i}\right) + \left(\tilde{y}_{i+1} - \dfrac{x_{i+1}}{\tilde{y}_{i+1}}\right)\right] \end{cases}$$

把用欧拉方法的计算结果记为 y_i，用改进的欧拉方法的计算结果记为 $\hat{y}_i$，并把该初值问题的解析解 $y^2=0.5e^{2x}+x+0.5$ 的计算值记为 $y(x_i)$，则计算结果如表 8.2 所示。

表 8.2 计算结果

x_i	y_i(Euler)	$\hat{y}_i$(改进 Euler)	精确解 $y(x_i)$
0.100 0	1.100 0	1.100 5	1.100 32
0.200 0	1.200 9	1.202 7	1.202 46
0.300 0	1.304 3	1.308 3	1.308 07
0.400 0	1.411 8	1.419 0	1.418 72
0.500 0	1.524 6	1.536 2	1.535 95
0.600 0	1.644 3	1.661 4	1.661 34
0.700 0	1.772 2	1.796 5	1.796 55
0.800 0	1.910 0	1.943 0	1.943 33
0.900 0	2.059 1	2.103 0	2.103 53
1.000 0	2.221 3	2.278 2	2.279 15

例 8.3 讨论改进欧拉法的精度。

解 对于改进的欧拉法(8.15)，当 $y_i=y(x_i)$ 时，由二元函数的 Taylor 公式得

$$\begin{aligned} f(x_{i+1},\tilde{y}_{i+1}) &= f(x_i,y_i) + hf_x(x_i,y_i) + hf(x_i,y_i)f_y(x_i,y_i) + O(h^2) \\ &= f(x_i,y(x_i)) + h[f_x(x_i,y(x_i)) + y'(x_i)f_y(x_i,y(x_i))] + O(h^2) \\ &= y'(x_i) + hy''(x_i) + O(h^2) \end{aligned}$$

于是

$$y_{i+1} = y(x_i) + \frac{h}{2}[y'(x_i) + y'(x_i) + hy''(x_i) + O(h^2)]$$

$$= y(x_i) + hy'(x_i) + \frac{1}{2}hy''(x_i) + O(h^3)$$

而由式(8.5)有

$$y(x_{i+1}) = y(x_i + h) = y(x_i) + h\Phi(x_i, y(x_i), h) + \frac{1}{(p+1)!}h^{p+1}y^{(p+1)}(\xi)$$

比较得

$$R_{i+1} = y(x_{i+1}) - y_{i+1} = O(h^3)$$

因此,改进欧拉法是二阶方法。

8.3　龙格-库塔方法

8.3.1　泰勒展开法

由于欧拉方法为一阶方法,为了提高算法的阶,有必要讨论更高阶的方法。在泰勒展开式中取更多的项,如取 $p+1$ 项可得 p 阶算法。

$$y_{i+1} = y_i + hy'_i + \frac{h^2}{2!}y''_i + \cdots + \frac{h^p}{p!}y_i^{(p)}$$

$$R_{i+1} = \frac{h^{p+1}}{(p+1)!}y^{(p+1)}(\xi_i)$$

其中,$y_i^{(k)}$ 可用复合函数求导法则计算。

如 $p=2$ 时得二阶泰勒方法

$$y_{i+1} = y_i + hy'_i + \frac{h^2}{2!}y''_i = y_i + hf(x_i, y_i) + \frac{h^2}{2}[f'_x + ff'_y]_{(x_i, y_i)}$$

8.3.2　龙格-库塔法

从上面的过程可见,因为要计算若干偏导数的值,所以用 Taylor 展开式多展开几项来提高方法的阶数并不现实。为了避免计算高阶导数,下面介绍龙格-库塔方法的思想,即利用 $f(x,y)$ 某些点处的值的线性组合构造计算公式,使其按泰勒公式展开后与初值问题解的泰勒展开式比较,有尽可能多的项相同。

考虑离散化公式(8.6):$y_{i+1}=y_i+h\Phi(x_i,y_i,h)$,$i=0,1,\cdots,n-1$,$y_0=a$。

在 $y(x+h)$ 的 Taylor 展开式中,取 $p=2$ 得

$$y(x+h) = y(x) + hf(x, y(x)) + \frac{1}{2!}h^2 f'(x, y(x)) + O(h^3)$$

$$= y(x) + h\Phi(x, y, h) + O(h^3),$$

其中,$\Phi(x,y,h)=f(x,y(x))+\frac{1}{2}hf'(x,y(x))$。

又根据复合函数求导法则有

$$f'(x, y(x)) = \frac{\mathrm{d}}{\mathrm{d}x}f(x,y) = f_x(x,y) + f_y(x,y)y'(x)$$

所以

$$y(x+h)=y(x)+h\left[f(x,y)+\frac{1}{2!}h(f_x(x,y)+f_x(x,y)f(x,y))\right]+O(h^3) \quad (8.16)$$

另一方面,令

$$\Phi(x,y,h)=c_1K_1+c_2K_2 \quad (8.17)$$

其中,

$$K_1=f(x,y),K_2=f(x+\lambda_2h,y+\mu_{21}hK_1)$$

这里 $c_1,c_2,\lambda_2,\mu_{21}$ 为待定系数。

将 K_2 展开成

$$K_2=f(x,y)+\lambda_2hf_x(x,y)+\mu_{21}hf(x,y)f_y(x,y)+O(h^2)$$

则式(8.17)可写成

$$\Phi(x,y,h)=(c_1+c_2)f(x,y)+c_2h[\lambda_2f_x(x,y)+\mu_{21}f(x,y)f_y(x,y)]+O(h^2)$$

因此

$$\begin{aligned}y(x+h)&=y(x)+h\Phi(x,y,h)+O(h^3)\\&=y(x)+h[(c_1+c_2)f(x,y)+c_2h\\&\quad(\lambda_2f_x(x,y)+\mu_{21}f(x,y)f_y(x,y))]+O(h^3)\end{aligned} \quad (8.18)$$

比较式(8.16)和式(8.18)两式,得

$$\begin{cases}c_1+c_2=1\\c_2\lambda_2=\dfrac{1}{2}\\c_2\mu_{21}=\dfrac{1}{2}\end{cases} 或 \begin{cases}c_1+c_2=1\\\lambda_2=\mu_{21}\\c_2\mu_{21}=\dfrac{1}{2}\end{cases} \quad (8.19)$$

该方程组有四个未知量,但只有三个方程,故有无穷多组解。令 $c_2=a\neq0$,则得

$$c_1=1-a,\lambda_2=\mu_{21}=\frac{1}{2a}$$

这样取定参数 a 得到的公式统称为二阶龙格-库塔(Runge-Kutta)方法。其一般形式为

$$\begin{cases}y_{i+1}=y_i+h(c_1K_1+c_2K_2)\\K_1=f(x_i,y_i)\\K_2=f(x_i+\lambda_2h,y_i+\mu_{21}hK_1)\end{cases} \quad (8.20)$$

可以验证二阶龙格-库塔公式的局部截断误差都是 $O(h^3)$,故二阶龙格-库塔方法都是二阶方法。

例如取 $a=\frac{1}{2}$,则 $c_1=c_2=\frac{1}{2}$,$\lambda_2=\mu_{21}=1$, 则得龙格-库塔法

$$\begin{cases}y_{i+1}=y_i+\dfrac{1}{2}h(K_1+K_2)\\K_1=f(x_i,y_i)\\K_2=f(x_{i+1},y_i+hK_1)\end{cases}$$

它就是改进的欧拉方法(8.15)。

又如取 $a=1$，则 $c_1=0, c_2=1, \lambda_2=\mu_{21}=\dfrac{1}{2}$，则得龙格-库塔法

$$\begin{cases} y_{i+1} = y_i + hK_2 \\ K_1 = f(x_i, y_i) \\ K_2 = f\left(x_i + \dfrac{h}{2}, y_i + \dfrac{1}{2}hK_1\right) \end{cases}$$

或

$$y_{i+1} = y_i + hf\left(x_i + \frac{h}{2}, y_i + \frac{h}{2}f(x_i, y_i)\right) \tag{8.21}$$

式(8.21)称为中点方法。

龙格-库塔法的一般形式为：

$$\begin{cases} y_{i+1} = y_i + h(c_1K_1 + c_2K_2 + \cdots + c_mK_m) \\ K_1 = f(x_i, y_i) \\ K_2 = f(x_i + \lambda_2 h, y + \mu_{21}hK_1) \\ \qquad\vdots \\ K_m = f\left(x_i + \lambda_m h, y_i + h\sum\limits_{j=1}^{m-1}\mu_{mj}K_j\right) \end{cases} \tag{8.22}$$

常用的四阶(经典)龙格-库塔法如下：

$$\begin{cases} y_{i+1} = y_i + \dfrac{h}{6}(K_1 + 2K_2 + 2K_3 + K_4) \\ K_1 = f(x_i, y_i) \\ K_2 = f\left(x_i + \dfrac{h}{2}, y_i + \dfrac{h}{2}K_1\right) \\ K_3 = f\left(x_i + \dfrac{h}{2}, y_i + \dfrac{h}{2}k_2\right) \\ K_4 = f(x_i + h, y_i + hK_3) \end{cases} \tag{8.23}$$

四阶(经典)龙格-库塔方法的每一步需要计算四次函数值 f，可以证明其局部截断误差为 $O(h^5)$。

例 8.4　用四阶龙格-库塔法求例 8.1（$x\in[0,0.7]$，取 $h=0.1$）的数值解。

解　由式(8.23)得

$$\begin{cases} y_{i+1} = y_i + \dfrac{1}{60}(K_1 + 2K_2 + 2K_3 + K_4) \\ K_1 = \dfrac{2}{3}x_i y_i^2 \\ K_2 = \dfrac{2}{3}(x_i + 0.05)(y_i + 0.05\,K_1)^2 \\ K_3 = \dfrac{2}{3}(x_i + 0.05)(y_i + 0.05\,K_2)^2 \\ K_4 = \dfrac{2}{3}(x_i + 0.1)(y_i + 0.1K_3)^2 \end{cases}$$

计算结果见表 8.3。

表 8.3　计算结果

x_i	0.0	0.1	0.2	0.3	0.4	0.5	0.6	0.7
y_i	1.000 000 0	1.003 344 5	1.013 513 5	1.030 927 8	1.056 338 1	1.090 909 2	1.136 363 8	1.195 219 4
误差	0.000 000 0	0.000 000 0	0.000 000 0	0.000 000 0	0.000 000 1	0.000 000 1	0.000 000 2	0.000 000 2

8.4　单步法的收敛性与稳定性

假设初值问题(8.1)：

$$\begin{cases}\dfrac{\mathrm{d}y}{\mathrm{d}x}=f(x,y) \\ y(a)=y_0\end{cases} \quad a \leqslant x \leqslant b$$

满足定理 8.1 的条件。求解问题(8.1)的显示单步法的一般形式为

$$\begin{cases}y_{i+1}=y_i+h\Phi(x_i,y_i,h) \\ y_0=y(a)\end{cases} \quad (i=0,1,2,\cdots,n-1) \tag{8.24}$$

其中，$h=\dfrac{b-a}{n}$，$x_i=a+ih$。

8.4.1　收敛性与相容性

为了使差分方程初值问题(8.24)的准确解 y_i 收敛于初值问题(8.1)的解 $y(x)$，必须使得当 $h\to 0$ 时，$x=x_i=a+ih$ 保持固定($n\to\infty$)。

定义 8.5　如果一数值方法对任意固定的点 $x_i=x_0+ih$，当 $h=\dfrac{x_i-x_0}{i}\to 0$ 时有 $y_i\to y(x_i)$，其中 $y(x)$ 为初值问题(8.1)的准确解，则称该方法是收敛的。

显然数值方法收敛是指整体截断误差 $e_i=y(x_i)-y_i\to 0$。

定理 8.3　如果 $f(x,y)$ 关于 y 满足李普希兹条件，即存在常数 $L>0$，使

$$|f(x,y_1)-f(x,y_2)|\leqslant L|y_1-y_2|,$$

且 $y''(x)$ 有界，则欧拉方法的整体截断误差满足

$$|y(x_i)-y_i|\leqslant e^{L(b-a)}|y(x_0)-y_0|+\frac{Mh}{2L}(e^{L(b-a)}-1)$$

其中，$M=\max\limits_{x\in[a,b]}|y''(x)|$。(证略)

由整体截断误差估计式知，当初值误差为 0 时有

$$|y(x_i)-y_i|\leqslant\frac{Mh}{2L}(e^{L(b-a)}-1)$$

所以，当 $h\to 0$ 时，$y_i\to y(x_i)$。因此，在一定条件下，欧拉方法收敛，且收敛速度为 $O(h)$。

一般地，有下面的收敛性定理。

定理 8.4　假设单步法(8.24)具有 p 阶精度,且函数 $\Phi(x,y,h)$ 关于 y 满足李普希兹条件,即存在常数 $L>0$,使

$$|\Phi(x,y_1,h)-\Phi(x,y_2,h)|\leqslant L|y_1-y_2|,$$

又设初值 y_0 是准确的,即 $y_0=y(x_0)$,则其整体截断误差

$$y(x_n)-y_n=O(h^p)。(证略)$$

注:①对于欧拉方法,$\Phi(x,y,h)=f(x,y)$,故当 $f(x,y)$ 关于 y 满足李普希兹条件时它是收敛的。

②可以验证龙格-库塔方法的收敛性。

定义 8.6　若单步法(8.24)的函数 $\Phi(x,y,h)$ 满足

$$\Phi(x,y,0)=f(x,y) \tag{8.25}$$

则称式(8.24)与初值问题(8.1)相容,并称式(8.25)为相容条件。

相容性是指数值方法逼近微分方程,当 $h\to0$ 时可得到 $y'=f(x,y)$。

定理 8.5　假设 $\Phi(x,y,h)$ 关于 h 连续。若单步法(8.24)与初值问题(8.1)是相容的,则它至少是一阶方法。

8.4.2　稳定性

一个即使收敛的数值方法,由于初值一般带有误差,且计算过程中不断产生舍入误差,随着误差的传播,对计算结果可能产生很大的影响。数值稳定性讨论的是这种误差的积累能否得到控制的问题。只有既收敛又稳定的方法,才可能提供比较可靠的计算结果。

定义 8.7　设用某数值方法计算 y_i 时,所得实际结果为 y_i^*,且由误差 $\delta_i=y_i-y_i^*$ 引起以后各节点处 $y_j(j>i)$ 的误差为 δ_j。如果总有 $|\delta_j|\leqslant|\delta_i|$,则称该算法是绝对稳定的。

由于稳定性的讨论比较复杂,常用试验方程

$$y'=\lambda y \tag{8.26}$$

其中 λ 为常数。并且把能使某一数值方法绝对稳定的 λh 的允许取值范围称为该方法的绝对稳定域,它与实轴的交称为绝对稳定区间。

对试验方程应用欧拉方法得

$$y_{i+1}=(1+\lambda h)y_i$$

设 y_i 上有误差 δ_i,它的传播使 y_{i+1} 产生误差 δ_{i+1},设 $y_i^*=y_i+\delta_i$ 按欧拉公式计算 $y_{i+1}^*=y_{i+1}+\delta_{i+1}$ 时不产生新的误差,则

$$y_{i+1}^*=(1+\lambda h)y_i^*$$

两式相减,可得

$$\delta_{i+1}=(1+\lambda h)\delta_i$$

为保证误差在以后的计算中不增大,应选 h 使

$$|1+\lambda h|\leqslant 1 \tag{8.27}$$

当 h 满足上式时,则称欧拉方法是绝对稳定的,绝对稳定区间为 $-2<\lambda h<0$。

由于 λh 可以是复数,式(8.27)表示复平面上以 $(-1,0)$ 为中心,以 1 为半径的圆形区域(见图 8.2),此即为欧拉方法的绝对稳定域。

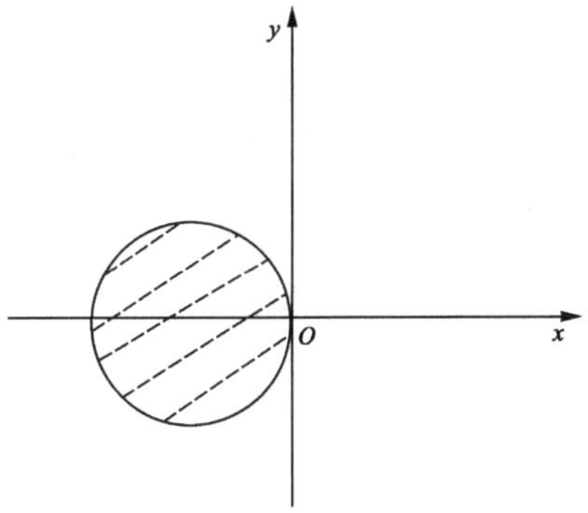

图 8.2　欧拉方法的绝对稳定区域

对一般方程$\frac{dy}{dx}=f(x,y)$，可近似地取$\lambda=-\left|\frac{\partial f}{\partial y}\right|_{(x_i,y_i)}$，以便判断稳定性，并确定计算 y_{i+1}时的步长 h。

例 8.5　对初值问题

$$\begin{cases}y'=-20y\\y(0)=1\end{cases}$$

求欧拉方法的稳定条件。

解　因为 $\lambda=-20$

所以，取步长为 $0<h\leqslant-\frac{2}{\lambda}=\frac{-2}{-20}=0.1$ 时，欧拉方法是稳定的。

8.5 阿达姆斯方法

8.5.1 一般形式

单步法在计算 y_{i+1}时只用前面一步的值 y_i。但是为了提高计算精度，单步法（如龙格-库塔法）每一步都需要先预报几个点上的导数值，计算量比较大。线性多步法的基本思想，是利用前面若干节点上 $y(x)$的近似值 $y_i,y_{i-1},\cdots$和其一阶导数值 $y'_i,y'_{i-1},\cdots$的线性组合来求出下一个节点 x_{i+1}的近似值 y_{i+1}。线性多步法的一般形式为

$$y_{i+1}=\sum_{j=0}^{p}\alpha_j y_{i-j}+h\sum_{j=-1}^{p}\beta_j y'_{i-j} \tag{8.28}$$

其中，α_j,β_j 为待定常数，p 为非负整数。

注：①当 $p=0$ 时，式(8.28)定义了一类单步法。

②构造线性多步法公式常用泰勒展开法和数值积分法。

例 8.6　对初值问题

$$\begin{cases}y'=f(x,y)\\y(a)=y_0\end{cases}$$

建立差分公式

$$y_{i+1}=y_{i-1}+\frac{h}{3}(f_{i+1}+4f_i+f_{i-1})$$

其中，$f_k=f(x_k,y_k)$，$k=i-1,i,i+1$。

解　用数值积分法建立。将方程两边从 x_{i-1}到 x_{i+1}积分，有

$$y(x_{i+1})-y(x_{i-1})=\int_{x_{i-1}}^{x_{i+1}}f(x,y(x))\,dx$$

利用辛浦生求积公式，有

$$y(x_{i+1})-y(x_{i-1})\approx\frac{2h}{6}[f(x_{i+1},y(x_{i+1}))+4f(x_i,y(x_i))+f(x_{i-1},y(x_{i-1}))]$$

所以

$$y_{i+1}=y_{i-1}+\frac{h}{3}(f_{i+1}+4f_i+f_{i-1})$$

8.5.2　阿达姆斯方法

设 $y(x)$ 是初值问题 $\begin{cases}\dfrac{\mathrm{d}y}{\mathrm{d}x}=f(x,y)\\ y(x_0)=y_0\end{cases}$ 的解析解，对方程 $y'=f(x,y(x))$ 两边作积分，得到

$$y(x_{n+1})=y(x_n)+\int_{x_n}^{x_{n+1}}f(x,y(x))\,\mathrm{d}x \tag{8.29}$$

如果用高次多项式近似被积函数，可以得到高精度的递推公式。

①阿达姆斯外插公式

设已求得初值问题的精确解 $y(x)$ 在步长为 h 的等距节点 $x_{n-r},\cdots,x_{n-1},x_n$ 上的近似值 $y_{n-r},\cdots,y_{n-1},y_n$。记 $f_k=f(x_k,y_k)$，利用 $r+1$ 个数据 $(x_{n+k},f_{n+k})(k=-r,-r+1,\cdots,0)$ 构造 r 次拉格朗日插值多项式 $P_r(x)=\sum\limits_{j=0}^{r}l_{n-j}(x)f_{n-j}$，其中 $l_{n-j}(x)=\prod\limits_{\substack{k=0\\k\neq j}}^{r}\dfrac{x-x_{n-k}}{x_{n-j}-x_{n-k}}$。

将 $P_r(x)$ 代入式(8.29)，则可得近似值 $y_n\approx y(x_n)$ 所满足的公式

$$y_{n+1}=y_n+\sum_{j=0}^{r}\left(\int_{x_n}^{x_{n+1}}l_{n-j}(x)\,\mathrm{d}x\right)f_{n-j} \tag{8.30}$$

令 $x=x_n+th$，经整理可得

$$y_{n+1}=y_n+h\sum_{j=0}^{r}\beta_{rj}f_{n-j} \tag{8.31}$$

称式(8.31)为阿达姆斯外插公式，也称为阿达姆斯显示格式，其中系数 $\beta_{rj}=\dfrac{(-1)^j}{(r-j)!\,j!}\displaystyle\int_0^1\frac{\prod\limits_{k=0}^{r}(t+k)}{t+j}\mathrm{d}t\,(j=0,1,\cdots,r)$ 与 r 的定值有关。

当 $r=0$ 时，式(8.31)为欧拉方法；$r=3$ 时，公式为

$$y_{n+1}=y_n+\frac{h}{24}(55f_n-59f_{n-1}+37f_{n-2}-9f_{n-3}) \tag{8.32}$$

它是四阶公式，其局部截断误差为

$$R_{n+1}=\frac{251}{720}h^5y^{(5)}(\eta_n)\quad(\eta_n\in(x_{n-3},x_{n+1})) \tag{8.33}$$

②阿达姆斯内插公式

如果选择插值节点 $x_{n-r+1},\cdots,x_n,x_{n+1}$ 来构造 r 次拉格朗日插值多项式 $P_r(x)$，则可得

$$y_{n+1}=y_n+h\sum_{j=0}^{r}\beta_{rj}^{*}f_{n-j+1} \tag{8.34}$$

其中系数 $\beta_{rj}^{*}=\dfrac{(-1)^j}{(r-j)!\,j!}\displaystyle\int_{-1}^{0}\frac{\prod\limits_{k=0}^{r}(t+k)}{t+j}\mathrm{d}t\,(j=0,1,\cdots,r)$。

式(8.34)称为阿达姆斯内插公式。因为式(8.34)中含有 f_{n+1}，所以也称为阿达姆斯隐式公式。

当 $r=1$ 时，阿达姆斯隐式公式为

$$y_{n+1}=y_n+\frac{1}{2}h(f_n+f_{n+1})$$

当 $r=3$ 时,公式为

$$y_{n+1}=y_n+\frac{h}{24}(9f_{n+1}+19f_n-5f_{n-1}+f_{n-2}) \tag{8.35}$$

它也是四阶公式,其余项

$$R_{n+1}=-\frac{19}{720}h^5y^{(5)}(\eta_n)(\eta_n\in(x_{n-2},x_{n+1})) \tag{8.36}$$

例 8.7 用四阶阿达姆斯外插公式求初值问题

$$\begin{cases}\dfrac{dy}{dx}=x-y \\ y(0)=0\end{cases} \quad (x\in[0,0.5])$$

的数值解,取 $h=0.1$。

解 由式(8.32)得

$$\begin{aligned}y_{n+1}&=y_n+\frac{h}{24}[55f(x_n,y_n)-59f(x_{n-1},y_{n-1})+37f(x_{n-2},y_{n-2})-9f(x_{n-3},y_{n-3})]\\&=\frac{1}{24}(18.5y_n+5.9y_{n-1}-3.7y_{n-2}+0.9y_{n-3}+0.24n+0.12)\quad(n=3,4,5)\end{aligned}$$

计算结果见表 8.4。

表 8.4 计算结果

i	x_i	y_i	误差
0	0.0	0.0	
1	0.1	0.004 837	
3	0.2	0.018 731	
4	0.3	0.040 818	
5	0.4	0.070 323	2.87×10^{-6}
6	0.5	0.106 535	4.82×10^{-6}

8.6 方程组与高阶方程的数值解法

许多科学与工程问题的数学模型通常是包含若干个常微分方程的方程组初值问题。本节以含两个方程的常微分方程组为例,简要介绍一阶方程组与高阶方程初值问题的数值方法。

8.6.1 一阶方程组的数值解法

设有初值问题

$$\begin{cases}y'=f(x,y,z),y(x_0)=y_0\\z'=g(x,y,z),z(x_0)=z_0\end{cases} \tag{8.37}$$

前面推导出的差分格式可以平行地推广到方程组(8.37)。例如,由单个方程的欧拉方法、经典龙格-库塔法,可分别得问题(8.37)的欧拉法公式和经典龙格-库塔法公式。

欧拉方法

$$\begin{cases} y_{i+1} = y_i + hf(x_i, y_i, z_i) \\ z_{i+1} = z_i + hg(x_i, y_i, z_i) \end{cases} \quad (i = 0, 1, 2, \cdots, n-1) \tag{8.38}$$

经典龙格-库塔法

$$\begin{cases} y_{i+1} = y_i + \dfrac{h}{6}(K_1 + 2K_2 + 2K_3 + K_4) \\ z_{i+1} = z_i + \dfrac{h}{6}(L_1 + 2L_2 + 2L_3 + L_4) \end{cases} \tag{8.39}$$

其中

$$K_1 = f(x_i, y_i, z_i)$$
$$L_1 = g(x_i, y_i, z_i)$$
$$K_2 = f\left(x_i + \frac{h}{2}, y_i + \frac{h}{2}K_1, z_i + \frac{h}{2}L_1\right)$$
$$L_2 = g\left(x_i + \frac{h}{2}, y_i + \frac{h}{2}K_1, z_i + \frac{h}{2}L_1\right)$$
$$K_3 = f\left(x_i + \frac{h}{2}, y_i + \frac{h}{2}K_2, z_i + \frac{h}{2}L_2\right)$$
$$L_3 = g\left(x_i + \frac{h}{2}, y_i + \frac{h}{2}K_2, z_i + \frac{h}{2}L_2\right)$$
$$K_4 = f(x_i + h, y_i + hk_3, z_i + hL_3)$$
$$L_4 = g(x_i + h, y_i + hk_3, z_i + hL_3)$$

从 (x_i, y_i, z_i) 出发计算 $(x_{i+1}, y_{i+1}, z_{i+1})$ 的顺序是：$K_1, L_1; K_2, L_2; K_3, L_3; K_4, L_4; y_{i+1}, z_{i+1}$。

8.6.2　高阶方程的数值解法

对于高阶常微分方程初值问题，原则上总可转化为一阶方程组来解。

例如，二阶常微分方程初值问题

$$\begin{cases} y'' = f(x, y, y') \\ y(x_0) = y_0, y'(x_0) = y'_0 \end{cases} \tag{8.40}$$

若作变换 $z=y'$，则问题(8.40)化为一阶方程组的初值问题

$$\begin{cases} y' = z, y(x_0) = y_0 \\ z' = f(x, y, z), z(x_0) = y'_0 \end{cases}$$

于是问题(8.40)可用一阶方程组的数值解法来计算。

8.7　应用程序举例

例 8.8　用改进欧拉法解初值问题

$$\begin{cases} y' = -y + x^2 + 1, 0 \leqslant x \leqslant 1 \\ y(0) = 1 \end{cases}$$

解　编写主程序 euler.m，然后计算时调用。

```
function [x,y]=euler2(dyfun,xspan,y0,h)
% improved Euler's method
x=xspan(1):h:xspan(2);
y(1)=y0;
for n =1:length(x)-1
    k1=feval(dyfun,x(n),y(n));
    y(n+1)=y(n)+h*k1;
    k2=feval(dyfun,x(n+1),y(n+1));
    y(n+1)=y(n)+h*(k1+k2)/2;
end
x=x';y=y';
```

在命令窗口输入

```
>> dyfun=inline('-y+x^2+1');
>> [x,y]=euler(dyfun,[0,1],1,0.1);
>> [x,y]
```

可得初值问题的解

```
ans=
         0    1.0000
    0.1000    1.0005
    0.2000    1.0029
    0.3000    1.0089
    0.4000    1.0201
    0.5000    1.0379
    0.6000    1.0636
    0.7000    1.0982
    0.8000    1.1429
    0.9000    1.1987
    1.0000    1.2662
```

除编程外也可直接用在 Matlab 软件中的基本命令解某些常微分方程初值问题。

命　令	含　义
ode23	2、3 阶 R-K 格式
ode45	4、5 阶 R-K 格式
ode113	Adams 格式

例 8.9　用基本命令解例 8.8 的初值问题

解　①龙格-库塔法

```
>> odefun=inline('-y+x^2+1','x','y');
>>[x,y]=ode23(odefun,[0,1],1);
>>[x,y]
```

```
ans =
              0    1.0000
         0.1000    1.0003
         0.2000    1.0025
         0.3000    1.0084
         0.4000    1.0194
         0.5000    1.0369
         0.6000    1.0624
         0.7000    1.0968
         0.8000    1.1413
         0.9000    1.1968
         1.0000    1.2642
```

②Adams 法

```
>> [x,y]=ode113(odefun,[0,1],1);
>> [x,y]
ans =
              0    1.0000
         0.1000    1.0005
         0.2000    1.0027
         0.3000    1.0085
         0.4000    1.0195
         0.5000    1.0371
         0.6000    1.0625
         0.7000    1.0969
         0.8000    1.1414
         0.9000    1.1969
         1.0000    1.2643
```

习题 8

1.用欧拉方法和改进欧拉方法求初值问题

$$\begin{cases} y' = x^2 \\ y(0) = 0 \end{cases} \quad x \in [0,2]$$

的数值解(取 $h=0.5$),并将计算结果与准确解比较。

2.用欧拉方法求

$$y(x) = \int_0^x e^{-t^2}\mathrm{d}t$$

在 $x=0.5,1.0,1.5$ 处的近似值。

3.对于初值问题

$$\begin{cases} y' = ax + b \\ y(0) = 0 \end{cases} \quad x > 0$$

分别导出欧拉方法和改进欧拉方法的表达式。

4.对于初值问题

$$\begin{cases} y' + y = 0 \\ y(0) = 1 \end{cases} \quad x > 0$$

试证明用改进欧拉方法所求近似解为 $y_i = (1-h+h^2/2)^i \quad (i=0,1,2,\cdots)$。

5.用中点方法解初值问题

$$\begin{cases} y' + y = x^2 + 1 \\ y(0) = 1 \end{cases} \quad (0 \leqslant x \leqslant 1)$$

(取步长 $h=0.1$),并与精确解比较。

6.用四阶龙格-库塔方法求初值问题

$$\begin{cases} y' - y + \dfrac{2x}{y} = 0 \\ y(0) = 1 \end{cases} \quad (0 < x < 1)$$

的数值解。(取步长 $h=0.2$)

7.用阿达姆斯外插法求

$$\begin{cases} y' = x - y + 1 \\ y(0) = 1 \end{cases} \quad (x \in [0,1])$$

的数值解。(取 $h=0.1$)

8.试求向后欧拉方法的绝对稳定区域和绝对稳定区间。

9.利用欧拉方法解初值问题

$$\begin{cases} y' = 10(e^x - y) + e^x \\ y(0) = 1 \end{cases},$$

应如何选择步长 h?

10.讨论梯形公式求解初值问题

$$\begin{cases} y' = -\lambda y \\ y(0) = a \end{cases}$$

的稳定性(这里 $\lambda>0$ 为实数)。

11.用欧拉方法解初值问题

$$\begin{cases} \dfrac{dx}{dt} = 3x + 2y, x(0) = 0 \\ \dfrac{dy}{dt} = 4x + y, y(0) = 1 \end{cases} \quad (t \in [0,1])。(取 h = 0.1)$$

12.将初值问题$\begin{cases} y''-3y'+2y=0 \\ y(0)=0, y'(0)=1 \end{cases}$化为一阶方程组的初值问题。

附　录
部分上机实习题

上机实习是学好数值计算方法、培养用电子计算机进行科学计算能力的必要实践环节。读者可根据实际条件与要求，安排好上机实习时间，完成一定数量的上机作业。每次上机作业应写出实习报告，描述(用框图或简练语言)算法步骤，说明变量或数组含义，写出源程序，记录并分析计算结果。下列各题供读者上机实习选用。

1. 设 $I_n = \int_0^1 \frac{x^n}{1+x}\mathrm{d}x$

(1) 从 I_0 尽可能精确的近似值出发，利用递推式

$$I_n = -5I_{n-1} + \frac{1}{n} \quad (n = 1,2,\cdots,20)$$

计算 I_{20} 的近似值；

(2) 从 I_{20} 较粗糙的估计值出发，利用递推式

$$I_{n-1} = -\frac{1}{5}I_n + \frac{1}{5n},(n = 20,19,\cdots,1)$$

计算 I_0 的近似值；

(3) 分析所得结果的可靠性以及出现这种现象的原因。

2. 数列 $\{3^{-n}\}$ 可由下列两种递推公式得到：

(1) $x_0 = 1, x_n = \frac{1}{3}x_{n-1}, n = 1,2,\cdots$

(2) $y_0 = 1, y_1 = \frac{1}{3}, y_n = \frac{5}{3}y_{n-1} - \frac{4}{9}y_{n-2}, n = 2,3,\cdots$

试用 MATLAB 软件或自编程序递推地计算 $\{x_n\}$ 和 $\{y_n\}$，并对计算结果和计算方法进行分析。

3. (1) 用 MATLAB 软件解方程组

$$\begin{pmatrix} 4 & -3 & 3 \\ 3 & 2 & -6 \\ 1 & -5 & 3 \end{pmatrix}\begin{pmatrix} x_1 \\ x_2 \\ x_3 \end{pmatrix} = \begin{pmatrix} -1 \\ -2 \\ 1 \end{pmatrix}$$

(2)求矩阵$\boldsymbol{A}=\begin{pmatrix}0 & 2 & 0 & 1\\ 2 & 2 & 3 & 2\\ 4 & -3 & 0 & 1\\ 6 & 1 & -6 & -5\end{pmatrix}$的行列式,逆,$\|\boldsymbol{A}\|_\infty$。

4.已知函数$f(x)$满足

x	1.0	1.3	1.5	1.8	2.0
$f(x)$	1.244	1.406	1.604	1.837	2.121

分别用拉格朗日插值和牛顿插值求$f(1.54)$。

5.给定数据表如下:

x	0.25	0.30	0.39	0.45	0.53
$f(x)$	0.500 0	0.547 7	0.624 5	0.670 8	0.728 0

试分别求出三次样条插值函数$S(x)$,并满足条件:

(1)$S'(0.25)=1.000\,0$,$S'(0.53)=0.686\,8$;

(2)$S''(0.25)=S''(0.53)=0$.

6.已知函数$f(x)=1/(1+25x^2)$,$-1\leqslant x\leqslant 1$,节点$x_i=-1+0.2i\ (i=0,1,\cdots,10)$

(1)计算$f(x)$和拉格朗日插值多项式$L_{10}(x)$的值,$x_k=-1+0.05k$,$k=0,1,\cdots,40$。

(2)求三次自然插值样条函数$S(x)$的M表示中$M_i(i=0,1,\cdots,10)$,计算

$$S(x),x=-1+0.05,k=0\sim 40。$$

画出$y=f(x)$,$y=L_{10}(x)$,$y=S(x)$的图像(各描41点)。

7.有一只对温度敏感的电阻,已经测得了一组温度T和电阻R的数据如下,问当温度为60 ℃时,电阻有多大?

T/℃	20.5	32.7	51.0	73.0	95.7
R/Ω	765	826	873	942	1 032

8.利用乘幂法与反幂法分别计算矩阵$\boldsymbol{A}=\begin{pmatrix}9 & -3\\ 4 & 1\end{pmatrix}$按模最大的特征值和特征向量与按模最小的特征值和特征向量。(误差限$\varepsilon\leqslant 10^{-4}$)

9.用雅可比算法编程计算矩阵$\boldsymbol{A}=\begin{pmatrix}3 & 1 & 2\\ 1 & 3 & 4\\ 2 & 4 & 6\end{pmatrix}$的全部特征值。(误差限$\varepsilon\leqslant 10^{-4}$)

10.分别用以下四种方法计算积分$\int_0^1\frac{4}{1+x^2}\mathrm{d}x$的值。

(1)牛顿-莱布尼茨公式;(2)梯形公式;(3)辛浦生公式;(4)复化梯形公式(误差限$\varepsilon\leqslant 10^{-5}$)。

11.设有定积分$I=\int_0^1 \mathrm{e}^{-x^2}\mathrm{d}x$,

(1)将积分区间 8 等分,列出被积函数 $f(x)=e^{-x^2}$ 在这些节点处的函数值(保留到小数点后 8 位);

(2)分别用复化梯形公式、复化辛普森公式计算。(精确到小数点后 7 位)

12.若椭圆方程为 $\frac{x^2}{a^2}+\frac{y^2}{b^2}=1$,则椭圆周长的计算公式为

$$L=2\int_0^{\pi}\sqrt{a^2\sin^2 x+b^2\cos^2 x}\,dx$$

利用复化辛浦生公式和复化梯形公式分别计算该椭圆的周长。(误差限 $\varepsilon\leqslant 10^{-5}$)

13.利用龙贝格积分算法计算 $\int_0^1 \sin x dx$ 的值。(误差限 $\varepsilon\leqslant 10^{-5}$)

14.用二分法求非线性方程 $\sin x-\frac{x^2}{4}=0$ 在区间[1.6,2]内的实根。

15.用牛顿法求非线性方程 $x-\cos x=0$ 在 $x_0=1$ 附近的实根,要求满足精度 $|x_{k+1}-x_k|<0.000\,1$。

16.用下列方法解线性方程组

$$\begin{pmatrix}1.134\,8 & 3.832\,6 & 1.165\,1 & 3.401\,7\\ 0.530\,1 & 1.787\,5 & 2.533\,0 & 1.543\,5\\ 3.412\,9 & 4.931\,7 & 8.764\,3 & 1.314\,2\\ 1.237\,1 & 4.999\,8 & 10.672\,1 & 0.014\,7\end{pmatrix}\begin{pmatrix}x_1\\x_2\\x_3\\x_4\end{pmatrix}=\begin{pmatrix}9.534\,2\\6.394\,1\\18.423\,1\\16.923\,7\end{pmatrix}$$

并比较计算结果精度(方程组准确解为 $x_1=x_2=x_3=x_4=1$)

(1)顺序消去法;

(2)列主元消去法;

(3)杜利特尔分解法。

17.用追赶法解方程组

$$\begin{pmatrix}2 & 1 & 0 & 0\\ 0.5 & 2 & 0.5 & 0\\ 0 & 0.5 & 2 & 0.5\\ 0 & 0 & 1 & 2\end{pmatrix}\begin{pmatrix}x_1\\x_2\\x_3\\x_4\end{pmatrix}=\begin{pmatrix}-0.5\\0\\0\\0\end{pmatrix}$$

并统计出所用的乘、除法的总次数。

18.分别用高斯列主元素法、杜利特尔分解法、平方根法、雅可比迭代法、高斯-塞德尔迭代法解方程组

$$\begin{pmatrix}0.001 & 2.0 & 3.0\\ -1.0 & 3.712 & 4.623\\ -2.0 & 1.072 & 5.643\end{pmatrix}\begin{pmatrix}x_1\\x_2\\x_3\end{pmatrix}=\begin{pmatrix}1\\2\\3\end{pmatrix}$$

19.(1)用高斯-塞德尔迭代法求解方程组

$$\begin{cases}11x_1-3x_2-2x_3=3\\ -x_1+5x_2-3x_3=6\\ -2x_1-12x_2+19x_3=-7\end{cases}$$

(取初始点 $x^{(0)}=(0,0,0)^{T}$,计算取6位小数。)

(2)用 MATLAB 软件解方程组

$$\begin{pmatrix}4 & -3 & 3\\ 3 & 2 & -6\\ 1 & -5 & 3\end{pmatrix}\begin{pmatrix}x_1\\ x_2\\ x_3\end{pmatrix}=\begin{pmatrix}-1\\ -2\\ 1\end{pmatrix}$$

20.欧拉方法、改进欧拉方法和经典龙格-库塔方法求初值问题

$$\begin{cases}y'=yx^2, x\in[0,2]\\ y(0)=1\end{cases}$$

的数值解(取 $h=0.1$),并将计算结果与准确解比较。

21.对初值问题

$$\begin{cases}y'=-1\,000(y-x^2)+2x, x\in[0,1]\\ y(0)=0\end{cases}$$

用欧拉方法和阿达姆斯外插法求数值解,分别取 $h=0.1$, $h=0.01$,将所得结果与精确值比较,并用稳定条件说明比较结果。

22.用改进欧拉方法、经典龙格-库塔方法求初值问题

$$\begin{cases}y''-24y'+5y=e^x\sin x\\ y(0)=2, y'(0)=-\dfrac{1}{2}, x\in[0,1]\end{cases}$$

的数值解。(取 $h=0.1$)

23.解微分方程组 $\begin{cases}\dfrac{dx}{dt}=-x^3-y, x(0)=1\\ \dfrac{dy}{dt}=x-y^3, y(0)=0.5\end{cases}$, $0<t<30$。

部分习题答案

第 1 章

1.(1)$\frac{1}{2}\times10^{-3}$,$\frac{1}{4}\times10^{-1}$,2 位　(2)$\frac{1}{2}$,$\frac{1}{2}\times10^{-2}$,3 位　(3)$\frac{1}{2}\times10^{-2}$,$\frac{1}{10}\times10^{-3}$,4 位　(4)$\frac{1}{2}\times10^{5}$,$\frac{1}{16}$,1 位

2.4

3.5%

4.20.345 5

5.$\frac{1}{2}\times10^{-2}$,0.159×10^{-2},3 位

6.$2n\%$

7.0.005 cm

8.39.975,0.025 02

9.(2)较好

10.$\ln(N+1)$

11.$y=10+[3+(4-6t)t]t$,其中 $t=\frac{1}{x-1}$

第 2 章

1.(1)1.950 6,(2)1.950 6

2.$\frac{7}{40}x^3-\frac{11}{20}x^2-\frac{83}{40}x+\frac{89}{20}$

3.0.836 56

4.(1)差商表(略),$N_3(x)=1$;(2)$\varphi_1(x)=\begin{cases}x-1, x\in[2,4]\\x-1, x\in[4,6]\\x-1, x\in[6,8]\end{cases}$

5.略

6. $\varphi(x)=\begin{cases}-3.5x+1.5, x\in[-3,-1]\\ -\dfrac{4}{3}x+\dfrac{11}{3}, x\in[-1,2]\\ 0.2x+0.6, x\in[2,3]\end{cases}$, $f(1.2)\approx 2.066\,7$

7. $H_3(x)=x^3$

8. $S(x)=\begin{cases}-0.2x^3-0.4x^2+0.3x+0.5, x\in[-1,0]\\ -0.4x^3-0.4x^2+2.3x+0.5, x\in[0,1]\\ 0.8x^3-4x^2+5.9x-0.7, x\in[1,2]\end{cases}$, $f(1.5)\approx 1.85$

9. $S(x)=\begin{cases}\dfrac{1}{90}x(1-x)(19x-26), x\in[0,1]\\ \dfrac{1}{90}(x-1)(x-2)(5x-12), x\in[1,2]\\ \dfrac{1}{90}(3-x)(x-2)(x-4), x\in[2,3]\end{cases}$

10. 6.585×10^{-2}

11. 略

第 3 章

1. $y=7.334\,1\,x+4.130\,6$；$y=-0.165\,2\,x^2+7.878\,6\,x+3.689\,8$

2. $y=16.183\,7-10.408\,2/x$

3. $y=0.050\,0\,x^2+0.972\,6$

4. $y=1.401\,7\ln x+2.486\,3$

5. $y=2.77+1.13\,x$

6. 略

7. $x_1=x_2=\dfrac{1}{4}$

第 4 章

1. (1) $7,(0.5,1)^{\mathrm{T}}$　(2) $9.005,(1,0.605\,6,-0.394\,5)^{\mathrm{T}}$　(3) $6.01,(1,0.715,-0.248)^{\mathrm{T}}$

2. 4.361 0

3. $(1,-0.732\,05,0.267\,95)^{\mathrm{T}}$

4. 2.536 6

5. $\lambda_1=4,\lambda_{2,3}=1$

6. $\begin{pmatrix}4 & \sqrt{2} & 0 & 0\\ \sqrt{2} & 4 & -\sqrt{2} & 0\\ 0 & -\sqrt{2} & 4 & 0\\ 0 & 0 & 0 & 4\end{pmatrix}$

7. $\lambda_1=1.268\,0,\lambda_2=3.0,\lambda_3=4.732\,1$

第 5 章

1. (1) $0.683\,9$, $|R_1[f]|\leqslant 0.083\,3$; $0.632\,3$, $|R_2[f]|\leqslant 0.000\,347\,2$

(2)0.346 55, $|R_1(f)|\leqslant 8.33\times 10^{-1}$;0.385 85, $|R_2(f)|\leqslant 2.08\times 10^{-3}$

2.$x_0=-\frac{1}{\sqrt{2}}$,$x_1=0$,$x_2=\frac{1}{\sqrt{2}}$

3.略

4.(1)$A_{-1}=A_1=\frac{1}{3}h$,$A_0=\frac{4}{3}h$,(3)$a=\frac{1}{12}$

5.略

6.(1)$T_8=0.660\ 509$,$S_4=0.664\ 100$,(2)$T_8\approx 0.886\ 319$,$S_4\approx 0.836\ 214$

7.672

8.略

9.0.713 271

10.906 884 50

11.0.916 290 762

12.

x	1.0	1.1	1.2
$f'(x)$	−0.247 92	−0.216 94	−0.185 96
误差	0.002 50	0.001 25	0.002 50

13.两点公式:前两点 14.160 0,后两点 15.649 0;三点公式:14.904 5。

二阶导数:14.890 0

第 6 章

1.14

2.(1)$x=1+\frac{1}{x^2}$,(2) $x=\sqrt[3]{1+x^2}$

3.1.893 29

4.略

5.(1)能,(2)不能

6.1.324 7

7.10.72

8.略

9.1.594 6

10.$(0.232\ 567,0.056\ 452)^{\mathrm{T}}$

11.$(1.581\ 1,1.224\ 7)^{\mathrm{T}}$

第 7 章

1.(1)$x_2\approx 0.833\ 3$,$x_1\approx 0.500\ 0$　(2)$x_2\approx 0.833\ 3$,$x_1=0.166\ 7$

2.$x_3=3$,$x_2=2$,$x_1=1$

3.略

4.(1)$x_1=1$,$x_2=2$,$x_3=3$　(2)$x_{1,2,3,4}=\frac{1}{9}$

5.$x_1=1, x_2=2, x_3=3$

6.$x_1=0, x_2=2, x_3=1$

7.2,1,$\sqrt{2}$,2 $\sqrt{17}$,8,9,$\sqrt{37+\sqrt{73}}$

8.略

9.略

10.(1)$(-0.89,-3.86,-2.83)^T$,$(-0.978,-3.982,-2.99)^T$

(2)$(0.932\ 63,2.053\ 4,-1.049\ 37,1.131)^T$,$(1.006\ 59,2.003\ 5,-1.002\ 5,0.998\ 4)^T$

11.$(0.999\ 8,1.999\ 8,2.999\ 8)^T$

12.略

13.$\omega=1.2$:$(0.999\ 732,1.000\ 002,1.000\ 033)^T$,

$\omega=1.5$:$(1.000\ 878,1.000\ 602,1.000\ 133)^T$

14.(1)480 010.000 05;(2)5

第 8 章

1.欧拉方法

x_i	0.0	0.5	1.0	1.5	2.0
y_i	0.0	0.042	0.333	1.125	2.667
y_{i+1}	0.0	0.0	0.125	1.25	3.25
误差	0.0	0.042	0.208	0.125	0.583

改进的欧拉方法

x_i	0.0	0.5	1.0	1.5	2.0
y_i	0.0	0.042	0.333	1.125	2.667
y_{i+1}	0.0	0.062 5	0.375	1.000	2.562 5
误差	0.0	0.020 5	0.04 2	0.125	0.105

2. 0.5,0.889 40,1.073 34

3.略

4.略

5.

x_i	0.0	0.1	0.2	0.3	0.4
y_i	1.000 000 0	1.000 250 0	1.002 426 3	1.008 245 8	1.019 262 4
精确值	1.000 000 0	1.000 325 2	1.002 538 5	1.008 363 6	1.019 359 9
误差	0.000 000 0	7.52×10^{-4}	1.12×10^{-4}	1.18×10^{-4}	9.75×10^{-5}

x_i	0.5	0.6	0.7	0.8	0.9	1.0
y_i	1.036 882 5	1.062 378 7	1.096 902 7	1.141 496 9	1.197 104 7	1.264 579 8
精确值	1.036 938 7	1.062 376 7	1.096 829 4	1.141 342 1	1.196 860 7	1.264 241 1
误差	5.6×10^{-5}	2.0×10^{-6}	7.3×10^{-5}	1.5×10^{-4}	2.4×10^{-4}	3.39×10^{-4}

6.

x_i	0.2	0.4	0.6	0.8	1.0
y_i	1.183 2	1.341 7	1.483 3	1.612 5	1.732 1

7.

x_i	0.4	0.5	0.6	0.7	0.8	0.9	1.0
y_i	1.070 3	1.106 5	1.148 9	1.196 6	1.249 3	1.306 6	1.367 9

8. $|1-h\lambda|>1$, $(-\infty,0)$

9. $0<h<0.2$

10. 无条件稳定

11.

t_i	0.1	0.2	0.3	0.4	0.5
x_i	0.200 000	0.480 000	0.882 000	1.468 800	2.334 430
y_i	1.100 000	1.290 000	1.611 000	2.124 900	2.924 910

t_i	0.6	0.7	0.8	0.9	1.0
x_i	3.619 728	5.535 880 2	8.399 479 7	12.685 313 0	19.105 453 5
y_i	4.151 169	6.014 177 1	8.829 946 8	13.072 733 4	19.454 132 0

12. $\begin{cases} y'=z, y(0)=0 \\ z'=2y-3z, z(0)=1 \end{cases}$

参考文献

[1] 李庆扬,王能超,易大义. 数值分析[M]. 5 版. 北京: 清华大学出版社, 2008.
[2] 李有法. 数值计算方法[M]. 北京:高等教育出版社,1996.
[3] 李信真,车刚明,欧阳法,等. 计算方法[M]. 西安:西北工业大学出版社,2000.
[4] 关治,陆金甫. 数值分析基础[M].北京:高等教育出版社,1998.
[5] 丁丽娟,程杞元. 数值计算方法[M]. 2 版. 北京:北京理工大学出版社,2011.
[6] 易大义,沈云宝,李有法. 计算方法[M]. 杭州:浙江大学出版社,1989.
[7] 姜健飞,胡良剑,唐剑. 数值分析与 MATLAB 实验[M]. 北京:科学出版社,2004.
[8] 王能超. 计算方法——算法设计及其 MATLAB 实现[M]. 北京:高等教育出版社,2005.
[9] 薛毅. 数值分析与科学计算[M]. 北京:科学出版社,2011.
[10] 白峰杉. 数值计算引论[M]. 2 版. 北京:高等教育出版社,2010.